Christopher V. Flett

Business Report: Was Männer Frauen nicht erzählen

Christopher V. Flett

Business Report:
Was Männer Frauen nicht erzählen

Deutsch von Marlies Ferber

WILEY-VCH Verlag GmbH & Co. KGaA

1. Auflage 2009

Alle Bücher von Wiley-VCH werden sorgfältig erarbeitet. Dennoch übernehmen
Autoren, Herausgeber und Verlag in
keinem Fall, einschließlich des vor-
liegenden Werkes, für die Richtigkeit von
Angaben, Hinweisen und Ratschlägen
sowie für eventuelle Druckfehler
irgendeine Haftung.

Das englische Original erschien 2008
unter dem Titel *What Men Don't Tell Women
About Business* bei John Wiley & Sons, Inc.,
Hoboken, New Jersey.
Copyright © 2008 by Christopher V. Flett.
All rights reserved.

All Rights Reserved. This translation
published under license.

**Bibliografische Information Der Deutschen
Nationalbibliothek**
Die Deutsche Nationalbibliothek
verzeichnet diese Publikation in der
Deutschen Nationalbibliografie; detaillierte
bibliografische Daten sind im Internet über
http://dnb.d-nb.de abrufbar.

Printed in the Federal Republic of Germany

Gedruckt auf säurefreiem Papier.

Satz TypoDesign Hecker GmbH, Leimen
Druck und Bindung AALEXX Buch-
produktion GmbH, Großburgwedel
Umschlag Torge Stoffers, Leipzig

ISBN 978-3-527-50449-7

Inhalt

Business Report: Was Männer Frauen nicht erzählen. Christopher V. Flett
Copyright © 2009 WILEY-VCH Verlag GmbH & Co. KGaA, Weinheim
ISBN 978-3-527-50449-7

Vorwort

Wenn Sie einen Blick in die Wirtschaftsbücher werfen, die heutzutage erscheinen, sehen Sie Männer, die Jagdgeschichten darüber erzählen, wie sie ihre Unternehmen aufgebaut haben. Sie schreiben über die Herrlichkeit des Erfolgs und darüber, die Nummer eins unter ihresgleichen zu sein. Männer lesen diese Erfolgsgeschichten und streben danach, genauso zu sein und das Gleiche zu tun. Wir wollen uns ganz nach oben an die Spitze kämpfen, uns einen Moment Zeit nehmen, um den Ausblick zu genießen, und dann den nächsten Berg suchen, um ihn zu besteigen. Männern fällt es schwer, sich auf den Prozess zu konzentrieren. Alles dreht sich für uns um das Ziel, nicht um den Prozess. Wir interessieren uns nicht dafür, wie etwas geschafft wird. Wir wollen das Gefühl des Erfolgs kennen. Wie wir dorthin gelangen, finden wir dann später schon noch heraus.

Frauen, auf der anderen Seite, schreiben Bücher darüber, wie Frauen Männer im Geschäftsleben besser verstehen können und wie es möglich ist, mit diesen Haien gemeinsam zu schwimmen. Die Autorinnen, deren Bücher ich gelesen habe, erteilen Frauen viele Ratschläge, wie sie beruflich vorankommen, indem sie sich vom so genannten Alpha-Mann fernhalten. Diese Autorinnen präsentieren die Vermeidungstaktik als Erfolgsmodell. Doch wenn man Arbeitsbeziehungen mit erfolgreichen und hochmotivierten Individuen vermeidet, dann entgeht einem auch jeglicher Erfolg, der gemeinsam hätte erreicht werden können.

Diese Autorinnen schlagen eine Vermeidungstaktik vor, die auf ihren eigenen Erfahrungen in der Vergangenheit und ihrer Interpretation davon beruhen. Es ist eine verständliche Haltung, besonders eine Generation zuvor, als Frauen gerade erst ihren Platz in der Berufswelt einzunehmen begannen. Doch das Bild, das diese Autorinnen entwerfen, kann nicht vollständig sein, gerade weil sie

Business Report: Was Männer Frauen nicht erzählen. Christopher V. Flett
Copyright © 2009 WILEY-VCH Verlag GmbH & Co. KGaA, Weinheim
ISBN 978-3-527-50449-7

Frauen sind und nicht genau wissen, was Männer wirklich denken. Und dies ist der Punkt, an dem ich ansetze. Da auch meine Sicht der Dinge persönlicher Erfahrung entspringt, muss ich zugeben, dass ich einer der Männer bin, bei denen der Ratschlag von Frauen an Frauen lautete: Haltet euch bloß von ihnen fern!

Alpha-Männer haben die gläserne Decke eingezogen, aber es waren die berufstätigen Frauen, die dafür gesorgt haben, dass sie dort blieb. Wenn eine Frau die Verhaltensmuster vermeidet, die zur Aufgabe ihrer Machtposition führen, und die Attacken anderer Frauen stoppt, kann sie im Berufsleben nicht nur eine Gleichstellung erreichen, sondern auch eine moderne, auf Nachhaltigkeit der beruflichen Beziehungen basierende Führungsrolle übernehmen, die von einem Alpha-Mann der alten Schule nicht besetzt wird. Der größte Feind für Frauen im Geschäftsleben sind Frauen – besonders jene, die sich bewusst gegenseitig attackieren in dem Versuch, zur Clique der Jungs dazuzugehören, und jene, die weiterhin ihre Macht aufgeben und als Vorbilder für andere Frauen dienen, dasselbe zu tun.

In diesem Buch wird keine glorreiche Business-Erfolgsstory erzählt und auch kein Märchen aus dem 21. Jahrhundert, in dem das arme Aschenputtel schließlich zur Unternehmenschefin wird. Dieses Buch ist der ehrliche Bericht eines Mannes, wie er das Geschäftsleben und die Frauen darin sieht. Es ist weder als Kritik gedacht noch enthält es eine Liste von Vorschlägen, inwiefern Frauen sich verändern sollten, sondern ich möchte meinen Leserinnen schlicht und einfach mitteilen, wie Männer sich im geschäftlichen Umfeld verhalten, wie sie denken und wie sie das Verhalten von Frauen interpretieren.

Hier soll kein Geschlechterkrieg angeheizt werden, sondern eine längst überfällige Diskussion angestoßen werden. Ich mache keine Rechtfertigungen für die folgenden Seiten. Sie sind als Beginn eines Gesprächs gedacht und nicht als Anfang und Ende eines Gesprächs. Ich übernehme die Verantwortung dafür, das Feuer entzündet zu haben, aber danach ist es an Ihnen, es weiterhin brennen zu lassen. Sobald Sie die Dinge, von denen ich hier schreibe, gelesen haben, werden Sie sie nicht wieder vergessen können, und es ist meine Hoffnung, dass dieses Buch die Art und Weise verändern wird, wie Sie und jede Frau, der Sie begegnen, im Berufsleben agieren.

Teil 1
Wie Männer die Welt sehen

Business Report: Was Männer Frauen nicht erzählen. Christopher V. Flett
Copyright © 2009 WILEY-VCH Verlag GmbH & Co. KGaA, Weinheim
ISBN 978-3-527-50449-7

1
Wer sind Sie?

Wie viele der folgenden Aussagen treffen auf Sie zu?
- Sie sorgen gerne dafür, dass andere Menschen sich bei der Arbeit wohlfühlen.
- Sie bringen Selbstgebackenes oder andere kulinarische Erzeugnisse mit zur Arbeit, um sie mit Ihren Kollegen zu teilen.
- Sie haben sich die Geburtstage und Jubiläen anderer Leute notiert, um diese Ereignisse würdigen zu können.
- Sie mögen es, Betriebspartys und -veranstaltungen zu planen.
- Sie möchten als jemand angesehen werden, der andere unterstützt, und springen mit aufgekrempelten Ärmeln ein, um in der Firma auszuhelfen.
- Sie bemerken kleine Dinge, die Leute mögen, und merken sie sich, um ihnen später überraschend eine kleine Freude bereiten zu können.
- Sie ziehen es vor, still im Hintergrund zu bleiben und halten sich raus, es sei denn, Sie werden hinzugebeten.
- Sie geben Ratschläge, wie man mit Erkältungen fertig wird.
- Sie glauben, dass jemand zu Ihnen kommen und Sie fragen sollte, wenn er etwas will.
- Sie haben beschlossen, dass Sie nicht im Rampenlicht stehen müssen und dass Sie die Kollegen mit großem Mundwerk die Dinge ausfechten lassen.
- Sie wollen als ein unerlässlicher Teil des Teams angesehen werden und als jemand, der seine Aufmerksamkeit auf alle Details richtet.
- Sie glauben, dass ein gemeinsamer Umtrunk mit den Kollegen nach der Arbeit ein großartiges Mittel zum Aufbau eines guten Verhältnisses ist.

Business Report: Was Männer Frauen nicht erzählen. Christopher V. Flett
Copyright © 2009 WILEY-VCH Verlag GmbH & Co. KGaA, Weinheim
ISBN 978-3-527-50449-7

- Sie freuen sich auf Betriebsveranstaltungen wie Weihnachtsfeiern und Golfturniere, bei denen Sie Ihr Haar herunterlassen und Ihre Kollegen auf vertrauterer Ebene kennenlernen können.
- Sie machen gemeinsam mit Arbeitskollegen Kurzurlaube oder unternehmen sogar längere Ferienreisen gemeinsam.
- Sie haben angefangen, Golf zu spielen, um auf dem Golfplatz Geschäfte machen zu können.
- Sie haben sich angewöhnt, bestimmte Sportveranstaltungen (Fußball/Hockey/Baseball) zu mögen, so dass Sie bei entsprechenden Unterhaltungen mitreden können.
- Sie sind sehr tüchtig darin geworden, durch Nicken und Lächeln bei Konversationen zu bluffen, um den Informationsfluss nicht zu behindern.
- Sie haben herausgefunden, welche Größe der Motor Ihres Autos hat, so dass Sie mithalten können, wenn die Jungs im Büro über Autos scherzen.
- Sie haben strenge Regeln für sich aufgestellt, auf welche Weise Kollegen mit Ihnen interagieren sollten, und fühlen sich schnell angegriffen, wenn jemand Ihre Grenzen überschreitet.
- Sie glauben, dass eine gute Verteidigung ein guter Angriff ist.
- Sie genießen es, eine starke Persönlichkeit zu haben, und es macht Ihnen nichts aus, Leute umzukegeln, die Ihnen in die Quere kommen.
- Sie lieben die Tatsache, dass man sich auf Sie als jemanden bezieht, der eine »Macht ist, mit der zu rechnen ist«.
- Wenn Sie provoziert werden, greifen Sie an, um zu zeigen, dass es Ihnen ernst ist mit dem, was Sie tun.
- Sie glauben, dass Sie, um eine Führungskraft zu sein, Ihre Fähigkeiten, Ihren Einfluss auf die Gruppe geltend machen müssen, wenn diese fehlgeleitet ist.
- Sie mögen es, Menschen mit eiserner Faust zu führen, die im Samthandschuh steckt. Sie sind hart, aber besonnen.

Herzliches Beileid! Je mehr dieser Aussagen auf Sie zutreffen, desto mehr unterminieren Sie sich selbst gegenüber männlichen Kollegen. Meine Einschätzung ist, dass Sie keine herausragenden Geschäfte abschließen. Sie werden zu bestimmten Besprechungen nicht eingeladen. Sie werden von männlichen Kollegen nicht ernst genommen. Sie kommen nicht so schnell voran, wie Sie gedacht hatten. Klingt das vertraut?

Sie sabotieren sich selbst. Jetzt haben Sie Ihren Ausgangspunkt für den Rest dieses Buches.

Wandlung eines Alpha-Mannes

Wie die meisten Alphas wuchs ich im Schatten meines Vaters auf. Er war ein starker, wuchtiger Ex-Polizist, der die meiste Zeit seines Lebens Baufirmen leitete. Er war der Prototyp des männlichen Manns: aggressiv, ehrgeizig, nicht aufzuhalten und erfolgreich. Es war als Kind schwer, in seine Fußstapfen zu treten. In den Sommerferien stand ich gemeinsam mit ihm auf, wir frühstückten, und dann arbeiteten wir die meiste Zeit des Tages in Haus und Garten – strichen die Zäune, zogen Leitungen, jäteten das Unkraut, mähten den Rasen. Ich sah meine Freunde auf ihren Fahrrädern vorbeisausen. Sie genossen ihre Freizeit, aber mir war es erst nach getaner Arbeit und bis zum Abendessen erlaubt, mit ihnen zu spielen. Nur selten ging ich auch noch nach dem Abendessen nach draußen. Ich beschwerte mich immer bei meinem Dad, das sei nicht fair. Der Sommer sei dafür da, dass Kinder Ferien haben. Er sagte mir, meinen Freunden und deren Eltern mangele es einfach nur an Disziplin. Er aber würde mich dazu erziehen, anders zu sein. Ich schmiedete mit meinen Freunden ein Komplott und ließ sie meinen Vater bitten, ob ich nicht zum Spielen nach draußen dürfe, und hin und wieder klappte es. Aber im Grunde blieb es dabei, meine Sommer waren dafür da zu arbeiten. Ich kann mich erinnern, das einzige Kind gewesen zu sein, das sich darauf freute, wenn die Schule wieder begann, denn das bedeutete, dass es in den Schulpausen, in der Mittagszeit und auch nach der Schule Zeit zum Spielen gab.

Meine Eltern ließen sich scheiden, als ich in der fünften Klasse war, und meine Mutter und ich zogen aus meiner Heimatstadt in eine größere, die etwa neunzig Autominuten südlich lag. Als meine Mutter drei Jahre später wieder heiratete, erhielt ich einen ersten Einblick in Gewerkschaften. Mein Stiefvater, einer der großartigsten Männer, die ich jemals gekannt habe, war ein Gewerkschaftstyp. Er hatte Kontakte zu vielen Gewerkschaften, weil sein Vater ein Gewerkschaftsführer war. Er arbeitete hart und war der Überzeugung, dass der Boss ihm für seine harte Arbeit etwas schuldig blieb. Meine Vorbilder als junger Mann waren also mein Alpha-Vater (der alles zu bekommen schien) und mein Beta-Stiefvater (der nie genug zu bekommen schien). Es war eine verwirrende Zeit, aber ich fühlte mich mehr zu der Lebenseinstellung meines leiblichen Vaters hingezogen, weil ich gern Dinge tat, die Geld kosteten. Ich erinnere mich daran, dass mein Vater sagte: »Wir Fletts sind gut in allem, was es wert ist, gut darin zu sein. Für die Drecksarbeit bezahlen wir andere.« Eine weitere Lektion, die er mir erteilte, als ich jung war, und die in meinem ganzen Leben nachhallte, war: »Wenn du der Boss sein willst, übernimm einfach die Führung. Frag nicht danach. Menschen sind schwach und fühlen sich unbehaglich, wenn sie niemanden haben, dem sie folgen können. Wir Fletts bieten ihnen diese Führung.« Sie können sich wohl vorstellen, für welch ein großes Ego diese Worte sorgten und immer noch sorgen.

Das Gras auf der anderen Seite war grüner

Als ich in der zehnten Klasse war, besorgten meine Mutter und mein Stiefvater mir einen Job beim örtlichen A & W in Kamloops.[1] Es war ein scheußlicher Job. Ich war Küchenhilfe, das heißt, ich sorgte dafür, dass die Behälter mit den Zutaten nie leer waren und die Köche alles hatten, was sie brauchten. Ich füllte auch die Bestände in den Kühlräumen auf, räumte um und so weiter. Es war, wie gesagt, ein scheußlicher Job, und das Schlimmste daran war dieses Team bösartiger Frauen, die in der Küche arbeiteten. Weil ihre Ehemänner Arschlöcher waren, hatten sie es sich in den Kopf gesetzt, mich dafür zu bestrafen, ein Mann zu sein. Sie spielten mir übel mit, ließen mich eingelegte Gurken in riesigen Kübeln zählen (ich brauchte eine ganze Woche, um herauszufinden, dass das unnötig war) und waren rundherum gehässig zu mir. Meine coolen Freunde arbeiteten mit ihren Vätern in der Landschaftsplanung, auf dem Bau und in anderen »männlichen« Berufszweigen und verdienten acht bis zehn Dollar in

---

1) Anm. d. Übers.: A & W ist die älteste US-amerikanische Franchise-Handelskette in der Systemgastronomie. Das Angebot besteht hauptsächlich aus Hamburgern und Hot Dogs.

der Stunde. Ich dagegen war Küchensklave für drei Dollar die Stunde und wurde wie ein Stück Dreck behandelt.

Ich wollte aussteigen. Zunächst erkundigte ich mich bei meinen Freunden, ob deren Väter nicht einen Job für mich hätten, und erfuhr, dass es keinen gab. Daraufhin beschloss ich, mein eigenes Unternehmen zu gründen. Ich war fünfzehn und dachte, dass Rasenmähen nicht allzu schwierig sein könne. Mit einem Geschäftsvorschlag wendete ich mich an meine Mutter und meinen Stiefvater. Am Abendbrottisch wartete ich mit meinem Deal, bis wir mit dem Essen angefangen hatten. Wenn meine Mutter und mein Stiefvater, so mein Vorschlag, mir mit 300 Dollar für einen mulchenden Rasenmäher »aushelfen« würden (er hatte den Vorteil, dass der Rasenschnitt nicht aufgeharkt und entsorgt werden musste), würde ich ihnen das Geld bis Ende des Sommers zurückzahlen. Meine Mutter sah mich liebevoll an und sagte:»Nein!« Ich sah daraufhin meinen Stiefvater an, der sich gewöhnlich auf meine Seite schlug, aber der sagte:»Chris, du solltest froh sein, einen Job zu haben.« Ich war schockiert. Eltern sollten doch eigentlich ihre Kinder unterstützen, aber meine ließen mich im Stich. Na gut, dachte ich, ich habe ja meinen Vater in Vancouver, der Unternehmer ist, der wird von meiner Idee so beeindruckt sein, dass er wahrscheinlich noch am selben Tag das Geld schicken wird. Ich rief also bei meinem Vater an und erzählte ihm von der Idee, und er sagte:»Chris, das ist eine tolle Idee. Du solltest das tun, aber ich werde dir nicht dabei helfen. Du willst doch nicht so ein Junge sein, dessen Vater sein Unternehmen für ihn aufbaut. Finde einen Weg, es allein zu tun.« Machte der Witze? Mein Vater, der Unternehmer, wollte noch nicht einmal den Traum seines eigenen Kindes finanzieren. Also beschloss ich, meine Mutter und meinen Stiefvater, deren Einstellung für meinen Geschmack ein bisschen zu sozialistisch war, jedes Mal, wenn wir uns zum Abendessen hinsetzten, mit Verbalattacken zu nerven, und zwar so lange, bis ich sie zermürbt hätte. Es erforderte etwa zwei Wochen Hartnäckigkeit, bis der Widerstand meiner Mutter gebrochen war und sie mir über den Tisch hinweg zubrüllte:»Ich werde dir die 300 Dollar leihen, aber ich will sie bis zum Ende des Sommers wiederhaben, und ich will den Rasenmäher!« Ich glaube, meine Mutter dachte, dass mir dieser Preis zu hoch wäre, aber ich ging freudig darauf ein. Was zum Teufel hätte ich denn auch nach dem Sommer noch mit dem Rasenmäher anfangen sollen? Mein

Stiefvater und ich gingen also zu Sears, um den Rasenmäher zu holen, und ich brachte meine ersten Flugblätter in den örtlichen Wohnwagenparks in Umlauf. Sie müssen wissen, dass der westliche Teil von Kamloops, wo ich aufgewachsen bin, mit Wohnwagenparks übersät ist. Wir reden hier über Tausende von Wohnwagen (auch bekannt als *mobile homes*, Mobilheime, große, ans Versorgungsnetz des Wohnwagenparks fest angeschlossene Wohnwagen). Für zehn Dollar die Woche, so mein Angebot, mähte und trimmte ich das jeweils etwa drei Quadratmeter große Rasenstück der Kunden, entfernte das Unkraut, fegte den Carport und brachte den Müll weg. Wie Sie sich vorstellen können, werden Wohnwagenparks vor allem von alten Leuten bewohnt, und die sahen diesen pausbäckigen 15-jährigen Jungunternehmer und konnten nicht widerstehen. Ich sollte noch hinzufügen, dass meine einzige Absicht darin bestand, mehr als drei Dollar in der Stunde zu verdienen. Am Ende meiner ersten Woche hatte ich 500 Kunden. Ich konnte die Arbeit absolut nicht mehr allein bewältigen. Es gab eine städtische Verordnung, die Lärm nur zwischen 8 Uhr und 20 Uhr gestattete. Ich arbeitete verflucht hart, konnte aber kaum noch Schritt halten. Ich machte ein Vermögen, aber ich musste mich an Freunde wenden, die ebenfalls in beschissenen Jobs gearbeitet hatten, damit sie mir halfen und mitmachten. Das Unternehmen wuchs im Laufe des Sommers, und ich verdiente innerhalb von drei Monaten mehr als die meisten Anwälte in einem Jahr. Ich verheimlichte diese Tatsache vor meinen Eltern, damit sie mir nicht irgendwelche Vorträge hielten, aber ich hatte einen Vorgeschmack davon bekommen, wie es ist, das Leben in großem Stil zu leben.

Rausschmiss aus der Fakultät

Ich ging zur Universität und begann ein betriebswirtschaftliches Studium, da meine Mutter mir in den Ohren gelegen hatte, wie wichtig ein Wirtschaftsdiplom sei. Mein Vater stand einem Wirtschaftsdiplom eher zwiespältig gegenüber. Er wusste, dass es mir würde weiterhelfen können, aber ich denke, er sah den unternehmerischen Funken in mir und fürchtete, dass das Wirtschaftsstudium ihn zum Erlöschen bringen würde. Die Hochschule, auf die ich ging, befand sich in Kamloops, und um es höflich auszudrücken: Sie zog nicht die allerbesten Wirtschaftsprofessoren an. Die meisten, denke ich, hatten irgendeine Anstellung bei einer regionalen landwirtschaftlichen Hochschule verlassen und benutzten Lehrbücher, die bereits in der Zeit in Umlauf waren, als Warren Buffet begann, sich für die Börse zu interessieren.[2] Es war grausam. In jedem Seminar forderte ich die Lehrer heraus, fragte nach echten Anwendungsbeispielen für das, was sie unterrichteten, aber die Professoren, die sich vor der realen Welt versteckt hatten, waren kaum fähig, ein Beispiel zu geben, das sich von denen im Lehrbuch unterschied. Um ehrlich zu sein, ich war ein ziemlicher Stinkstiefel. Ich hatte eine große Klappe, störte ständig und war eine einzige Nervensäge für diese Leute. Mein Vater sagte zu mir: »Du bezahlst diese Menschen mit deinem guten Geld, damit sie dich unterrichten, also sitze nicht nur da und schreibe mit, sondern benutze sie als Ratgeber. Bringe sie dazu, die Fragen zu beantworten, die du beantwortet haben willst.« Ich machte das – und besiegelte mein Schicksal an der Universität. Während ich darauf wartete, mich für mein drittes Jahr einzuschreiben (damals noch vor der Einführung automatisierter Einschreibungen per Telefon oder online), kam der Dekan auf mich zu und bat um eine Unterredung. Ich wollte zuerst nicht mitgehen und meinen Platz in der Warteschlange aufgeben, aber er sagte zu mir: »Nach unserer Besprechung wird das kein Thema mehr sein.« Ich erinnere mich, dass ich keine Angst vor dem Gespräch mit ihm hatte. Ich war ein beschissener Student und ein Problemfall in meinem Semester gewesen. Ich nahm an, er würde mich rausschmeißen, und ich dachte: »Vielleicht ist es am besten so. Ich kann wieder ein Unternehmen gründen.« Stattdessen ließ er mich Platz nehmen und sagte, dass drei der Lehrenden der Wirtschaftsfakultät sich geweigert hätten, mich zu ihren Vorlesungen und Seminaren, die obligatorisch waren, zuzulassen, und dass meine Noten nicht gut genug für eine Versetzung seien. Er schlug vor, dass ich, um nicht das Herz meiner Mutter zu brechen, entweder auf ein naturwissenschaftliches (denke nicht) oder geisteswissenschaftliches Studium (spätere Berufsperspektive: McDonald's) umsatteln solle. Ich sagte ihm, dass ich es vorziehen würde, lieber einfach die Uni zu verlassen, aber er überzeugte mich, es mit einem geisteswissenschaft-

---

2) Anm. d. Übers.: Warren Buffet, geb. 1930, US-amerikanischer Großinvestor, mit einem geschätzten Privatvermögen von 62 Mrd. US-Dollar einer der reichsten Männer der Welt, gründete 1956 seine erste Kommanditgesellschaft.

lichen Studium zu versuchen. Es endete schließlich damit, dass ich außergewöhnliche Lehrer in Geschichte und Philosophie hatte, die mich die Teilbereiche von Geschichte und Philosophie studieren ließen, die ich mochte (das Wachstum der amerikanischen Wirtschaft und das japanische Wirtschaftsmodell). Als ich die Abteilung für Wirtschaftswissenschaften hinter mir ließ, wuchs meine Verachtung gegenüber denjenigen, die mir sagten, dass ich für Wirtschaft nicht der Richtige sei. Ich erinnere mich, dass der Präsident der Universität kurz vor dem Abschluss zu mir sagte:»Chris, Sie sollten lieber Jura studieren, damit Sie etwas aus Ihrem Leben machen können.«

Aufbau von Think Tank

Nach der Universität ging ich direkt zu BC Hydro, dem regionalen Wasserkraftversorgungsunternehmen. Das Unternehmen war verkorkst. Jeder stellte jedem ein Bein, alle fielen sich gegenseitig in den Rücken, und es hatte nicht den Anschein, als ob auch nur irgendetwas effizient erledigt würde. Alle waren so besorgt, ihre Jobs zu behalten, dass sie sich im Grunde nicht bewegten. Sie scherzten immer, dass sie eine »Sicherheitskonferenz« abhielten, wenn sie alle herumstanden und redeten, denn wenn sich keiner bewegte, konnte auch keiner verletzt werden. Ich blieb sechs Monate dort, und nachdem meine Marketingpläne entweder abgeschossen oder auf die lange Bank geschoben worden waren, kündigte ich an einem Freitag um 13.26 Uhr ohne Vorankündigung. Mein damaliger Boss lächelte und sagte, er würde mir einen großartigen Empfehlungsbrief schreiben. Er sagte, dass ich zu unternehmerisch denkend sei, um in einem staatlichen Unternehmen zu arbeiten, und dass ich mir lieber etwas suchen sollte, was ich auf eigene Faust tun könnte. Ich weiß noch, dass ich anschließend darauf wartete, dass meine Frau Jacqui nach Hause kam, um es ihr zu berichten. Sie wusste, dass ich unglücklich gewesen war, war aber schockiert, dass ich ohne Weiteres einfach gekündigt hatte. Sie fragte, wo ich arbeiten würde, und ich sagte ihr, dass ich mein eigenes Unternehmen gründen würde. Sie unterstützte mich, aber ich wusste, dass sie sich nicht wohl dabei fühlte. In Jacquis Familie gibt es keine Unternehmer, und ein Unternehmen zu gründen ist ihrer Ansicht nach sehr riskant. Ich dachte bei mir:»Ich habe

6 000 Dollar auf der Bank, ich brauche nur einen Namen, und los geht's!« Als ich am nächsten Morgen in Unterwäsche CNN schaute, sah ich eine Gruppe junger Politiker, die zusammengebracht worden waren, um wirtschaftliche Probleme zu lösen, und man bezeichnete sie als *think tank* (Denkfabrik; umgangssprachlich: Gehirnkasten). Ich dachte mir: »großartiger Name.« Dieser Moment war der Beginn von Think Tank Communications.

Als ich begann, wollte ich Wettbewerbsrecherchen für Städte machen, die ihre Gebiete attraktiv für Unternehmen machen wollten. Ich war im Wesentlichen ein Headhunter, aber statt Menschen zu werben, warb ich Unternehmen, die umziehen wollten (oder davon überzeugt werden konnten, es zu tun). Ich war 24 Jahre alt, hatte einen *Bachelor of Arts* und eine sechsmonatige Berufserfahrung bei einem Energieversorger. Damit war ich extrem unattraktiv auf dem Unternehmensmarkt, also beschloss ich, dass ich flink und aggressiv sein und mir meinen Platz im Markt schaffen musste. Mehr als die Hälfte der ersten sechs Monate rührte ich die Werbetrommel und machte einen Akquisetermin nach dem anderen, bevor das Unternehmen zu wachsen begann. Aber als es das tat, gab es kein Zurück mehr. Nach drei Monaten kontaktierten die anderen Unternehmensberater in Kamloops (ein Haufen gescheiterter Regierungs-Wirtschaftsspezialisten) mich und wollten sich mit mir treffen. Ich erinnere mich, dass ich aufgeregt war über die Aussicht, Wege ausfindig machen zu können, gemeinsam Geld zu verdienen. Wir trafen uns draußen am Highway bei Denny's, und die fünf setzten sich mit mir an einen Tisch. Einer sagte: »Wir sagen Ihnen, wie es läuft. Wir alle teilen uns, was reinkommt. Wir machen das schon lange Zeit. Sie sind neu, haben keinen MBA und bringen wenig auf den Tisch. Kommen Sie uns nicht in die Quere, und wir werfen Ihnen vielleicht ein paar Bröckchen zu.« Ich starrte sie an, schockiert. Diese Schaumschläger, diese heuchlerischen Memmen, wollten mir vorschreiben, wie die Dinge laufen? Das glaubte ich nicht. Ich schaute einer der Dumpfbacken in die Augen und sagte: »Innerhalb eines Jahres werden viele von euch meine Laufburschen sein. Haltet euch bereit für meinen Anruf.« Und damit erhob ich mich und ging hinaus, die Hände sorgsam in meinen Taschen vergraben, um ihr Zittern zu verbergen. Ich beschloss in diesem Moment, mich ganz diesem Projekt zu verschreiben und dass ich es entweder ganz groß schaffen würde oder beim Versuch draufginge.

Mit dieser Geisteshaltung (ich gegen sie) bearbeitete ich mein Gebiet wie ein Verrückter. Ich reiste hin und her, knüpfte Kontakte, bekam Arbeit und wurde zu einer Größe in meinem Tätigkeitsfeld. Innerhalb dieses ersten Jahres arbeiteten in der Tat drei der fünf Berater für mich mit Unterverträgen. Mein Ego wurde prächtig genährt, und ich dachte, nichts könne mich aufhalten. Sollte ein Konkurrent es wagen, sich mir in den Weg zu stellen, musste er ausweichen, andernfalls zerstörte ich ihn. Es scheint im Rückblick surreal, aber ich kann mich erinnern, Arbeit billiger angeboten zu haben, um zu erreichen, dass Konkurrenten mit hohen Allgemeinkosten nicht mithalten und ihre Löhne nicht ausbezahlen konnten. Ich half deren Angestellten dann, Vertragspartner zu werden, nur um ihnen ein kleines bisschen Arbeit zu geben und sie nie wieder zu benutzen. Gelegentlich sandte ich sogar schwarze Rosen an Konkurrenten, wenn ich einen ihrer wichtigsten Angestellten zum Kündigen gebracht hatte oder ihnen einen Vertrag unter dem Hintern weggezogen hatte. Ich war ein großer weißer Hai, ich war am oberen Ende der Futterkette, und ich schlief sehr gut in der Nacht.

Gute, schlechte und sehr schlechte Nachrichten

Im Jahr 2000 wurde ich gebeten, an einer Konferenz über wirtschaftliche Entwicklung in Calgary teilzunehmen. Ich war der Neue in der Szene und sorgte für Aufregung mit meiner Fähigkeit, Regierungsgelder für Projekte wirksam einzusetzen. Einige nannten mich »Money Man«, andere »Brandstifter«. Ich liebte den Gedanken, dass mit letzterem Ausdruck meine Fähigkeit gemeint war, Dinge ans Laufen zu bringen, aber ich denke, die meisten benutzten ihn, weil ich für Ärger sorgte. Ich hatte beschlossen, die beinahe neunstündige Autofahrt von Kamloops nach Calgary zu machen, und mein Vater in Vancouver bat mich, ihn mitzunehmen, so dass er meine in Calgary wohnende Schwester besuchen konnte. Ich hatte mir all die Dinge überlegt, über die ich mit ihm auf der Reise sprechen wollte (okay ... mit denen ich angeben wollte). Die Männer in meiner Familie sind sowohl lebhaft als auch Meister darin, immer besser als andere sein zu wollen. Ich nahm meinen Vater im Jeep mit, und wir fuhren von Vancouver aus in nördliche Richtung. Als wir zwei Stunden unterwegs waren und den flüchtigen Smalltalk hinter uns hatten, setzte ich zu meiner »Präsentation« an. Mein Vater stoppte mich und sagte: »Ich habe gute Nachrichten, schlechte Nachrichten und noch schlechtere Nachrichten. Welche willst du zuerst hören?« Ich gehöre zu den Typen, die sich ein Pflaster mit einem Ruck wegreißen, also sagte ich: »Die schlechten Neuigkeiten zuerst.« Mein Dad schaute mich an und sagte: »Ich habe Krebs.« Ich schaute ihn an und – ich bin beschämt, es heute zuzugeben – dachte: Na und? Fletts sterben an Herzinfarkt, normalerweise ausgelöst durch Stress und permanente harte Arbeit. Krebs war in meinen Augen keine große Sache. »Schneid ihn raus«, sagte ich zu ihm. »Geh an einem Donnerstagnachmittag rein, schneid ihn raus, nimm dir den Freitag und das Wochenende Zeit, und du kannst am Montag wieder zurück zur Arbeit.« Er sah mich an uns sagte: »Es ist schlimmer.« Ich fand, dass er sich wie ein Weichei benahm und beschloss, das Thema zu wechseln: »Was sind die schlechteren Nachrichten? Habe *ich* Krebs?« – »Nein«, sagte er, »aber du bist eine Schande, für mich und für dich selbst.« Ich glaube, nur ein Alpha kann wirklich verstehen, welch eine verheerende Wirkung diese Worte, ausgesprochen vom Mentor, auf einen haben. Man verbringt sein ganzes Leben damit zu versuchen, wie der eigene Vater zu werden und ihn dann zu überflügeln. Ich glaubte, dass ich beides geschafft hatte, und wenn er mir jetzt sagte, dass er sich für mich schämte – das ließ im Grunde meine Festplatte abstürzen, wenn Sie wissen, was ich meine. Ich sah ihn völlig schockiert an. Er sagte: »Man sieht dem Tod ins Gesicht und lässt sein Leben an sich vorbeiziehen. Ich habe dir großes Unrecht angetan, indem ich dich dazu ermutigte, es genauso zu machen wie ich. Nun wiederholst du meine Sünden, nur weitaus schlimmer. Dein Großvater würde von uns beiden enttäuscht sein.«

Wir fuhren zu einer Raststätte, und ich war völlig fertig. Ich ging in eine der Toilettenkabinen und heulte mir etwa zehn Minuten lang die Augen aus. Meine ganze Welt war eingestürzt. Es ist vergleichbar mit einem trockenen Stück Holz, auf das man mit einer Axt schlägt. Der Holzklotz bricht nicht ganz auseinander, aber man weiß, dass es einen Riss gibt, ganz hindurch. Mein Rückgrat, meine Seele und mein Ego, sie zusammen bildeten diesen Holzklotz. Nachdem ich mich einigermaßen wieder gefangen hatte und zum Auto zurückgekehrt war, legte mein Vater seine Hand auf meinen Arm und sagte: »Die gute

Nachricht ist, wir haben 18 Stunden Fahrtzeit, um die Dinge zu richten.« Wenn ich zurückblicke, war dies die erste authentische Unterhaltung über das Berufsleben, die mein Vater und ich jemals gehabt hatten. Genau an diesem Punkt begann meine Umwandlung.

Als ich nach der Reise und nach vielen Gesprächen mit meinem Vater nach Hause zurückkehrte, erkannte ich, wie armselig ich alles angepackt hatte. Das Traurige daran war, dass alle Alpha-Männer, die ich kannte, mich dafür, wie ich war, verherrlichten. Ich beschloss, wenn ich mich ändern würde, dann müsste sich auch mein Geschäftsgebaren verändern. Ich würde vollständig aufhören müssen, das alte Modell zu unterstützen (das Konflikt, Druck, Zwang, Angst und Dominanz benötigt) und mir stattdessen das neue Modell zu eigen machen, aber ich wusste nicht, wie es aussah. In den folgenden Wochen begann ich, das Geschäftsmodell und meine Rolle darin zu analysieren und erkannte, dass ich es mir schwerer gemacht hatte, indem ich immer versucht hatte, einen Coup zu erzwingen, anstatt nach Geschäftsbeziehungen zu suchen, die einfach waren. Ich schrieb ein neues Leitbild für Think Tank. Das alte hatte uns und all die großartigen Dinge, die wir getan hatten, glorifiziert. Im neuen ging es um die Beziehung, die mein Vater dreißig Jahre lang mit seinem Friseur verband und die auf gegenseitigem Respekt und Verantwortung basierte. Ich sandte es an all meine Kunden und feuerte auf der Stelle alle, die es für lustig, schwach oder dumm hielten. Das ist richtig ... feuerte. In dem neuen Modell sollten Dienstleister von sich aus Kunden, die nicht zu ihnen passen, feuern. Etwa die Hälfte der Kunden von Think Tank wurde gefeuert, und innerhalb von sechs Monaten nach Versenden des neuen Leitbildes verdoppelten sich unsere Profite.

Dies war der Punkt, an dem ich begann, mein Augenmerk auf unsere Beziehungen mit Kunden zu richten. Wir kamen extrem gut mit weiblichen Kunden zurecht und rangen gleichzeitig ständig um männliche Kunden. Dann schaute ich mir genauer an, warum weibliche Kunden so viel länger brauchten, um voranzukommen, während männliche Kontrahenten an ihnen vorbeizogen. Und ich schaute auf die Erfolgsraten. Frauen waren viel öfter erfolgreich als Männer, brauchten aber länger dafür. Ein Großteil der Arbeit, die ich in den nächsten drei Jahren machte, bestand in Schadensbegrenzung, wenn ein weiblicher Kunde eine Geschäftsgelegenheit an einen männlichen Kontrahenten verlor. Ich erkannte, dass Männer Mentoren für

Männer sind und Frauen Mentorinnen für Frauen. Ich beobachtete, dass Frauen zwar eine Sachlage mit einem Alpha-Mann analysieren, aber niemals einen Mann um ein Feedback bitten, der in der Lage wäre, dazu Stellung nehmen zu können (also einen anderen Alpha-Mann). Und ich beobachtete, wie Alpha-Männer Frauen torpedierten (ihre Karrieren zerstörten – mehr darüber später) und noch nicht einmal den Mumm hatten, das zuzugeben. Konnte es möglich sein, dass Frauen und Männer nie authentisch miteinander darüber sprachen, wie sie im Beruf agierten? Frauen lebten bereits das neue Modell des beruflichen Umgangs miteinander, waren aber nicht die treibenden Kräfte; Männer verstanden das neue Modell nicht ganz, wurden aber als Piloten gebraucht. Die Berufswelt war völlig durcheinander geraten, und die einzigen wirklich erfolgreichen Leute waren diejenigen, die wussten, wie beide Seiten das Spiel spielten. Meinem Empfinden nach war ich in meiner Branche das schwarze Schaf gewesen. Ich war kein Betriebswirt, sondern hatte einen geisteswissenschaftlichen Abschluss. Ich war jung, mir fehlte die Erfahrung, und ich redete einfach dazwischen. Ich wurde erfolgreich, indem ich lernte, wie man alle Hindernisse umschifft. Dann sah ich Frauen, die davon ausgingen, dass die Hindernisse einfach ein Teil des langen Weges seien, den sie zu gehen hatten. Ich erkannte, dass Frauen, wenn sie im Geschäftsleben vorankommen sollten, darin unterrichtet werden mussten, wie Alpha-Männer funktionieren und wie man die Führung übernimmt. Die Männer haben die gläserne Decke eingezogen, aber die Frauen hielten sie während der letzten 30 Jahre an ihrem Platz.[3] Es war an der Zeit, diese Decke zu öffnen und die neue Führung führen zu lassen. Lesen Sie dieses Buch kritisch durch: Stellen Sie alles in Frage, womit Sie nicht übereinstimmen, und machen Sie sich alles zu eigen, das für Sie Sinn macht. Dieses Buch wird nur so gut sein, wie Sie Nutzen daraus ziehen. Ich habe vor 300 Gruppen rund um die Welt referiert, denn es ist meine Absicht, dass dieses Thema sich wie ein Lauffeuer ausbreitet. Ich will, dass Frauen allen Alters von meinen Thesen erfahren und zustimmen oder nicht. Es ist mir gleich, was sie tun. Meine Aufgabe sehe ich darin, dafür zu sorgen, dass diese Diskussion

3) Anm. d. Übers.: Der Begriff gläserne Decke wurde in den 1980er Jahren in den USA geprägt für das Phänomen, dass die meisten hochqualifizierten Frauen nicht bis in die Führungsetage hochkommen, sondern auf der Ebene des mittleren Managements bleiben.

stattfindet. Wenn dies geschieht, ist meine persönliche Läuterung vollendet.

Terminologie des Alpha-Mannes

Bei meinen Vorträgen werde ich immer wieder gebeten, die Begriffe, die ich verwende, zu erklären. Ich gehe davon aus, dass wir alle über denselben Wortschatz verfügen, aber in Wirklichkeit benutzt der Alpha-Mann einen eigenen Jargon, der nur anderen Alphas wirklich geläufig ist. Sie haben vielleicht von manchen dieser Begriffe gehört, aber ich möchte, dass Sie verstehen, wie ich sie definiere, so dass Sie durchgehend genau wissen, worüber ich spreche.

Alpha-Mann

Der Alpha-Mann befindet sich am oberen Ende der Nahrungskette. Er ist derjenige, der die Geschäftsabschlüsse hereinholt und dafür sorgt, dass Essen auf den Tisch kommt. Er ist der Senior-Partner einer Anwaltskanzlei. Er ist der Top-Makler einer Finanzdienstleistungsfirma. Er ist der Kerl, dessen Name auf allen Bauschildern in einer Stadt steht. Er ist der »Mann-Mann«. Er ist der große Spieler, der Mann am Drücker, die große Nummer. Er ist der Kerl, den die Frauen wollen (diejenigen, die sich von Macht angezogen fühlen), und er ist so, wie andere Männer sein wollen. Er ist der große weiße Hai im Meer des Geschäftslebens.

Pull the Trigger (abdrücken, schießen)

Pull the Trigger (abdrücken) ist ein Ausdruck, mit dem Alphas einen Geschäftsabschluss bezeichnen. Bei uns hat alles ständig mit Dominanz zu tun, und was ist dominanter als zu töten? Im Englischen sagt man *make a killing*, wenn auf dem Markt großer Reibach gemacht wird. Ein anderer Ausdruck wäre: *kill on a deal*, also das »Erlegen« eines Handels. *Pull the Trigger* passt in diese Vorstellungswelt. Etwas gerät in unser Fadenkreuz (ein Kunde, ein Handel, eine günstige Gelegenheit), und wir dominieren die Chance, indem wir abdrücken. Wenn man nicht fähig ist, abzudrücken, ist man dazu bestimmt, jemandes Hündchen zu bleiben (Eigentum). Ein Kerl, der großartig darin ist, abzudrücken, wird auch als *shooter* (Schütze) oder als *designated hitter* (das ist der Schlagmann beim Baseball) bezeichnet – im Grunde ist er derjenige, der für den Geschäftsabschluss in den Ring geschickt wird.

Ringer (Spielmacher)

Der *Ringer* ist die Geheimwaffe Alpha-Mann. Dieser Alpha ist so geschmeidig, eindrucksvoll, mächtig und überzeugend, dass jeder, der sich mit ihm zu Vertragsverhandlungen an einen Tisch setzt, mit absoluter Sicherheit auf der gepunkteten Linie unterschreiben wird. Jeder Alpha denkt von sich gern generell als Spielmacher, aber in Wirklichkeit sind wir Spezialisten für bestimmte Situationen. Meine Stärke sind Frauengruppen, während die Stärke eines anderen Spielmachers Anwaltskanzleien, Start-up-Unternehmen mit wenig Eigenkapital oder Banken sind und so weiter. Sie können den Ringer mit dem Baseballspieler der obersten Spielklasse vergleichen, der im Softball-Team Ihrer Gemeinde mitspielt. Der Vorteil den anderen gegenüber ist so groß, dass andere Teams beim Gedanken daran, dass er das Feld betritt, vor Angst zittern.

Pile-on (Lastesel; Abwälz-Opfer)

Gab es bei Ihnen in der Schule früher auch so ein intelligentes, aber sozial leicht unbeholfenes Kind, dem irgendjemand ein Bein stellte, und die anderen haben sich auf ihn draufgestürzt? Bei uns hieß das »Hunde-Stapeln« (*dog piling*). Nun, im Geschäftsleben halten Alphas nach solchen Opfern, nach *pile-ons* (Leute, auf die gestapelt werden kann) Ausschau. Es sind Leute, die Arbeit für uns machen können. Wir übernehmen gern die Projektleitung, aber dann tun wir die damit verbundene Arbeit nicht, weil dieser Teil nicht sehr viel Spaß macht. Wir mögen es, neue Arbeit zu »erlegen«, aber »erledigen« sollen andere sie. Ein solches Arbeitsabwälz-Opfer, der Lastesel, kann ein tatsächlicher Untergebener sein, der zu tun hat, was wir sagen. Aber normalerweise bezieht sich dieser Begriff eher auf Helfer, denen gegenüber wir nicht weisungsbefugt sind, die aber trotzdem unsere Arbeit für uns tun können. Wir brauchen Lastesel, weil wir die Dinge bis zur letzten Minute liegen lassen und uns dann dem Schrecken gegenübersehen, nichts rechtzeitig erledigt zu haben (Ziele zu verfehlen ist ein Tabu und eine große Blamage für einen Alpha vor anderen Alphas). Stattdessen angeln wir uns jemanden, auf den wir die Arbeit abwälzen können. Ich laufe raus in den Hauptbereich und beginne, mich nach jemandem umzusehen, der meine Arbeit übernehmen könnte. Ich mache das normalerweise an einem Freitagnachmittag, wenn meine Arbeit bis Montag fertig sein soll. Hier ein Beispiel:

Schritt 1 (zu mir selbst redend, aber laut genug, dass andere es hören können): »Oh Mann, ich habe so viel zu tun, und es muss bis Montag fertig sein, sonst bin ich geliefert ...«

(Dann warte ich. Wenn nichts passiert, gehe ich weiter zu Schritt 2, aber mit fast garantierter Sicherheit meldet sich mindestens ein gutmütiger Lastesel, der hilfreich sein will.)

»Meine Frau und ich haben unseren Jahrestag diesen Samstag, aber ich denke, dass sie es verstehen wird, wenn wir es eine Woche aufschieben, so dass ich dieses Zeug erledigen kann ...«

(Dies schwemmt normalerweise alle Abwälz-Opfer hervor, die Ehefrauen sind, meine Frau schon mal getroffen haben oder mich davor bewahren wollen, zu Hause in Schwierigkeiten zu geraten. Es ist normalerweise für mindestens zwei oder drei Lastesel gut. Wenn ich immer noch nicht genug Abwälz-Opfer habe, um all meine Arbeit zu übernehmen, gehe ich über zu Schritt 3.)

»Das Schlimmste ist, dass an diesem Wochenende das Baseballturnier meines Sohnes stattfindet und dass ich ihm versprochen habe, keine Spiele mehr zu versäumen, aber ich diese Arbeit hier wirklich fertig machen muss. Na ja, ich denke, er wird es verstehen. Meine Frau kann an meiner Stelle hingehen ...«

(Dies schwemmt normalerweise die restlichen Lastesel hervor. Die Mütter, die Großmütter, die Frauen mit jüngeren Brüdern – jede Frau, die an meinen kleinen Sohn denkt, der weint, weil ich wieder einmal mein Versprechen gebrochen habe.)

Jetzt, da ich meinen einen Meter hohen Stapel an Arbeit, der bis Montag fertig sein muss, auf meine verschiedenen Lasteselinnen verteilt habe, steht es mir frei, das Wochenende zu genießen. Ich habe die Frauen ausgemacht, die grundsätzliche Helfernaturen sind, jene, die meine Ehe retten wollen, und jene, die versuchen, mich zu einem besseren Daddy zu machen. Jetzt habe ich meine Mann- bzw. Frauschaft, an die ich meine Arbeit delegieren kann. Aber es kommt für meine *pile-ons* noch schlimmer. Nicht nur, dass ich absolut nicht die Absicht habe, diesen Lasteselinnen jemals zu helfen, wenn sie ihrerseits etwas dringend erledigen müssen (ich werde immer unheimlich beschäftigt mit vorgeblichen Projekten sein, sollten sie mich um Hilfe ersuchen), nein, ich werde jetzt auch meinen Alpha-Kollegen mitteilen, wer ein Abwälz-Opfer ist, und gleich die Tipps mitliefern, wie es mit dem Abwälzen bei wem am besten klappt (die da hat einen grundsätzlichen Helferkomplex, jene rettet gern Ehen, die dort hat ein Herz für Kinder). Jetzt haben meine Alpha-Kollegen und ich genug Zeit, uns am Wochenende gemeinsam zu vergnügen, während meine Abwälz-Opfer die Arbeit für uns erledigen.

Boat Anchor (Schiffsanker)

Ein Schiffsanker ist der Niedrigste der Niedrigen für den Alpha-Mann. Wenn man mit solch einer Person geschäftlich zu tun hat, fühlt sich das an, als würde man mit einem Schiffsanker um den Hals schwimmen. Das ist jemand in Ihrem Geschäftsfeld, der im Grunde will, dass Sie die Beziehung allein tragen. Er wird Sie treffen, Sie um Rat fragen, aber fortfahren, wenig oder überhaupt nichts beizusteuern. Er hat alle Gründe der Welt, warum er nichts leistet, aber im Grunde ist er einfach scheiße. Ihm fehlt Leistungsvermögen, aber er weiß, dass jemand ihn an seinem Platz hält. Wir haben alle schon einmal ein Kind im Schwimmbad gesehen, dessen Vater es hinten an der Badehose festhält. Es glaubt wirklich zu schwimmen, aber wir alle wissen, wenn sein Vater die Badehose loslässt, wird der kleine Schisser wie ein Stein untergehen. Schiffsanker sind Männer oder Frauen, die auf ähnliche Weise Geschäfte machen wie dieses Kind schwimmt. Es sieht gut aus, solange jemand sie über Wasser hält, aber auf sich selbst gestellt sind sie erledigt. Alphas warnen sich gegenseitig vor

Schiffsankern, wie Lkw-Fahrer sich gegenseitig vor Radarfallen warnen. Achtung, Achtung, Achtung! Wenn Sie ein Schiffsanker sind, ist es nur eine Frage der Zeit, bis irgendein Alpha Sie torpediert, und dann werden Sie aus dem Spiel sein. Wenn Sie keine Leistung bringen, satteln Sie lieber auf einen Job um, der keine besondere Begabung erfordert.

Finder/Minder/Grinder (Finder/Betreuer/Arbeitstier)

Jeder wird im Berufsleben einem dieser drei Begriffe zugeordnet. Der *Finder* (Finder) ist jemand, der Chancen eröffnet, Arbeit herbeischafft, Geschäfte abschließt, Absatzkanäle aufbaut und grundsätzlich dafür sorgt, dass Essen auf den Tisch kommt. Der *Minder* (Betreuer) ist der Manager – jemand, der sicher stellt, dass die Arbeit getan wird, doch nicht die Fähigkeit hat, sie zu »erlegen«. *Grinder* (Arbeitstiere; wörtl.: Mahlzahn) sind die bedauernswerten Trottel, welche die Arbeit erledigen, für die das Unternehmen bezahlt wird. Wenn Papa das Suppenhühnchen fängt und ihm den Hals umdreht, ist er der *Finder*. Mama stellt die Zutaten zusammen, stellt sicher, dass der Topf auf dem Herd ist und alles kocht. Sie ist der *Grinder*. Das Kind, das das Huhn rupfen, die Kartoffeln schälen und die Möhren schneiden muss etc., ist der *Grinder* (das Arbeitstier).

Wenn wir uns dazu ein echtes Beispiel aus dem Geschäftsleben anschauen, werden Sie sehen, woher wir Alphas unser aufgeblasenes, aber oft auch verdientermaßen großes Ego haben. In einer Anwaltsfirma betreiben Alphas die Kanzlei als geschäftsführende Partner. Diese Teufelskerle mögen gute Anwälte (Fachleute) sein, aber sie sind noch besser darin, Klienten zu gewinnen und Aufträge hereinzuholen. Ein oder zwei von ihnen bringen vielleicht 50 Prozent oder mehr der Firmenumsätze herein. Sie treffen sich mit Kunden zum Mittagessen, gehen mit ihnen zum Hockey, zum Golfspielen, nehmen sie mit auf »Herren-Wochenenden« in Las Vegas. Sie umwerben die Kunden, binden sie an die Kanzlei und sorgen für Aufträge. Ihre Tätigkeit stellt sicher, dass in Form von Anwaltsvorschüssen Geld in die Firma kommt. Sobald der *Finder* (Alpha) die Arbeit hereingebracht hat, muss jemand sicherstellen, dass sie gemacht wird. Normalerweise ist dies entweder ein *junior partner* oder ein *senior associate.*[4]) Er übernimmt die Akte und verschafft sich einen Überblick, was getan werden muss. Er bricht die Arbeitsschritte herunter, setzt Fristen und ergreift weitere Maßnahmen, um sicherzustellen, dass alles termingerecht erledigt wird. Diese Arbeit wird vom *Minder* (Betreuer) oder *manager on the file* (Aktenmanager) gemacht. Dann schauen diese *Minder* nach den niedrigen kleinen *associates* (Mitarbeitern), die im Erdgeschoss neben dem Cola-Automaten arbeiten, und legen ihnen die Akten auf den Tisch. Diese Individuen gehören zu den Arbeitstieren, deren Rolle darin besteht, die konkrete Arbeit zu erledigen. Wir stimmen alle darin überein, dass alle Bestandteile wichtig sind. Wenn die Arbeitstiere nicht arbeiten, kann keine Rechnung ausgestellt werden. Wenn die Betreuer die Arbeit nicht überwachen, kann es zu Kostenüberschreitungen, Terminverzug und anderen problematischen Situationen kommen. Aber wenn der Alpha (*Finder*) seinen Job nicht macht, ist der Rest irrelevant. Die anderen beiden werden erst dann wichtig, sobald er seinen Job gemacht hat. Der Lebensunterhalt von allen beruht auf seiner Fähigkeit, auf die Jagd zu gehen, und genau darum steht er am oberen Ende der Nahrungskette.

Mud (Dreck)

Mud (Dreck) ist ein Begriff, den wir Alphas generell für die Leute unter uns verwenden. *Grinder* und *Minder* werden oft als *mud* bezeichnet, denn sie kennen das gute Leben nicht, oder sie wollen es nicht. Es gibt zwei Sprüche, die wir Alphas ständig im Munde führen, und jedes Mal, wenn wir sie hören, lachen wir, als wäre es das erste Mal:
»Wer auch immer gesagt hat, dass Geld die Wurzel allen Übels ist, hatte keins.« Und: »Mit Geld kann man kein Glück kaufen, aber ich kann meine Mega-Yacht gleich neben dem Glück parken, und das reicht mir.«
Mud kann auch als Synonym für »Scheiße« verwendet werden. Hier sind einige Beispiele aus dem täglichen Geschäftsleben:

---

4) Anm. d. Übers.: juristischer Angestellter mit mindestens
   dreijähriger Berufserfahrung, der anfängt, selbstständig
   und eigenverantwortlich Mandanten zu betreuen.

- »Toyotas sind scheiße.«
- »Sie fliegen in der Scheiß-Klasse« (Economyklasse im Flugzeug). Tatsächlich bezeichnen wir den Vorhang zwischen Business-Klasse und Economy-Klasse als Dreckslappen.
- »Das ist Drecksarbeit. Wälz sie auf einen Lastesel ab.«
- »Ihr Vertriebsteam ist scheiße. Sie brauchen ein paar Spielmacher, die abdrücken können.«

Sie sehen aus diesen Beispielen, dass unser Alpha-Vokabular sehr gut miteinander kombiniert werden kann. *Mud* ist der Tiefpunkt von allem: 1-Euro-Läden, Reisen mit öffentlichen Verkehrsmitteln (z. B. Bussen), das Auto, das Ihre Großmutter Ihnen in ihrem Testament vermacht hat.

Earner (Verdiener)

Dies ist ein subjektiver Begriff mit dehnbarer Definition, abhängig davon, wie ein Alpha ihn verwendet. Wir versuchen stets, in noch mehr exklusive Positionen zu gelangen und gebrauchen den Begriff *Earner*, um jeden zu definieren, der eine Menge Geld verdient. Wenn ein Alpha 100 000 Dollar im Jahr verdient, dann verdient seiner Ansicht nach ein *Earner* mindestens 100 000 Dollar im Jahr. Wenn er 200 000 Dollar jährlich verdient, ist ein *Earner* nicht mehr länger jemand, der 100 000 Dollar verdient, sondern er verdient 200 000 Dollar im Jahr. Wenn er noch mehr Geld verdient, steigt auch die Definition weiter an. Denken Sie an Lance Armstrong, wenn er sich bei einem Rennen in Szene setzt: Alle im Pulk sind Radrennfahrer, aber wenn Armstrong den Reißverschluss seines Trikots hochzieht und beginnt, diese Beine aufzupumpen, wird er zum einzig wahren Radrennfahrer, während es sich beim Rest des Pulks nur um Jungs auf einer Fahrradspritztour handelt. Wir Alphas gebrauchen gern den Begriff *Earner* als Maßstab innerhalb einer Gruppe. Wenn meine Freunde denken, dass der Verdiener-Maßstab bei einem Jahreseinkommen von 250 000 Dollar liegt und ich nur 185 000 Dollar verdiene, bin ich nicht glücklich. Wann immer Alphas sich zusammensetzen, ist der *Earner* ein Gesprächsthema. Denn die Diskussion darüber, was jemanden zum Verdiener macht, ist wie Temperaturmessen: Auf diese Weise können wir ablesen, wie viel Geld jeder verdient.

Bank oder Banker

Diese beiden verwandten Begriffe beziehen sich im Wesentlichen auf jene, die extrem wohlhabend sind. Wir definieren jemanden mit einer Menge Geld als reich. Wohlstand aber ist wirtschaftlicher Reichtum, der weiter wächst und sich beständig vermehrt. Ein Mensch kann reich sein, wenn er 100 000 Dollar im Jahr verdient, ein schönes Haus, ein abbezahltes Auto und Ferienimmobilien besitzt. Wohlhabend aber ist er, wenn er den ganzen Tag im Bett verbringen kann und sein Vermögen dabei immer weiter anwächst. Wenn ein Mensch auf diese Weise eine gewaltige Menge Geld macht, bezeichnen wir ihn als Banker. Bei ihm kommt so viel Geld herein, dass es schwierig für ihn wäre, es auszugeben. Er wird im wahrsten Sinne zu einer Bank, ist ein »Banker«. Wir verwenden den Begriff »Bank«, wenn jemand unwahrscheinlich viel Geld verdient. Hier sind Beispiele aus unserer Umgangssprache:

- »Ihre Ideen haben Hand und Fuß, warum suchen Sie sich nicht eine Gruppe von Bankern und sehen zu, dass Sie sie für ein paar Punkte (Prozentsatz des Handels) mit ins Boot nehmen.«
- »Ernsthaft, mit diesem Deal werde ich zur Bank. Das Geld fließt einfach immer weiter herein. Keine Chance, auszugeben, was dieses Jahr alles reinkommt, es sei denn, ich kaufte ein paar Wohnblocks.«

Ein Banker ist wahrhaft auf der höchsten Stufe der Alpha-Männer angelangt. Ich kenne Kerle, die für günstige geschäftliche Gelegenheiten, auf die sie stoßen, über einen Kreditrahmen von 4 Millionen Dollar verfügen, jeweils persönlich haftend. Das bedeutet »Bank«.

Mouth (Mund; Quasselstrippe)

Als *Mouth* wird eine Frau bezeichnet, die nicht den Mund halten kann. Sie verspricht, dass sie Dinge vertraulich behandeln wird, aber hinterher erfährt man immer, dass sie geredet hat. Wenn man sie zur Rede stellt, ist sie überrascht, hat »nicht mitbekommen, dass das alles ein Geheimnis war«. Dies ist eine Frau, die entweder schnell über Bord geworfen wird oder die man außen vor lässt, so dass sie nutzlos herumlungert. Meine Kollegin Liz sagt immer: »Zeit ist länger als ein Strick.« Gebe Leuten genug von einem davon, und sie werden sich selbst aufhängen.

Snitch (Verräter)

Ein S*nitch* ist die männliche Version der Quasselstrippe. Man kann ihm nicht trauen. Fast immer ist er ein Beta-Mann und versucht, Informationen als Währung für das Erschleichen von Gunst oder Gefälligkeiten einzusetzen. Er ist ein Kerl, der ein schreckliches Berufsleben haben wird, weil Alphas ihn attackieren werden, entweder weil sie sich einen Sport daraus machen oder weil sie ihn bestrafen wollen oder einfach, weil für ihn in der Geschäftswelt kein Platz ist. Die Zusammenarbeit von Alphas basiert auf einem Ehrenkodex, den Betas und die meisten Frauen nicht teilen. Ein Alpha betrügt niemals einen Kumpel. Ein Alpha geht niemals mit der Ex eines Freundes aus. Ein Alpha missbraucht niemals jemandes Vertrauen, besonders, wenn er sein Wort gegeben hat. Es gibt bei uns eine Redewendung: »Zwei Arten von Leuten werden im Gefängnis ermordet: Kinderschänder und Verräter.«

Wenn wir Alphas im Berufsleben einen Verräter identifizieren, nehmen wir uns von dem, was wir gerade tun, was es auch sei, eine Auszeit, um diesem Verräter das Leben so schwer zu machen, dass er denkt, die Hand Gottes selbst würde niederfahren und seine Karriere zerstören. Bei der Polizei nennen sie es *thin blue line,* die »dünne blaue Linie«, beim Militär heißt es »Schützengraben-Geständnisse«, das organisierte Verbrechen nennt es »Dinner-Gespräche«, und in Geschäftskreisen heißt es »vertrauliche Unterredung«. Breche den Ehrenkodex in irgendeinem dieser Beispiele, und es wird sowohl schnelle als auch schwerwiegende Konsequenzen geben.

Bitch (Hündin; Schlampe/Hure; Zicke; hier auch: Laufbursche)

Frauen nehmen immer an, dass ein Mann eine starke Frau, von der er eingeschüchtert, frustriert oder gereizt wird, als *Bitch* bezeichnet. Nichts könnte weiter entfernt von der Wahrheit sein. Ich kann an den Fingern einer Hand abzählen, wie viele Male im letzten Jahr ich gehört habe, dass eine Frau im beruflichen Umfeld als *Bitch* bezeichnet wurde. Dagegen brauche ich beide Hände und Füße, um abzuzählen, wie oft ich in den letzten 48 Stunden, bevor ich dies schreibe, gehört habe, dass ein Mann als *Bitch* bezeichnet wurde. Alphas verwenden den Ausdruck um anzudeuten, dass jemand unterwürfig ist. Beispiele:

- »Tom, ich habe gehört, Sie haben den Deal versaut. Wenn Sie wollen, können Sie kommen und für mich im Büro arbeiten. Ich denke, Sie würden einen guten Laufburschen (*office bitch*) abgeben, besonders jetzt, wo wir wissen, dass Sie keine Geschäftsabschlüsse zustande bringen.«
- »Dave, jetzt wo ich doppelt so viel Geld mache wie Sie, was halten Sie davon, mein persönlicher Laufbursche (*personal bitch*) zu werden? Sie können mir den Kaffee holen, meine Schuhe putzen – Sie wissen schon, all die Dinge tun, die Sie gut können.«
- »Haben Sie gesehen, wie Kevin diesen Geschäftsabschluss versaut hat? Was für ein kleiner Köter (*little bitch*).«
- »Halt die Klappe und tue, was man dir sagt!« (*Bitch up!*) Ähnlich verwendet wird: »Schluck's runter!« (*Suck it up!*)[5]
- »Was meinst du damit, du kannst nicht zu der Klausurtagung kommen? Deine Frau will nicht, dass du gehst? Hör auf, ihr Hündchen zu sein, Lumpi!« (*Quit being her bitch, bitch!*)
- »Kommt schon, Jungs. Wir müssen diesen Deal unter Dach und Fach bringen. Oder wollt ihr, dass diese sabbernden Köter (*sniveling bitches*) uns die Kunden wegnehmen?«

5) Anm. d. Übers: Dieser Begriff stammt aus der Militär-Pilotensprache und bezieht sich auf Erbrochenes in der Atemmaske, da ansonsten die Gefahr besteht, es einzuatmen und zu ersticken. Im übertragenen Sinn meint es, dass man etwas einfach tun soll, ohne sich zu beschweren, auch wenn es schwerfällt, da man ohnehin keine andere Wahl hat.

Wir gebrauchen diesen Begriff, um uns gegenseitig anzuspornen, oder wir machen damit Konkurrenten um Geschäftsabschlüsse nieder. Männer verwenden diesen Ausdruck als Bestätigung der Hackordnung – kein Alpha will als *bitch* bezeichnet werden ... niemals.

Piker (Angeber; Möchtegern-Alpha)

Ein *Piker* ist ein Möchtegern-Alpha oder ein Alpha, der noch nicht die höchste Leistungsebene erreicht hat. Er trägt eine unechte Rolex. Er mietet ein Haus und erzählt den Leuten, dass es ihm gehöre. Er least ein schöneres Auto, als er es sich gekauft leisten könnte. Er tut so, als ob er sich bei schottischem Whisky, Zigarren und Uhren auskenne. Er ist ein Angeber, ein Wichtigtuer, ein Schaumschläger. Wenn die echten Alphas davon Wind bekommen, dass ein *Piker* nur die Alpha-Rolle spielt, machen sie ihn allesamt zu ihrem Hündchen. Sie diskutieren über die Leasingraten für sein Auto, scherzen darüber, wie es wohl ist, die Hypothek für jemand anderen abzubezahlen und fragen ihn, ob er beim Händewaschen nicht Angst um sein elendiges Imitat von einer Uhr hat. Der Ausdruck *Piker* kann sich auch auf einen Kerl beziehen, der keinen Geschäftsabschluss zuwege bringt. Er zieht vielleicht hoch erhobenen Hauptes in den Kampf (die Präsentation), aber dann fällt er auf die Nase. Wir Alphas sind stolz auf unsere Fähigkeit zu fetten Geschäftsabschlüssen. *Piker* versauen uns einfach den Genpool.

Deep Six (Torpedieren, Versenken)[6]

Dies ist das Torpedieren Ihrer Glaubwürdigkeit und Ihrer Karriere. Der Angriff erfolgt aus der Deckung heraus (Sie sehen ihn selten kommen), und er hat einen verheerenden Effekt auf Ihre berufliche Position. Wir werden uns später eingehender damit beschäftigen.

6) Anm. d. Übers: Der Begriff stammt aus der Seefahrt und bezieht sich auf die vorgeschriebene Tiefe für eine Seebestattung. Der Begriff Deep-Six wurde ursprünglich unter Seeleuten verwendet und bezieht sich auf die Sitte, Tote über Bord zu werfen und sie sechs Klafter (Längenmaß) tief zu begraben. Heute bedeutet es umgangssprachlich »etwas wegwerfen« oder »etwas verstecken, so dass es keiner finden kann«.

Pecking Order (Hackordnung)

Die Hackordnung besagt ganz einfach, welchen Rang die Menschen im Vergleich zueinander einnehmen. Alphas stehen oben, gefolgt von Beta-Männern (leicht von Alphas zu kontrollieren), dann kommen Alpha-Frauen (ehrgeizige und engagierte Frauen), dann Beta-Frauen (Unterstützerinnen und oft Abwälz-Opfer). Zuletzt, am unteren Ende der Hackordnung, stehen Quasselstrippe, Memme und Verräter.

Henning (Hühnerstall; Damenkränzchen)

So bezeichnen wir Frauen-Netzwerke. Was bei deren Zusammenkünften gewöhnlich passiert, ist, dass sich dieselben Frauen wie beim letzten Mal unterhalten und keine Geschäfte anleiern. Frauen sind bei solchen Veranstaltungen wie Hühner – sie glucken zusammen, reden kaum über irgendetwas Wichtiges, wärmen sich gegenseitig, kichern, sorgen dafür, dass alle einbezogen werden, tauschen sich über ihre Leben aus – und es kommt absolut nichts dabei heraus. Sie werden vielleicht einwenden, dass ich jetzt grob verallgemeinere und übertreibe, aber fragen Sie sich einmal, wie viele Geschäfte Sie aufgrund der Teilnahme an Netzwerks-Veranstaltungen schon gemacht haben? Sind es mehr oder weniger als bei Ihren männlichen Kollegen? Frauen betreiben fleißig Networking, während Alphas mächtige Netzwerke entwickeln. Da gibt es einen großen Unterschied!

Breeder (Brüter; Muttertier)

Dies sind Frauen, die fortwährend Mutterschutz- oder Erziehungszeiten in Anspruch nehmen. Solche Frauen verursachen größere Betriebsstörungen, weil sie keine Verantwortung für die Auswirkung übernehmen, die dies auf ihre beruflichen Verantwortlichkeiten hat. Sie marschieren ins Büro ihres Chefs und lassen die Bombe platzen: »Ich bin schwanger! Freuen Sie sich mit mir!« Dann gehen sie hinaus und denken darüber nach, was sie mit ihrem freien Jahr anstellen werden. Der Chef aber muss jetzt entweder jemanden finden, der ihren Platz für ein Jahr einnimmt (und somit seinen Pool von Lasteseln reduzieren), oder er muss jemandem von außen einen Jahresvertrag geben. Was jetzt kommt, ist wahrscheinlich nicht populär, aber es muss einmal gesagt werden: *Wenn Sie Kinder haben wollen, machen Sie es nicht zum Problem für irgendjemand anderen. Übernehmen Sie die Verantwortung für alles, eingeschlossen Ihr Arbeitspensum!* Wenn Sie mit einem Plan zu Ihrem Chef gehen, wie das Leben durch Ihre Mutterschaft für ihn nicht komplizierter wird, dann wird er überrascht sein, schockiert, und dann wird er sich mit Ihnen freuen, und Sie werden nachher exakt dieselbe Stelle zurückbekommen, die Sie verlassen haben (in der Hackordnung). Wenn aber Ihr Nachwuchs sein Leben verkompliziert, wird er sich Mittel und Wege überlegen, wie er Sie torpedieren und Ihre Karriere zerstören kann, noch bevor Sie erneut schwanger werden.

Berufsmodelle im Laufe der letzten fünfzig Jahre

Es wurde viel darüber geredet, wie die Wirtschaft sich seit dem Zweiten Weltkrieg verändert hat. Es wurden Bücher über berufstätige Frauen geschrieben, über die Kernfamilie, über berufstätige Eltern und den Verlust des Generationenvertrags, über das Doppelverdiener-ohne-Kinder-Szenario und Ähnliches. Wir haben aber nicht genau hingesehen, was momentan in der Firmen-Geschlechterpolitik passiert und wie die letzten 30 Jahre dazu geführt haben und warum der Alpha-Wolf immer noch den Hof bewacht, aber im gegenwärtigen Modell seine Zähne verloren hat. Ich will Ihnen meine Interpretation dessen, was passiert ist, nahebringen und erklären, weshalb ich glaube, dass wir am Beginn eines Paradigmenwechsels stehen, der sehr, sehr lange Zeit andauern könnte.

Die 1980er Jahre

Meine Eltern waren während des Booms der 1980er Jahre beide im Immobiliengeschäft tätig. Stets und überall schlossen sie Geschäfte ab. Meine Mutter verkaufte 17 Häuser in einem Monat, und mein Vater zückte jeden Tag die Feder zum Unterzeichnen von Verträgen. Die

1980er, das war Extravaganz, Luxus und Maßlosigkeit. Man fuhr ein großes Auto, wohnte in einem großen Haus und hatte den großen Job. Der Film *Wall Street* stellte dar, wie das Geschäftsleben aussah. Ich erinnere mich daran, dass ich diesen Film als Kind im Alter zwischen elf und etwa 17 Jahren an jedem Wochenende angesehen habe. Ich kaufte mir eine neue Videokassette, wenn die alte abgenutzt war. Die Figur Gordon Gecko, gespielt von Michael Douglas, ist ein Alpha par excellence. Sein Büro ist groß, seine Deals sind groß. Er ist viel zu beschäftigt, um das Büro zu verlassen und sich einen passenden Anzug zu kaufen, also kommt sein Schneider zu ihm und nimmt Maß, während er über das Headset weiter Geschäfte macht. Er bekommt die besten Plätze in Restaurants, hat das tollste Apartment und einen gewaltigen Mitarbeiterstab. Andere Männer versuchen beinahe alles, um mit ihm ins Geschäft zu kommen. Gordons Aussage: »Gier ist gut!« war tonangebend für diese Generation. Gott, was habe ich diesen Mann geliebt, wie habe ich einen großen Teil meiner Jugend damit verbracht, die Art, wie er sich bewegte, zu imitieren. Meine Familie war da auch keine große Hilfe. Meine Mutter fuhr einen neuen Cadillac. Sie fingen um sieben Uhr morgens an zu arbeiten und kamen gegen neun Uhr abends nach Hause. Wir waren eine starke Familie. Wenn meine Mutter Hausbesichtigungen hatte, war es mein Job, Legosteine in einem bestimmten Bereich auszubreiten, und wenn die Familie kam, die sich für das Haus interessierte, stellte ich mich den Kindern vor und lud sie ein, mit mir zu spielen. Wenn die Eltern nicht von ihren Kindern belästigt wurden, hatten sie mehr Zeit, sich das Haus in Ruhe anzuschauen und meine Mutter damit eine größere Chance, sie an die Angel zu bekommen. Die potenziellen Käufer begannen dann sich auszumalen, wie sehr der im Kinderzimmer spielende Jimmy junior und seine kleine Schwester Becky ihr neues Zuhause genießen würden. Meine Eltern waren ein Teil der Maschinerie der 1980er Jahre, die tatsächlich die Hackordnung in der Gesellschaft für die folgenden Jahrzehnte festlegte. Dies war eine sehr gute Zeit für Alpha-Männer, die glaubten, dass dies das Grundmuster sei, wie die Welt funktionieren sollte.

Ich erinnere mich, was mein Vater mir erzählte, wie man ein Alpha wird: Man besucht die Universität, bekommt einen außergewöhnlichen Job und gründet dann, rund um die 40, entweder sein eigenes Unternehmen (sobald man die Prinzipien des Business verstanden hatte) oder klettert die Elfenbeintreppe zur höheren Führungsetage hoch. Ich weiß noch, dass ich als Kind verwirrt war, warum so viel Aufhebens um die Schlüssel für die Toiletten der Geschäftsführung gemacht wurde! Die 1980er Jahre waren die Glanzzeit der Alphas, und sie blühten darin auf und glaubten, dass sie nie enden würde. Das Modell, an dem ihre Väter und Vorväter gearbeitet hatten, war endlich Wirklichkeit geworden. Ich weiß gar nicht mehr, an wie vielen Tagen meine Eltern mich von der Schule abgeholt haben und gleich anschließend mit mir zum Einkaufszentrum fuhren. Wir kauften alles Mögliche, und im Rückblick frage ich mich, ob wir es taten, weil wir Spaß daran hatten oder wegen dessen, wofür es stand. Ich wusste zu diesem Zeitpunkt schon: Wenn ich dem Beispiel meiner Eltern folgte, würde ich später reich, mächtig und beneidet sein. Aber dieses Erfolgsmodell war nicht von Dauer.

Die 1990er Jahre

In den 1990er Jahren kam eine neue Technologie auf, und urplötzlich fingen 15-Jährige in ihren Kellern und Garagen an, Anwendungen und Konzepte zu entwickeln, die sie über Nacht zu Millionären machten. Als diese Veränderungen sich abzeichneten, hielten die Alphas kollektiv ihren Atem an und glaubten, dass dies nur ein kurzes Flackern auf dem Bildschirm sei und dass der Markt es schon richten würde. Mann, wie falsch sie damit lagen! Die neuen Technologie-Unternehmen fanden bald Finanziers und begannen, die Börsen zu dominieren. 21-jährige Firmenbosse reisten mit ihren Risikokapitalgebern im Rücken um die Welt auf der Suche nach Geschäftsabschlüssen für Software und Technologien, die nur in der Theorie existierten. Sie bezogen teure Büroräume in den Geschäftszentren der Welt und lebten das gute Leben. Die Alpha-Männer beobachteten diese Möchtegern-Bill-Gates und erkannten, dass das Erfolgsmodell sich grundlegend geändert hatte. Die Alpha-Männer hatten so hart daran gearbeitet, dass ihr Modell perfekt funktionierte, und jetzt kam Junior mit seinem Laptop daher und nahm ihnen alles wieder weg. Es schien nur eine Möglichkeit zu geben: Verlasse dein altes Unternehmen und werde Risikokapital-Anleger oder Unternehmensberater für diese neuen Unternehmen!

Viele der Alphas ließen ihr altes Erfolgsrezept fallen und schlossen sich der Technologie-Revolution an. Sie ließen sich ihre Kapitallebens- und ihre privaten Rentenversicherungen auszahlen und investierten in diese Start-up-Unternehmen. Sie gaben die geregelte Arbeitszeit-Mentalität von sechs bis neun auf (die Alpha-Version des Bürotages von neun Uhr morgens bis fünf Uhr nachmittags) und saßen jetzt in Beiräten, übernahmen neue Rollen mit neuen Titeln in den Start-up-Unternehmen (Vice President of People, Vice President of Creative Investment etc.). Sie trafen die bewusste Entscheidung, für sich einen Platz in diesem neuen Modell zu schaffen, den sie dominieren konnten.

Eine Menge Geld war in den 1990er Jahren in Umlauf, und obwohl die Alphas, die an Bord kamen, erfolgreich waren, denke ich, dass viele von ihnen für die jüngeren, etwas über 20-jährigen Männer ein gewisses Maß von Verachtung empfanden, die ebenso erfolgreich waren wie sie oder noch erfolgreicher. Alphas glauben, dass man sich seinen Platz am Esstisch verdienen muss, und viele von diesen jungen Männern hatten nicht in eine betriebswirtschaftliche Ausbildung investiert, hatten keine Zeit im mittleren Management verbracht und waren in den meisten Fällen noch nicht einmal Alpha-Männer. Diese Technologie-Kerle waren beinahe immer Betas, die Konflikte hassen, einfach die Herausforderung der Arbeit lieben (also nicht nur durch Geld angetrieben sind) und denken, dass ihr Unternehmen ihr Baby ist (Alphas bauen Unternehmen auf, um sie zu verkaufen). Betas haben keinen Killerinstinkt und halten Alphas für zu aggressiv. Alphas hassen solche Kerle, sie erinnern sie an die schwächste Version ihrer selbst, und dies stößt sie ab. Ihr Erfolg war eine bittere Pille für die Alphas, nur geringfügig abgemildert durch die Geldsummen, die sie in ihren neuen Positionen verdienten.

Die Marktbereinigung, von der die Alphas dachten, dass sie umgehend passieren würde, brauchte beinahe ein Jahrzehnt, bis sie ankam, und als sie es tat, gab es Verluste. Die Alphas hatten im Goldrausch all ihre besten Praktiken, die sie einst erfolgreich gemacht hatten, fallen gelassen (Konkurrenzforschung, Vorverträge mit potenziellen Käufern, kreative Finanzierung nutzen statt Eigenkapital) und sprangen ins Wasser, ohne zu wissen, ob es sicher war. Wenn von Alphas gesagt wird, dass es bei ihnen heißt: »Schuss, fertig, zielen!« und nicht »Zielen, fertig, Schuss!«, so war dies die Bestätigung dafür. Im hektischen Bestreben, auf den neuen, vielversprechenden Zug aufzu-springen, gab der Alpha all die Werkzeuge auf, die ihm früher beim Aufbau seiner verschiedenen Erfolge geholfen hatten. Die Alphas ver-gaßen sogar, ihren »Plan B« zu schmieden (den Ersatzplan, wenn die Dinge schiefgehen), was sie dazu zwang, das volle Risiko einzugehen. Die meisten der sich entwickelnden Technologieunternehmen hatten kein Unternehmensleitbild. Viele hatten keine Geschäftspläne; lieber verwendeten sie Investitions-Werbeprospekte. Sie hatten keine Kun-den, keine Partner und keine etablierten Absatzkanäle. Sie bestanden nur aus Ideen, die überbewertet waren, und als die Dotcom-Blase platzte, glichen sie trockenem Holz, das Feuer fängt. Alles ging in Flammen auf. Nur Giganten wie Amazon überlebten. Viele überbe-wertete Unternehmen wie Nortel erlitten enormen Schaden und ver-urteilen eine ganze Generation, deren finanzielle Rücklagen verloren gegangen waren, zur Aufschiebung ihres Ruhestandes. Die Alphas setzten, obwohl reichlich angeschlagen, ihre undurchdringlichen Gesichter auf und beschlossen, wieder zum alten Geschäftsmodell zurückzukehren und dabei das Beste, was die neue Technologie zu bieten hatte, für sich zu nutzen. E-Mail, Videokonferenz und Online-Präsentation, das waren allesamt neue Werkzeuge in ihrem Unter-nehmensentwicklungs-Arsenal. Sie kombinierten ihre alten Prakti-ken der Unternehmensentwicklung mit technologischen Vorteilen, die es ihnen erlaubten, ihre Arbeit auf die ganze Welt auszudehnen. Hauend und stechend drangen sie mit derselben Schlagkraft und Ver-achtung wie zuvor in neue Märkte, wobei sie dachten, die Welt sei groß genug, um sich nach Belieben und ohne Konsequenzen darin bewegen könnten. Die neue Technologie, entdeckten sie außerdem, bot einen weiteren großen Vorteil: Man brauchte seine Kunden nicht mehr zu treffen. Man konnte sie nun einfach per E-Mail und Video-konferenz erreichen, ihren Bedürfnissen durch automatisierte Call-Center nachgehen und auch automatisch mit ihnen abrechnen. Was die Alphas nicht berücksichtigten, war, dass dieselbe Technologie, die es ihnen erlaubte, weltweit zu operieren, auch aller Welt ermöglichte, sich untereinander über sie auszutauschen. Die Mentalität des »Rau-bens und Brandschatzens«, der »verbrannten Erde« folgte ihnen nun nach, wohin sie auch gingen. Wenn man eine Firma in Paris abzock-te, konnte diese alle angeschlossenen Unternehmen mit einem Tas-tendruck und einem Mausklick darüber informieren. Blogger gaben ohne Konsequenzen Kommentare ab darüber, was Unternehmen taten, und in der Geschäftswelt waren die PC-Nutzer nur noch eine E-Mail voneinander entfernt. Alphas bekamen die Auswirkungen ihres Handelns jetzt innerhalb von Sekunden zu spüren und nicht erst nach Monaten oder Jahren wie zuvor. Die Geschäftswelt war im Begriff, sich wiederum zu verändern, und der Alpha war sich nicht sicher über seinen nächsten Schritt.

2007 bis heute

Weil die Welt noch kleiner geworden ist und die Technologie in mancher Hinsicht die Dinge einfacher gemacht hat (wie Online-Lernen) und in anderer schwieriger (wie bei diesem verdammten automatisierten Operator, wenn man im Kino telefonisch eine Karte reserviert), musste ein neues Unternehmensmodell her, damit die Kunden treu bleiben. Ich glaube, dass dieser Paradigmenwechsel im frühen Jahr 2001 begann und bis heute das Geschäftsleben dominiert. Das neue Vorbild, das ich ab jetzt als das *neue Modell* bezeichnen werde, basiert auf Integrität, Authentizität und Beziehungen. Integrität bedeutet, das zu tun, was richtig ist, Authentizität bedeutet, zu liefern, was versprochen wurde, und Beziehung bedeutet, die Person oder die Leute, mit denen man Geschäfte macht, zu kennen. Frauen haben schon in den letzten 50 Jahren auf diese Art Geschäfte gemacht, aber die Alpha-Männer haben sie dafür bestraft, weil sie fanden, dass Frauen zu viel Zeit damit verbrachten, sich zu kümmern. Aber die Wahrheit ist, dass das neue Modell perfekt zu Frauen passt: Der Markt hat sich selbst korrigiert, nach 50 Jahren, in denen die Dinge beinahe, aber nie vollständig richtig gemacht wurden. Es geht nicht um Gleichstellung der Arbeitsverhältnisse oder um faire Löhne – es geht um etwas viel Wichtigeres. Frauen sind jetzt in der Lage zu führen, weil ihr Führungsmodell das einzige ist, das im neuen, globalen Unternehmensmilieu funktioniert.

Es hat mich immer frustriert, Frauen zu sehen, die von Männern ihre berufliche Gleichstellung erbitten. Per definitionem kann niemand, der darum bitten muss, gleichberechtigt sein. Wie unangemessen es auch ist, sind es bis heute immer noch wir Männer, die sparsam die Privilegien austeilen. Frauen müssen lernen, nicht um die Macht zu bitten, sondern sie selbstverständlich zu übernehmen und der Welt zu zeigen, dass man mit ihnen rechnen muss und auf sie zählen kann, sowohl im Berufs- als auch im Privatleben.

Alpha-Männer sehen sich im Berufsleben still und heimlich nach Frauen um, die ihnen den Weg weisen können, aber für einen Alpha-Mann wäre die Bitte um Hilfe äquivalent mit: »Ich bin zu schwach, um es selbst herauszufinden.« Also lehnen sie sich ruhig zurück und beobachten. Aber eigentlich brauchen Männer eine ehrliche Diskussion, damit sie das verstehen und verinnerlichen, was Frauen seit Jahrzehnten wissen: Sich um die Menschen zu kümmern, mit denen man Geschäfte macht, ist nicht nur wichtig, es ist eine zwingende Notwendigkeit. In meinen Seminaren drücke ich es so aus: »Das Flugzeug des Geschäftslebens fliegt mit Autopilot. Männer wissen nicht, wie man es fliegt, und keiner hat den Frauen mitgeteilt, dass sie die perfekten Piloten für dieses neue Modell sind.« Meine Absicht ist es, dass die hier angestoßene Diskussion weitergeführt wird, zwischen Einzelnen, Teams, Unternehmen und Wirtschaftszweigen. Es geht nicht darum, dass Frauen von Männern eine »gleichberechtigte Chance« bekommen. Es geht vielmehr darum, dass Frauen von sich aus ins Rampenlicht treten und die Kontrolle eines Modells übernehmen, das nur sie beherrschen können. Alpha-Männer werden nicht völlig das Feld räumen, aber die in meiner Generation haben erkannt, dass eine Veränderung im Gange ist. Und wir haben eine Menge mehr Respekt gegenüber Frauen (da wir starke Mütter hatten) als noch die Generation unserer Väter. Doch obwohl das so ist, sind Alpha-Männer eben Alpha-Männer. Es gibt Dinge, die uns antreiben, und Dinge, die uns frustrieren. Wenn Frauen diese erst einmal kennen, werden sie sie nicht vergessen. Ich werde nach meinen Vorträgen oft gefragt, ob ich der Meinung sei, dass Frauen mehr wie Alpha-Männer handeln sollten. Absolut nicht! Wenn Sie das tun, werden Sie die Chance darauf verspielen zu führen und uns (Männern) beizubringen, wie man auf nachhaltige Weise Geschäfte macht.

Ich stimme meine Zuhörerinnen gern mit dem Bild einer Reise nach Paris auf meine Vorträge ein. Eine Reise an einen Ort also, an dem man eine andere Sprache spricht und wo die Leute sich bei vielen Gelegenheiten auch irgendwie anders verhalten. In Kanada lernen wir aufgrund einer Regierungsbestimmung von der Grundschule bis zur Universität Französisch. Ich habe Französisch nie richtig gemocht, versuchte es zwar zu lernen, aber mit mäßigem Erfolg. Zwar bestand ich jeden Kurs, aber ich würde nicht behaupten, gut in dieser Sprache kommunizieren zu können. Im Jahr 2003 war ich in Quebec und versuchte aus Höflichkeit heraus, Französisch zu sprechen. Ich ging in ein Café in der Altstadt, und da war ein großer Tourist vor mir, der einen Becher Kaffee zum Mitnehmen kaufen wollte. Er bestellte wie selbstverständlich auf Englisch, und die Frau hinter der Theke fragte: »Pardon?« Da schrie der Mann ihr seine Bestellung entgegen, glaubte wohl, wenn er lauter würde, fiele bei ihr schon der Groschen. Sie sah ihn aber nur mit ausdruckslosem Gesicht an. Er stürmte ohne seinen Kaffee und unzweifelhaft ohne nette Reiseerinnerung an Quebec aus dem Café. Ich war der Nächste, ging nach vorn und bat in gebrochenem Französisch um einen Latte. Sie sah mich an, und ich war schon auf das »Pardon« gefasst, aber stattdessen lächelte sie und sagte in perfektem Englisch: »Würden Sie gern wissen, wie man das ganz korrekt auf Französisch sagt?« Ich nickte, und sie ging mit mir den Satz durch. Dann holte sie mir beschwingt meinen Kaffee, brachte ihn mir an den Tisch und kassierte. Ich war perplex, wie grob sie zu dem ersten Kerl gewesen war und wie hilfsbereit mir gegenüber. Dann dämmerte es mir. Der erste Kerl erwartete, dass sie sich ihm anpasste, wohingegen ich ihr meine Hand gereicht hatte in dem (armseligen) Versuch, ihre Sprache zu sprechen. Ich machte einen Schritt auf sie zu, und sie kam mir zehn Schritte entgegen. Ihre Annahme war, dass ich als Englischsprechender von ihr erwarten würde, meine Sprache zu sprechen und nicht ihre eigene. Können Sie sich jemanden vorstellen, der aus einer Stadt außerhalb von Nordamerika kommt und der es Ihnen übel nimmt, wenn Sie nicht Niederländisch oder Kantonesisch sprechen?

Dasselbe gilt für die Kommunikation mit Alpha-Männern. Wir Alphas haben inzwischen gelernt, dass wir, um erfolgreich mit Frauen umzugehen, uns überlegen müssen, wie wir Dinge zu ihnen sagen. Wir wissen, wie wir unsere Gedanken übersetzen müssen, so dass die Botschaft, die wir an unsere weiblichen Kollegen transportieren wollen, ankommt. Frauen sollten sich beim Aufbau von Geschäftsbeziehungen vielleicht ebenfalls überlegen, ihrerseits zu Alpha-Männern in der Sprache zu sprechen, die diese verstehen. Wenn Sie auf einen Mann in dieser Weise zugehen, wird er zuerst schockiert sein, dann verblüfft, beeindruckt, und letztlich wird er sich auf einer tieferen

Ebene auf Sie einlassen wollen, weil Sie nicht »eine von diesen Mädchen« sind. »Eine von diesen Mädchen«, das ist die Standard-Ausgangsposition für alle Frauen. Wir gehen von Thesen aus, die wir für die meisten Frauen zutreffend finden (Klischees), und wir steuern unsere Beziehungen zu Ihnen mit diesen Klischees im Kopf. Wenn Sie unsere vorgefasste Meinung von Ihnen Lügen strafen, werden wir einen näheren Blick auf Sie werfen. Wenn ich mit einer Frau zusammenarbeite, gehe ich erstmal davon aus, dass Folgendes passieren wird:

1. An irgendeinem Punkt der Beziehung wird sie versuchen, niedlich zu sein, um zu bekommen, was sie will (Frauen nennen es weiblichen Charme, wir nennen es die Unfähigkeit, angemessen zu verhandeln).
2. Sie wird sich aufregen, weinen, wütend werden, verletzt sein oder zusammenbrechen, wenn wir bei einem Geschäftsabschluss nicht in ihrem Sinne agieren.
3. Ich kann ihr nichts Privates erzählen, es sei denn, die ganze Welt soll es erfahren.
4. Sie erwartet von mir, dass ich immer weiß, was in ihr vorgeht, und sie denkt, dass ich hart für unsere Beziehung arbeiten muss.
5. Sie wird versuchen, in meinem Windschatten zu fahren und aus mir Nutzen zu ziehen, und zwar in dem Maße, wie ich es zulasse.
6. Ich werde verantwortlich für die meisten Geschäftsabschlüsse sein, aber von mir wird sie erwarten, dass ich die Lorbeeren dafür mit ihr teile.
7. Sie glaubt, dass ich mich um sie kümmern werde und mich, wenn es hart auf hart kommt, vor sie werfe, um die Kugel abzufangen.
8. Sie wird Rat und Trost bei ihren Kolleginnen suchen, wenn ich etwas tue, das sie nicht versteht (und dabei wird sie leider alles verraten, was wir versucht haben, geheim zu halten).
9. Sie wird Rat und Trost suchen bei ihrem Freund, Ehemann, Vater oder Bruder, und diese irrelevanten Leute werden sie mit Strategien versorgen, die die Situation nur noch schlimmer machen.

10. Es ist recht wahrscheinlich, dass es an irgendeinem Punkt zum Konflikt mit ihr kommt und ich sie torpedieren muss. Ich bereite mich innerlich gleich zu Anfang unserer Zusammenarbeit darauf vor und halte sie auf Armeslänge Abstand, so dass ich hinterher deswegen keine Schuldgefühle habe.

Wenn eine Frau in mein Berufsleben eintritt und ich mich mit ihr einlasse, ist mir innerlich klar, dass die zuvor erwähnten Punkte allesamt eine Gefahr bedeuten. Wenn sie Dinge tut, die meinen Erwartungen zuwider laufen (beispielsweise wenn sie Sachen nicht persönlich nimmt, sie mir keine lächerlichen Ratschläge gibt, die von ihrem Ehemann oder Vater stammen, sie selbstständig Geschäftsabschlüsse macht, Dinge vertraulich behandelt und versteht, dass jedem nur das an Essen zusteht, was er selbst erlegt hat), werde ich freudig überrascht sein, sie aus der »Eine-von-diesen-Mädchen«-Kategorie herausnehmen und beginnen, sie als gleichwertige Kollegin zu schätzen.

Als ich in Quebec war, musste ich kein Franzose werden, um zu versuchen, Französisch zu sprechen. Sie müssen kein Alpha-Mann werden, um mit Alphas so zu kommunizieren, dass diese es verstehen. Ich könnte beschließen, im Ausland immer englisch zu sprechen, ähnlich wie Sie beschließen könnten, fortzufahren, nur die Sprache der Frauen zu sprechen, und wir beide werden wahrscheinlich durchaus manchmal das meiste von dem, was wir wollen, bekommen. Ich glaube jedoch, wenn wir alle uns einige Mühe geben, so zu sprechen und zu handeln, dass unsere Botschaft bei der beabsichtigten Zielgruppe ankommt – dabei gewährleistend, dass unsere Integrität intakt bleibt –, wird das Leben, ob privat oder beruflich, an Tiefe und Substanz gewinnen und weniger mühselig sein.

2
Die vielen Berufstypen

Ich bin das, was man einen Jung-Alpha nennen würde. Ich bin ein Jäger im wirklichen Sinn des Wortes. Ich bin stolz darauf, das zu essen, was ich erlegt habe. So beschreiben Alpha-Männer das Aufbauen von Geschäften. Ich lache Hindernissen ins Gesicht, weil sie mir die Chance geben, der Welt zu beweisen, dass nichts mich aufhalten kann. Wenn ich mit anderen Menschen in einem Zimmer bin, fühle ich mich allen überlegen. Mein Ego, so schwierig es auch sein mag, ist meine Energiequelle. Ich gebrauche es, um all meine Entscheidungen zu treffen, und es beeinflusst all mein Handeln. In diesem Buch werde ich den Alpha-Mann des westlichen Geschäftslebens analysieren. Ich werde den Vorhang zurückziehen und Ihnen einen unverstellten Blick darauf ermöglichen, was ich denke, warum ich so und nicht anders handle, wie ich die Dinge sehe, und – am wichtigsten – warum ich erfolgreich bin. Ich habe viele Tricks von einer langen Liste von Alpha-Mentoren gelernt, die zum einen oder anderen Zeitpunkt aus egoistischen Gründen beschlossen, dass ich es wert war.

Der Alpha-Mann weist in seinem Kopf jedem, den er trifft, einen bestimmten Rang in der Hackordnung zu. Wir sortieren die Leute, so wie ein kleiner Junge bei seinen Sport-Sammelkarten diejenigen mit dem höchsten Wert nach oben packt und die weniger wertvollen nach unten. Lassen Sie mich mit Ihnen nun die verschiedenen Kategorien in der Hackordnung des Alpha-Mannes durchgehen.

Der Alpha-Mann

Der Alpha-Mann ist der große weiße Hai des Geschäftslebens. Er befindet sich am oberen Ende der Nahrungskette und durchschwimmt auf der Suche nach Dingen, die er sich einverleiben kann, seinen Ozean. Ähnlich wie der große weiße Hai stirbt der Alpha, wenn er aufhört zu schwimmen (oder zumindest fühlt er sich so). Der Alpha ist der Kerl, der die Geschäfte abschließt, der Bündnisse eingeht, die Geld bringen, und der hauptsächlich von Geld und Macht motiviert ist. Ein Mann wird entweder als Alpha oder als Beta geboren. Das heißt nicht, dass Alpha-Männer immer Söhne von Alpha-Vätern sein müssten. Vielmehr gibt es angeborene Eigenschaften, die einen Jungen in die Lage versetzen, zum Alpha-Mann zu werden. Der Alpha ist motiviert, er ist zielgerichtet, er liebt Konflikte, seine Stellung im Leben bedeutet ihm sehr viel, er mag es nicht, den Regeln anderer zu folgen, er versucht gern das Unmögliche, und er wird nicht weniger als das Beste für sich selbst und seine Familie akzeptieren. Der Alpha-Mann ist seit mehr als 200 Jahren der Grund dafür, dass Geschäfte gemacht werden. Alpha-Männer sind im Allgemeinen nicht gefährlich für andere, es sei denn, man unterminiert sie oder greift ihre Glaubwürdigkeit an. Alphas konzentrieren sich nicht so sehr auf Menschen, sondern auf Ziele, und gehen das Geschäftemachen an wie eine Amok-Fahrt mit einem Lastwagen – man sitzt entweder darin oder liegt darunter. Ich denke gern in zwei Kategorien von Alpha-Männern: Da gibt es die einen, die etwas zu beweisen haben (oft Jüngere) und dann die anderen, die schon viele Schlachten geschlagen haben und von ihren Erlebnissen erzählen (Ältere). Die Jüngeren sind großartige Lauf-Partner, die Älteren sind großartige Mentoren. Im Folgenden werden beide Typen beschrieben, so dass Sie deren Denken und Handeln besser verstehen und auch Beta-Männer erkennen können, die vorgeben, Alpha-Männer zu sein.

Der junge Alpha

Junge Alphas sind normalerweise im Alter zwischen 18 und 40, manchmal auch etwas älter. Der junge Alpha ist am glücklichsten, wenn er Geschäfte macht, wenn er sich in etwas verbeißt, Präsentationen vor großen Gruppen hält und viel, viel Geld verdient. Er ist darauf konzentriert, sich einen Namen zu machen, ein kugelsicheres Netzwerk für sich aufzubauen und so oft abzudrücken (Geschäfte zu machen) wie möglich. Er mag die Autos, Spielzeuge, Uhren (von denen in späteren Kapiteln die Rede sein wird), und es geht immer um die Show.

Er hängt oft mit anderen jungen Alphas herum. Dazu kommt eine Handvoll älterer Alphas, von denen er lernt, vor denen er prahlt und die er wirksam einsetzt, damit sie ihn in größere Geschäfte einbringen. Er lebt in der ständigen Furcht, dass eines Tages herauskommt, dass er ein Schwindler ist. Er nimmt sich oft mehr vor, als er schafft, und sein Mantra lautet: »Ich muss nicht alles wissen. Ich brauche nur die Fähigkeit, etwas herauszufinden, bevor ein Kunde herausfindet, dass ich es nicht weiß.« Er unterzieht das Leben seines Vaters einer sorgfältigen Betrachtung und beschließt, was davon er anders machen und was er sich zum Vorbild nehmen wird.

Er will alles schneller, tüchtiger und profitabler tun als irgendjemand vor ihm, und er sehnt sich nach Berühmtheit und dem Respekt von Leuten, die er nie getroffen hat. Er will das Gesprächsthema an Dinner-Tischen sein. Wenn ihm irgendetwas in die Quere kommt, bleckt er seine Zähne und erklärt sofort den Krieg. Er will sich im Kampf beweisen, doch hat er ständig die Sorge, dass jemand, der größer ist als er, zum Sprung auf ihn ansetzt. Jeden Monat zählt er sein Geld, denkt darüber nach, wie viel Geld er verdient hat und wie viel er verdient haben könnte und welchen Platz der Hackordnung er unter den Leuten, die er kennt, einnimmt. Er ist gleichzeitig sein größter Cheerleader und sein verheerendster Kritiker. Niemand kann einen jungen Alpha stärker antreiben als er sich selbst. Er liegt jede Nacht in seinem Kingsize-Bett und überlegt, was er anders gemacht haben könnte, geht seine Erfolge und Misserfolge durch und fragt sich: »Ob morgen der Tag ist, an dem sie herausfinden, dass mir das Ganze über den Kopf gewachsen ist?«

Ein junger Alpha wird im Laufe der Jahre nicht automatisch zum alten Alpha, er wird dies nur durch angesammelte Leistungen, durch das, was er erreicht hat. Sobald er genug Geld und Ehrennadeln gesammelt hat, kann er beginnen, ein bisschen durchzuatmen. Er wird wählerischer bei seinen Geschäften, fängt an, sich die Rosinen herauszupicken, und dabei findet er heraus, dass sich jetzt bessere Deals ergeben. Der alte Alpha ist das, wonach alle Alphas streben.

Der alte Alpha

Der alte Alpha ist eine entspanntere Version des jungen. Er ist nicht weniger motiviert, aber er hat gelernt, dass Einfluss und Hebelkraft die besten Mittel sind, um Geschäfte zu machen. Während der junge Alpha stolz darauf ist, wie viel Arbeit er schultern kann, ist der alte stolz darauf, wie viel Arbeit er andere für sich tun lassen kann. Der junge verdient viel Geld allein, der alte lässt viele Leute viel Geld für sich verdienen. Der junge ist um 5.30 Uhr morgens im Büro; der alte nimmt Kunden mit auf sein Boot, zu einem Hockey-Spiel oder mit nach Vegas zu einem Boxkampf. Der alte sieht den jungen an und erinnert sich an den Preis, den er selbst gezahlt hat, um ins große Spiel zu kommen, der junge sieht den alten an und ist inspiriert, eine Stufe höher zu gelangen.

Ich finde, alte Alphas sind wie alte Hunde, die auf der Veranda liegen. Sie haben gejagt, gekämpft und ihr Territorium markiert. Sie wollen jetzt ein bisschen entspannen, selbstbewusst in der Sicherheit ihres Königreichs. Der junge Alpha ist wie ein Welpe: eine ängstliche Nervensäge. Er läuft herum und bellt alle Welt an, testet alles aus, kaut auf allem herum. Der Welpe rennt rüber zum alten Hund, kaut ein bisschen auf dessen Ohr herum, bellt ihn auffordernd an und folgt dem alten, wenn er irgendwohin geht. Ich denke, wir handeln sehr ähnlich im Geschäftsleben. Viele der alten Alphas, die ich kenne oder gekannt habe, waren wie Leuchttürme für mich. Ich wagte mich allein da raus, behielt aber immer im Auge, wo sie waren und was sie taten. Ich steuerte in ihre Nähe und nahm mir ihr Handeln zum Vorbild. Ich prahlte ihnen gegenüber mit meinen Taten, in der Annahme, dass ich die einzige Person war, die dies oder jenes jemals getan hatte, nur um zu hören, dass sie dieselbe Sache schon vor einem Dutzend Jahren getan hatten. Der alte Alpha schaut dem jungen auf die Finger. Mein Freund und Mentor Alvin Con von Intel war ein großartiges Beispiel dafür. Ich baute eine in den Kinderschuhen steckende Technologiefirma auf und folgte ihm zu Besprechungen, um ihm beim Jagen zuzusehen. Ich saß ruhig da und beobachtete, was er sagte und was er nicht sagte. Er verschaffte mir Zugang zu einem Tisch mit wirklich großen Tieren. Ich erinnere mich, dass ich bei Besprechungen dabei war, bei denen Hitachi, Intel und verschiedene andere Multinationale über den Einzug in den kanadischen Markt sprachen. Sie schätzten, welche Ausstattung eine Universität brauchen würde, wie viele Server und Breitband eine Stadt gebrauchen könnte und so weiter. Diese Burschen redeten über Millionen und Abermillionen Dollar an Geschäftswerten. Dann entwarfen sie Strategien, wie in den Markt eingedrungen werden sollte, um sicherzustellen, dass alle einbezogen waren. Es war, als würde man Winston Churchill in seinem Büro während des Zweiten Weltkriegs beobachten. Alphas unterstützen sich gegenseitig (worüber wir später noch sprechen werden) und bringen einander in Geschäfte hinein, wenn es zu ihrem eigenen Vorteil ist. Hier ein Beispiel dafür:

Alvin und ich saßen eines Freitags bei Milestones zum Mittagessen, und ich beschwerte mich darüber, wie schwierig es in der Technologiebranche sei, mit begrenztem Fachwissen ernst genommen zu werden. Ich hatte zwei Partner, der eine war Finanzchef, der andere Leiter der Informationstechnologie. Die beiden waren für das operative Geschäft und die Entwicklung zuständig, und in meiner Verantwortung lag es, uns ins Geschäft zu bringen. Alvin und ich diskutierten darüber, wie ein Handel positioniert werden sollte, bei dem wir eine örtliche Universität mit drahtlosem Internetzugang überall auf dem Campus versorgen würden. Als wir ein Ideen-Brainstorming machten, brachte ich einen großartigen Plan vor, und Alvin bat mich, ein Diskussionspapier dazu zu entwickeln. Als es fertig war, machte ich Kopien davon für die Unternehmen, mit denen wir zusammenarbeiteten, und wir gingen sie durch. Alvin sagte mir, ich solle ein paar Leute am Tisch im Auge behalten, die er für Opportunisten hielt. Er meinte, dass ich mir mit meiner Idee in dieser Runde einen Platz erkaufen würde. Um eine lange Geschichte kurz zu machen: Einer der Leute am Tisch nahm meine Idee, brachte sie bei einem Konkurrenzanbieter vor und erzielte damit einen 300-Millionen-Dollar-Deal. Ich war gebrochen, und eine Woche später rauchten Alvin und ich gemeinsam Zigarren und analysierten, was geschehen war. Mir war unwohl, aber Alvin sah mich an und lächelte. Er sagte: »Mein Freund, konzentriere dich nicht auf die Tatsache, dass dir ein Deal unter dem Hintern weggeklaut wurde. Konzentriere dich auf die Tatsache, dass du erst 26 Jahre alt bist und mit einem Deal an den Tisch gekommen bist, der 300 Millionen Dollar wert war. Das nächste Mal wirst du eine Vertraulichkeitsvereinbarung bekommen, und dann wirst du ein Vermögen machen.«

Wochen später beschwerte ich mich immer noch darüber, im Technologiesektor nicht ernst genommen zu werden, und Alvin sagte zu mir: »Du willst ernst genommen werden? Okay, ich veranstalte dieses Wochenende eine Intel-Konferenz zur drahtlosen Technologie. Ich werde dich auf die Rednerliste setzen, damit du über Kundenservice in Call-Centern sprechen kannst. Du und ich, wir beide wissen, dass du nicht die Bohne über dieses Thema weißt, aber die Frage ist: Kannst du innerhalb von drei Tagen genug darüber lernen, um die Leute, die dort sein werden, zu beeindrucken und mich nicht blamieren? Wenn ja, bist du drin. Wenn nein, will ich kein weiteres Jammern mehr hören. Dies ist deine Chance. Willst du sie?« Ich sah ihn an und antwortete: »Ja!« Ich schüttelte ihm die Hand, dankte ihm und verließ das Restaurant. Nach wenigen Schritten machte sich Panik in mir breit. In 72 Stunden würde ich vor 100 Technologie-Magnaten darüber sprechen, wie drahtlose Call-Center Tier-1 und Tier-2-Support handhaben.[7] Ich konnte damit nur böse auf die Nase fallen. Auf dem Höhepunkt meiner Selbstblamage würde Alvin mich torpedieren, und ich wäre erledigt. Ich rannte schnell zu einer örtlichen Buchhandelskette, kaufte das Buch *Wireless Networks for Dummies* (Drahtlose Netzwerke für Dummies) und verschlang es. Ich weiß nicht mehr, was ich sonst noch tat, um mich vorzubereiten, oder wie die Veranstaltung schließlich ablief, aber hinterher kam Alvin zu mir auf die Rednertribüne, schüttelte mir die Hand, sagte »gut gemacht« und machte dann den Jungs von den wichtigen Technologieunternehmen Platz, die mich nach meiner Visitenkarte fragten und mir ihre gaben. Alvin hatte bekräftigt, was mein Vater immer gesagt hatte: »Du musst nicht alles wissen, du musst nur mehr wissen als deine Kunden. Und wenn du nichts weißt, ist es dein Job, es schneller herauszufinden als sie herausfinden können, dass du nicht weißt, worüber du sprichst.«

Bevor ich Alvin traf, dachte ich, dass 50 000-Dollar-Deals imposant seien. Dann erzählte er mir von den 100-Millionen-Dollar-Abschlüssen, die er zustande brachte. Wir saßen mit anderen Alphas (jung und alt) in unserem Zigarrenclub zusammen und ließen unsere Jagdge-

---

7) Anm. d. Übers.: Tier-1 und Tier-2, engl. für erster Rang und zweiter Rang, wird auch in der deutschen Sprache benutzt, um eine Menge in Vorrangige und Nachrangige zu teilen. Bezieht sich im Zusammenhang mit Call-Centern auf das Weiterleiten eines Anrufers, wenn dessen Anliegen nicht entsprochen werden kann, zur nächsten Ebene.

schichten der Woche Revue passieren. Alvin und ich hatten ein Jahr lang jeden Freitag eine Lunch-und-Zigarre-Verabredung, und ich lernte mehr in dieser Zeit als jemals zuvor. Ich hatte eine Menge Alpha-Mentoren (und auch viele Alpha-Mentorinnen).

Hier einige der Dinge, die ich von ihnen gelernt habe:

1. Der Erfolg gehört dir, wenn du ihn dir nimmst. Wenn du ihn willst, musst du Anspruch darauf erheben.
2. Führung wird denen gegeben, die vollständig die Verantwortung übernehmen.
3. Die Welt überfährt Schwäche.
4. Jemand, der nicht mit harten Bandagen kämpft, wird nicht anerkannt. Wenn du mitmachen willst, gib alles.
5. Beobachte das Spiel, lerne es, spiele es und beherrsche es.
6. Ich muss nicht wählen. Ich kann alles haben, was ich will, wie ich es will.
7. Wenn ich die Regeln nicht mag, ändere ich sie.
8. Ich bin darauf vorbereitet, alles anzufechten, von dem ich denke, dass es für mich nicht gerecht ist.
9. Ich fordere das, was ich will.
10. Für jene, die mir in die Quere kommen: Entweder ich lade sie ein, hoch auf meine Dampfwalze zu kommen, oder sie bleiben, wo sie sind, und ich walze sie nieder.
11. Menschen von mittelmäßiger Begabung greifen immer jene an, die sich hervortun.
12. Es ist einsam an der Spitze.
13. Ein Mann, der ein Leben ohne Leidenschaft führt, ist es nicht wert, andere Menschen zu führen.
14. Geschäfte abzuschließen ist eine Kunst. Wie jede Kunst muss auch diese täglich geübt werden.

Alvin starb vor ein paar Jahren an Krebs. Ich erinnere mich, dass ich ihn einige Monate vor seinem Tod im Krankenhaus besuchte und dabei erfuhr, dass der Doktor ihm gesagt hatte, er solle seine Sachen in Ordnung bringen. Ich sagte Alvin, dass der Doktor ihn mal kreuzweise könne, er müsse kämpfen. Als Alvin noch kränker wurde, hielt ich mich von ihm fern. Ich weiß nicht warum. Im Judo kniet man sich vom Gegner abgewendet hin und gibt ihm Zeit, wenn er verletzt ist und jemand sich um ihn kümmert. Man hat mich so erzogen, einem leidenden Mann Raum zu geben, aber ich gab ihm zu viel Raum und vertat so die Chance, mich von ihm zu verabschieden.

Als ich den Anruf bekam, dass er gestorben war, ging ich gerade auf dem Weg zu einer geschäftlichen Präsentation die Treppe hoch. Ich setzte mich wie betäubt auf die Treppe, es fühlte sich an wie ein Schlag in die Magengrube, nach dem man keine Luft mehr bekommt. Selten in meinem Leben habe ich so großen Schmerz empfunden, und als ich dort saß, wollte ich einfach nur nach Hause und mich ins Bett legen. Alvin war die Sorte von Kerlen, die den Deal lieben. Er liebte seine eigenen Deals, er liebte es, anderen bei Deals zu helfen, und er liebte es, von Deals zu hören. Ich stand also auf und machte meine Präsentation, wie er es gewollt hätte, und dann fuhr ich nach Hause und blieb drei Tage lang im Bett. Mein großartiger, einzigartiger Mentor war gestorben, und ein Stück von mir war mit ihm gegangen.

Jetzt, als etwas älterer Alpha, und aus Dankbarkeit für alles, was Alvin mir schenkte, arbeite ich mit jüngeren Alphas und stupse sie an, wenn sie Hilfe brauchen, blaffe sie an, wenn sie etwas Dummes tun, und lasse sie ihre Jagdgeschichten mit mir teilen, um auf diesem Weg mit ihnen die besten Praktiken zur Geschäftsentwicklung zu besprechen. Was ich wirklich gut dabei finde, ist, dass diese authentischen Gespräche inzwischen auch mit weiblichen Alphas stattfinden und dass als Ergebnis davon andere junge Alpha-Männer langsam beginnen, mein Verhalten im Umgang mit weiblichen Kollegen zu kopieren. Authentische Konversationen im Geschäftsleben sind sowohl ansteckend als auch süchtigmachend. Ich begann meine Reise, ein alter Alpha zu werden, durch authentische Unterredungen mit männlichen Alphas, die sich als großartige Führungskräfte erwiesen hatten.

Der Beta-Mann

Der Beta-Mann ist die Nebenrolle, der unterstützende Spieler im Geschäftsleben. Er ist derjenige, nach dem der Alpha die Hand ausstreckt, damit er die konkrete Arbeit tut, die der Alpha herbeigeschafft hat. Der Beta ist Techniker, Forscher, Planer, Stratege oder Manager. Er ist wichtig, weil der Alpha-Mann jemanden braucht, der den Ball in

Bewegung hält, sobald er ihn ins Spiel geworfen hat. Der Beta-Mann gehört zu einer von zwei Kategorien: Entweder er liebt den Alpha-Mann, will jedoch niemals so sein wie er, oder aber er würde gern ein Alpha sein, weiß aber nicht, wie's geht. Wir bezeichnen Letzteren als *Poser*, also als Schaumschläger, Wichtigtuer, Angeber.

Alpha-Männer brauchen Beta-Männer um sich, damit sie ihnen helfen, die Arbeit zu tun. Wir nennen diese Jungs oft unsere Mannschaft, und sie spielen eine wichtige Rolle bei der Gewährleistung unseres Erfolgs. Die meisten Betas finden Alphas entweder unterhaltsam oder schockierend. Wir Alphas nehmen kein Blatt vor den Mund, während Betas oft zurückhaltend sind. Wir lieben es, im Mittelpunkt der allgemeinen Aufmerksamkeit zu stehen; sie ziehen es vor, hinter den Kulissen zu bleiben. Wir lieben Konflikte; sie mögen es, wenn alle gut miteinander auskommen. Wir haben starke Meinungen, die uns manchmal blind machen, während sie die Dinge aus verschiedenen Perspektiven sehen können.

Alphas stehen zwar im Rampenlicht und halten sich für die Größten, aber es braucht im Beruf beide Typen (Alpha und Beta), damit Arbeit geleistet werden kann. Im Baseball ist der Werfer nur so gut wie der Fänger. Dasselbe gilt für den Beruf. Mein Freund Chad ist ein Beta-Mann. Als Projektleiter ist er gut organisiert, und er mag es, wenn alles perfekt gemacht wird. Er und ich hatten eine gemeinsame Beteiligung an einem Technologieunternehmen, und er zog mich immer auf, weil ich zum Mittag- und Abendessen mit Kunden ausging, während er in einem kleinen Büro saß und die Entwicklung der eigentlichen Programmierungs-Produkte, die wir aufbauten, überwachte. Wir beide stritten auch darüber, wann wir unsere Sachen auf den Markt bringen sollten: Ich wollte, dass sie bereit waren, sobald der Kunde es war, während er vor dem Verkauf alles gründlich überprüfen und zu Tode testen wollte. Wir beide verbrachten eine Menge Zeit damit, über Terminpläne zu streiten. Eines Tages, nachdem Chad mich ganz besonders damit genervt hatte, dass ich mich nur mit den Kunden beim Golfspielen und Mittagessen vergnügen würde, während er arbeitete, lud ich ihn ein, einen Tag lang mit mir zu kommen. Ich nannte es den »Nimm-einen-Computerfreak-mit-zur-Arbeit-Tag«. Um sieben Uhr morgens trafen wir uns mit dem Bürgermeister und dem Wirtschaftsentwickler der Stadt sowie mit verschiedenen Dienstanbietern. Chad sah zu, wie ich die Fäden zusammenknüpfte, dafür sorgte, dass für jeden am Tisch dabei ein gesunder, vorteilhafter Deal herauskam, und er sah auch, dass der Wirtschaftsentwickler mir den internen Bericht aushändigte, in dem niedergelegt war, was sie kaufen wollten. Wir hatten noch ein gemeinsames Mittagessen, dann folgte die Präsentation vor der IT-Abteilung der Stadtverwaltung. Chad sah zu, wie ich die Strategie an einem Tisch voller Alpha-Männer darlegte und sie bestärkte, den Kerl von der Stadt schwadronieren zu lassen, wie ich wusste, dass er es tun würde. Aber ich wusste auch, dass wir das Geschäft mit der Stadtverwaltung bis Ende der Woche abschließen würden. Dann gingen wir alle hinüber zum Rathaus, wo der städtische IT-Manager – ein Beta-Mann, der versuchte, den Alpha-Mann zu geben – beschloss, einen der Dienstanbieter am Tisch aufs Korn zu nehmen. Chad erlebte mit, wie diese Besprechung von sieben Männern schnell in einen beschissenen Dominanz-Schlagabtausch abglitt, was damit endete, dass ich meine Sachen zusammenpackte und angewidert das Meeting verließ. Es war ein Abschluss über 3,6 Millionen Dollar, der da kaputt gemacht worden war. Als wir zurück zum Büro fuhren, sagte Chad zu mir: »Sorry für alles, was ich über deinen Job gesagt habe. Ich würde das, was du machst, um keinen Preis der Welt tun wollen.« Er schien ein wenig verstört, aber für mich war es nur ein ganz normaler Arbeitstag.

Der städtische IT-Manager, von dem ich berichtet habe, gehört zur gefährlichsten Sorte von Mann im Berufsleben. Dieser Wichtigtuer weiß, dass er schwach ist, und hat herausgefunden, dass er dennoch Macht ausüben kann, wenn er doppelzüngig ist und jeden unterdrückt, der schwächer ist als er. Die meisten Frauen denken, dass Alphas die gefährlichen Männer sind, aber in Wirklichkeit ist es viel wahrscheinlicher, dass ein Beta-Mann einer Frau das Berufsleben zur Hölle macht. Alpha-Männer sind auf Abschlüsse aus – so lange man ihnen nicht in die Quere kommt, ist man relativ sicher vor ihnen. Der Beta-Mann jedoch ist viel bösartiger. Er tyrannisiert jeden, den er für schwächer hält als sich selbst. Er ist darauf aus zu dominieren, weil er es hasst, dominiert zu werden, denn das ist es, was er normalerweise im Umfeld mit Alpha-Männern erlebt. Er wird versuchen, Ihnen zu sagen, was Sie tun sollen, Ihre Fähigkeiten unfair bewerten und Ihre Position bei Kollegen untergraben. Der Manager im obigen Beispiel war ein Beta, der für die IT-Abteilung der Stadtverwaltung zuständig war. Er war ein rundum schwacher Mann, aber weil wir seine Zustimmung brauchten, um den Deal durchzubekommen, versuchte er im trügerischen Gefühl seiner Macht, über uns zu triumphieren, was sich aber nicht zu seinen Gunsten entwickelte. Er ließ einen Handel für seine Stadt platzen, den wir später mit einer anderen Stadt abschlossen, und Bürgermeister und Belegschaft seiner Stadt wussten, dass er derjenige war, der das Ganze vermasselt hatte. Ich hatte zuvor schon beobachtet, wie dieser kleine Wicht regelmäßig das weibliche Personal unterbutterte. Diesen Typus von Beta-Mann stelle ich mir immer als kleinen Jungen vor, der die Schuhe und das Jackett seines Vaters anzieht und im Haus herumläuft, als ob er das Sagen hätte. Dann aber, wenn er hört, dass sein Daddy nach Hause kommt, beeilt er sich, alles wieder zurück an seinen Platz zu bringen, damit er keinen Ärger bekommt. Der Beta-Mann kann ein Tyrann und Wichtigtuer sein, aber eine kluge Frau wird Mittel und Wege finden, die Alphas wissen zu lassen, dass er eine Rolle spielt. Viele, die dies lesen und schon einmal mit einem völligen Idioten zu tun hatten, dachten vielleicht, dass es ein Alpha war, aber aller Wahrscheinlichkeit nach war es ein Beta in Papis Schuhen.

Alpha-Frau

Die Alpha-Frau ist eine geschätzte Kollegin im Berufsleben. Was ihr nur immer wieder ein bisschen übel aufstößt, ist, dass die meisten Alpha-Männer denken, sie würde nur so tun als sei sie eine Alpha, und auf das erste Anzeichen dafür warten, dass sie eigentlich doch nicht die hochmotivierte Geschäftsfrau ist, die sie zu sein vorgibt. Meiner Erfahrung nach sind Alpha-Frauen eine äußerst einflussreiche Größe im Geschäftsleben. Sie sind zielorientiert, übernehmen die volle Verantwortung für das Ergebnis, geben ihre Macht nicht auf, sind nicht übermäßig aggressiv, sofern die Situation es nicht erfordert, und bekommen alles, was sie wollen. Sie können auf allen Ebenen gut mit anderen Menschen kommunizieren (Alpha-Männern, Beta-Männern und Beta-Frauen) und bekommen das Beste aus ihnen heraus. Sie sind Meisterinnen starker Netzwerke.

Ich werde oft gefragt, ob mächtige Frauen mich einschüchtern. Definitiv nicht! Beta-Männer sind eingeschüchtert, aber Alpha-Männer sind beeindruckt, haben vielleicht nur leichte Vorbehalte, ob eine Alpha wirklich echt ist. Für Männer ist die Alpha-Frau im Berufsleben das, was der Traummann für Frauen im Privatleben wäre: der Kerl, der Ihnen selbstgezogene Blumen schenkt und der Sie in ein bestimmtes Restaurant ausführt, weil er gehört hat, wie Sie und Ihre Freunde sich darüber unterhielten. Er lässt Ihnen nach einem langen Arbeitstag das Wasser in die Badewanne einlaufen und bringt Ihnen einen Martini, während Sie gerade die Zeitschrift lesen, die er für Sie bereitgelegt hat. Wahrscheinlich denken jetzt einige: »Das wäre ja nett, aber solch ein Mann existiert nicht!« Doch, es gibt ihn, aber genau wie bei der Alpha-Frau können nur wenige behaupten, ein solches Exemplar zu kennen. Ich denke, es würde eine ganze Menge mehr Alpha-Frauen da draußen geben, aber sie geben ihre Macht auf (was wir später noch behandeln werden), und dann schreiben die Männer sie als Mitspielerinnen ab.

Ich wollte Geschäfte mit der Royal Bank (einem großen Kreditinstitut in Kanada) machen und bat meinen Freund Karim, einen Börsenmakler, mich der Direktorin vorzustellen, so dass ich ein Schulungsprogramm, das ich anzubieten hatte, würde erörtern können. Als Mann, der einen großen weiblichen Markt mit verschiedenen Produkten und Dienstleistungen versorgt, denke ich zu wissen, wie ich meine Argumente Frauen gegenüber vorbringen und einen guten Kontakt herstellen kann. Die Direktorin, deren Name Lorraine war, stimmte zu, mich eines Morgens zu treffen. Ich beschloss, zuerst das Programm kurz darzustellen (Prozess) und dann zu erörtern, wie wir zusammenarbeiten könnten (Konsens), um Ziele zu erreichen, die für jeden nützlich wären.

Ich kam in die Abteilung, und Karim zeigte mir, wo es zu Lorraines Büro ging. Sie schloss gerade am Telefon mit einem ihrer Kunden ein Geschäft ab und winkte uns herein. Sie beendete den Anruf, stand auf, schüttelte mir mit Intensität die Hand und dankte mir, dass ich gekommen war. Als Karim uns verließ, schickte ich mich an, meiner Strategie zu folgen. Sie sah mir in die Augen und sagte: »Mr. Flett, sicher verstehen Sie, dass Zeit in meinem Geschäft Geld ist. Sie haben zehn Sekunden, um mir zu sagen, wie Sie mir Geld einbringen, bevor ich Sie zum Gehen auffordern muss, so dass ich mit meinem Tag weitermachen kann.« Ich war schockiert. Das lief nicht so, wie es laufen sollte. Ich lächelte und sagte: »Ich habe eine Schulung anzubieten, die Ihnen erlaubt, Ihre Börsenmakler in kürzerer Zeit so weiter zu qualifizieren, dass diese und Sie selbst mehr Geld verdienen.« Sie fragte mich, wie viel, ich nannte ihr einen Preis. Sie sagte mir, ich solle einige Termine aussuchen und eine Rechnung schicken. Dann lächelte sie, schüttelte meine Hand und wies mir die Tür. Wäre ich nicht schon verheiratet gewesen, ich hätte ihr auf der Stelle einen Antrag gemacht. Da ich Lorraine in den letzten paar Jahren näher kennen gelernt habe, weiß ich, sie ist durch und durch echt. Sie liebt das Geschäft, die Menschen und die Kunst des Geschäftsabschlusses. Sie ist jemand, der bei mir in hohem Ansehen steht, und mit ihr würde ich beinahe jeden Handel abschließen, innerhalb von Sekunden, nachdem sie gefragt hat.

Starke Männer lieben es, im Beruf mit starken Frauen zusammenzuarbeiten. Wenn eine Frau authentisch stark ist und sich selbst hoch schätzt, löst sich die Geschlechterfrage in Nichts auf, und sie wird als gleichberechtigter Partner am Tisch angesehen. Als ich im Berufsleben anfing, war mein Hindernis eher das jugendliche Alter als das Geschlecht. Die anderen Kerle sahen mich, fragten, wann der Chef kommen würde und erkannten nicht, dass ich der Chef war. Aber als ich zeigte, dass ich die Fähigkeit hatte, viele verschiedene Aufträge erfolgreich unter Dach und Fach zu bringen, vergaßen meine Kollegen, die meist 20 Jahre älter als ich waren, dass ich im Alter ihrer Kinder war, und ich verschaffte mir meinen Platz am Vorstandstisch.

Wenn Sie Ihren Beruf lieben und es auch lieben, sich Ziele zu setzen und sie zu erreichen, sind Sie wahrscheinlich eine Alpha-Frau. Es gibt viele Männer, die mit Ihnen Geschäfte machen wollen, aber Sie dürfen Ihre Macht dabei nicht aufgeben. Wenn Sie es tun, rutschen sie die Nahrungskette hinab bis unter Beta. Das ist ein schlechter Ausgangspunkt, wenn Sie mit drin sein wollen im Spiel. Wir Männer ordnen Alpha-Frauen normalerweise direkt unter Beta-Männern ein, weil wir davon ausgehen, dass sie sich selbst sabotieren, aber Frauen können schnell die Nahrungskette hochklettern, wenn sie diese Rollenerwartung nicht erfüllen und ihre Macht nicht an uns abgeben. Wir respektieren starke Frauen.

Beta-Frau

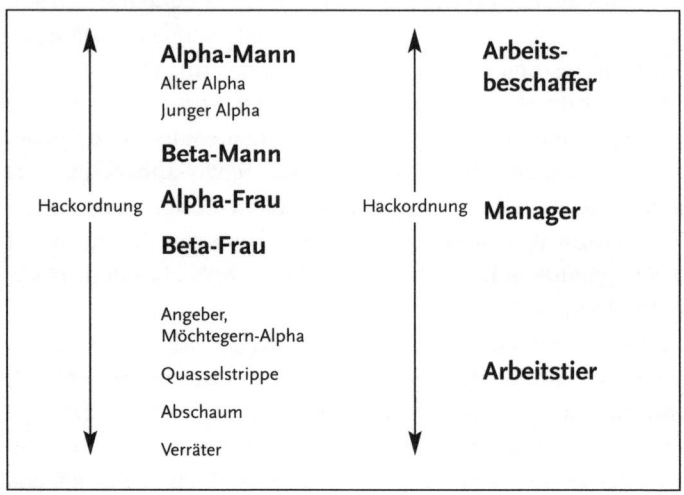

Die Beta-Frau ist wie ihr männlicher Kollege ein unterstützender Spieler. Sie ist vor allem damit betraut, die Dinge, die getan werden müssen, zu tun, und sie sorgt dafür, dass auf dem »i« der Punkt und beim »t« der Strich nicht fehlt. Das Problem, eine Beta-Frau zu sein, besteht darin, dass man beginnt, mit dem Hintergrund zu verschmelzen, wenn man in keiner direkten Beziehung zu einem Alpha steht. Die meisten Alpha-Männer nehmen Beta-Frauen als selbstverständlich hin. Weil Alphas sich leidenschaftlich auf Profitabilität konzentrieren, widmen sie ihre meiste Zeit Leuten, die für sie Geld machen. Wir betrachten Unterstützungsarbeiter oft als Kostenstelle, im Vergleich zu Profitstellen. Objektiv gesehen wissen wir, dass jemand Berichte sortieren, Recherchen anstellen, neben dem Telefon sitzen und Reisen planen muss. Aber subjektiv gesehen haben diese Dinge keinen direkten Einfluss auf den Endgewinn, auch wenn sie vielleicht die Geschäftsentwicklung unterstützen. Wir Alphas glauben, dass wir Beta-Männer viel härter rannehmen können als Beta-Frauen, und wir ziehen es oft vor, mit Männern zu arbeiten, weil wir wissen, dass wir sie biegen, aber wahrscheinlich nicht brechen können. Frauen auf der anderen Seite sind eine problematische Gruppe von Betas, weil wir nie sicher sind, ob nicht vielleicht etwas, das wir zu ihnen sagen, sie in Tränen ausbrechen lässt. Ich weiß, dass einige Leute mit den Augen rollen werden, wenn sie dies lesen, aber wie viele von uns haben nicht schon einmal eine Kollegin gesehen, die sich derart über etwas aufgeregt hat?

Ein großartiges Mittel für eine Beta-Frau, um wahrgenommen zu werden, ist die Interaktion mit Alpha-Männern, indem sie Fragen stellt, direkt Informationen liefert und als Anbieterin von Lösungen gesehen wird. Ich sage immer, dass die wichtigste und mächtigste Frau in jedem Betrieb die Verwaltungsassistentin eines Alpha-Mannes ist. Sie weiß, wie er arbeitet, wann er Dinge aufschiebt, wen er mag und wen nicht, und sie ist die Hüterin seiner Geheimnisse. Wenn er Mist baut und etwas vergisst, ruft er sie. Er lässt es sie wissen, wenn er von jemandem abgeschottet werden will, der versucht, ihn zu treffen. Er wird sich auf sie verlassen und mit ihr als Vertrauensperson kommunizieren, was ihre Rolle als sehr mächtiger und einflussreicher Teil seines Teams verfestigt. Wie Donald Trump reden alle großen Alphas über ihre persönlichen Assistentinnen. Die Chefsekretärin entscheidet, wer ein Stück vom Kuchen seiner Arbeitszeit abbekommt, und in vielen Unternehmen weiß die Verwaltungsassistentin mehr über den Betrieb und seine verschiedenen Persönlichkeiten als jede andere Person. Sie weiß, was der Chef denkt, und durch andere persönliche Assistentinnen weiß sie, was andere Individuen im Unternehmen tun. Die Beta-Frau ist ein nicht zu übersehender Einflussfaktor im Geschäftsleben.

3
Im Kopf des Alpha-Mannes

Männer beginnen, Gleichgestellte abzuschätzen, sobald sie in ihr Blickfeld kommen. Ich erinnere mich, dass ich damals in der Grundschule der Anführer war. In den Pausen sahen alle Kinder mich an, weil sie eine Entscheidung erwarteten, was wir tun würden. In meiner Abwesenheit übernahm mein bester Freund diesen Part. War ich wieder da, nahm er seinen Platz als Nummer 2 wieder ein. Wenn ich dies Frauen erzähle, lachen sie, weil es sich so von ihrer eigenen Erfahrung unterscheidet. Männer wollen in der Schule den Ton angeben, damit sie niemandes Laufbursche sein müssen. Frauen wollen in der Schule den Ton angeben (oder in der coolen Clique sein), weil sie die Macht über die Meinung anderer Leute haben wollen. In der Schule sind Männer normalerweise von ihrer ersten Begegnung an Freunde und bleiben das die meiste Zeit ihres Lebens hindurch. Ein Kerl kann ein Arschloch sein, aber die Freundschaft hat trotzdem Bestand, und man wird weiter mit ihm herumhängen. Männer werden von den Männern, mit denen sie Umgang pflegen, nicht bewertet. Frauen andererseits können in der Schule an einem Tag noch die besten Freundinnen und am nächsten schon Feindinnen sein. Sie sind so unberechenbar, dass die Stärksten sich aus Angst vor Konfrontation die Schwächsten auf Abstand halten.

Vom ersten Tag an heißt es für Männer: entweder führen oder geführt werden. Es ist tatsächlich so simpel. Ich weiß noch, dass ich meinen Vater einmal fragte, wie ein Mannschaftskapitän gewählt wird, denn ich war in der vierten Klasse daran interessiert, Spielführer der Hockeymannschaft zu werden. Er sagte: »Wenn du der Spielführer sein willst, übernimm einfach die Führung. Der Rest kommt von allein. Es wird selten passieren, dass jemand deinen Anspruch in Frage stellt, wenn du handelst, als sei es dein ganz natürliches Anrecht.« Diesen Rat habe ich in meinem ganzen Leben nicht vergessen. Es gibt

Business Report: Was Männer Frauen nicht erzählen. Christopher V. Flett
Copyright © 2009 WILEY-VCH Verlag GmbH & Co. KGaA, Weinheim
ISBN 978-3-527-50449-7

die geborenen Anführer, Menschen, die es genießen, die Verantwortung zu übernehmen, und dann gibt es die Mehrheit, der es nicht verlockend scheint, den Kopf aus der Herde zu strecken.

Währung

Alpha-Männer ordnen sich selbst und alle, mit denen sie in Kontakt kommen, in einer imaginären Hackordnung ein. Wir arbeiten hart, um die *Währung* zu verdienen, die unsere Position in der Gesellschaft zu einem bestimmten Zeitpunkt festigt und uns erlaubt, nach mehr zu streben. Es gibt verschiedene Währungen, mit denen wir anderen Menschen in unserem sozialen Netzwerk unseren Wert vor Augen führen. Die wichtigsten Währungen sind dabei für den Alpha-Mann: der gute Ruf, das Netzwerk an Kontakten, Autos, Urlaube, Häuser, Mitgliedschaften und, von äußerster Wichtigkeit, Uhren. Dies sind die Dinge, nach denen wir streben und mit denen wir dann – natürlich – auch angeben wollen. Ich lächle immer, wenn ich höre, wie Frauen sich untereinander über Männer amüsieren, die über ihre Autos diskutieren oder von ihren neuesten Anschaffungen erzählen. Meine Damen, Sie haben ja nicht die geringste Ahnung, was Angeben ist, es sei denn, sie haben schon einmal Mäuschen in einem Raum voller Alpha-Männer gespielt. Wir schneiden auf, als hinge unser Leben davon ab. Wir reißen uns einigermaßen zusammen, wenn Sie dabei sind, aber wenn wir unter uns sind, ist die Angeberei unser heimlich geteiltes Vergnügen. Wir versuchen immer und allezeit, uns selbst größer und die anderen kleiner zu machen. Sie kennen das doch bestimmt: Wenn Frauen zusammenkommen, fängt eine an, sich negativ über ihre eigenen Körperteile auszulassen, woraufhin die anderen Frauen sich mit Ausführungen zu ihren jeweiligen Problemzonen in das Gespräch einbringen? Nun, Männer tun absolut das Gegenteil. Ein Kerl redet über sein Auto, und der nächste redet darüber, dass sein Auto eine bessere Sonderausstattung hat, schneller ist, mehr gekostet hat und so weiter. Statt wegen unserer Problemzönchen in kollektiver Anteilnahme zu baden, plustern wir lieber das Ego auf und vertreiben uns den Nachmittag bei einem Wettstreit kleiner Jungs, wessen Strählchen beim Pipimachen wohl am weitesten kommt. Ich glaube, dass Alphas bei ihrer Steigerung von

Rang zu Rang verschiedene Währungen entwickeln, auf die andere in derselben Position anspringen. In den folgenden Abschnitten werde ich über die Arten von Währung reden, die Alpha-Männer in verschiedenen Zeitabschnitten als Zeichen für andere nutzen. Ich weise dem Alpha-Mann und seiner Position fünf Stadien zu. Durch sein Handeln werden Sie erkennen, in welcher Phase er sich gerade befindet und wie Sie besser mit ihm umgehen können. Von seinen Häusern und Autos bis zu seinen Uhren und Mitgliedschaften, er wird mit allem angeben, was er hat, und Sie werden dann wissen, in welchem Stadium er sich befindet.

Stadium 1 – Erstsemester (< 40 000 Euro Jahreseinkommen)

Dies ist insofern ein gefährlicher Alpha, als er versucht, die Dinge ans Laufen zu bekommen und für sein Vorankommen alles tun wird. Er fährt, als gäbe es keine Bremsen, und er wird alles beziehungsweise jeden niedermähen, der ihm in die Quere kommt, um weiterzukommen und um ein Exempel zu statuieren für andere, damit sie ihm aus dem Weg bleiben. Er hat noch nicht viel vorzuweisen, also muss alles, was er tut, unmittelbar Gewinn abwerfen. Dieser Alpha ist fast völlig von der Angst angetrieben, es nicht wert zu sein, oben mitzuspielen. Er ist versucht, immer schnell zu sein, sich die Dinge schnell auszurechnen, bevor er von jemandem überrollt wird, der größer, stärker, schneller oder erfahrener ist. In diesem Stadium dreht sich für ihn alles ums Bluffen, um mitmischen zu können.

Stadium 2 – Zweitsemester (40 000 bis 65 000 Euro Jahreseinkommen)

Der Zweitsemester weiß schon in groben Zügen, wie der Hase läuft. Aber damit ist auch die Erkenntnis verbunden, wie viel Arbeit es erfordert, den Hut in den Ring zu werfen. Er verdient wahrscheinlich schon einiges an Geld, aber mit diesem Geld trifft er Leute, die sehr viel mehr verdienen, und dieses Bewusstsein lastet täglich auf ihm. Er will dringend in größerem Maßstab ins Spiel kommen, fängt aber an, sich in bestimmten beruflichen Situationen abzusichern

(Kontakte, Chancen, Verträge), um sicherzugehen, dass er nicht zurückfällt. Er ähnelt sehr einem Bergsteiger, der vor dem Weiterklettern einen Anker in die Felswand schlägt. Seine Furcht besteht jetzt nicht mehr darin, nicht ins Spiel zu kommen (weil er drin ist), sondern vielmehr, nicht ernst genommen zu werden. Er konzentriert sich an diesem Punkt weniger auf andere und mehr darauf, Dinge zu tun, die im Vergleich zu anderen beeindruckend sind. Er ist hinsichtlich seiner Fähigkeiten unsicher und reagiert auf Kritik oder empfundene Kritik besonders empfindlich. Er hat Zähne, wenn er sie braucht, aber er weiß inzwischen, welche Konsequenzen das Kriegführen mit anderen Alphas hat.

Stadium 3 – Junior (abgeschlossenes Grundstudium, 65 000 bis 155 000 Euro Jahreseinkommen)

Der Junior kennt sein Revier, weiß, wie die Dinge funktionieren, und hat eine solide Erfolgsebene erreicht. Er weiß, wie der Hase läuft, kennt sich aus in hierarchischen Strukturen und weiß, welche Pferde er vor seinen Wagen spannt. Ihm ist bewusst, dass er von der Mentalität des Kurzstreckenläufers, die darin besteht, so schnell wie möglich berufliche Auszeichnungen zu bekommen, zur Einstellung des Marathonläufers gelangen muss, die im Wesentlichen darin besteht, in rhythmischer Folge wieder und immer wieder einen Fuß vor den anderen zu setzen. Er weiß, wo er sich auf der Leiter befindet (in der Mitte) und wird vorangetrieben durch all die Leute hinter ihm. In den beiden vorangegangenen Phasen konzentrierte er sich darauf, einen Platz am Tisch zu bekommen. Nun versucht er zu kontrollieren, wer sonst noch am Tisch sitzt. Er weiß, dass Gespräche über das Geldverdienen und die Fähigkeit, beständig Geschäfte abschließen zu können, die wichtigsten Ziele sind. Er fokussiert sich nun darauf, sich mit anderen Marathonläufern zu verbinden, um gemeinsam Geld zu verdienen. Er hat schon einen Vorgeschmack davon, wie es ganz oben ist, und passt gut auf sich auf, um Fehltritte zu vermeiden. Er wird elitärer, und andere Menschen müssen sich seine Zeit verdienen, wenn sie nicht über ihm in der Hackordnung stehen. Er wird angreifen, wenn er spürt, dass jemand ihn untergräbt. Wenn Sie ein *Earner* sind, also mindestens so viel Geld verdienen wie er, und er sich aus dem

Bündnis mit Ihnen einen Vorteil verspricht, wird er eine Verbindung mit Ihnen eingehen, aber wenn Sie ein Schiffsanker sind oder Ihre eigene Macht aufgeben, wird er Sie niemals als ebenbürtig betrachten.

Stadium 4 – Hauptstudium (155 000 bis 350 000 Euro Jahreseinkommen)

Der Student im Hauptstudium ist schon eine ganze Weile im Spiel. Er macht automatisch Geld, weil er regelmäßig abdrücken kann, Leute hat, die ihm ständig Deals antragen, und sich den Respekt des Marktes erworben hat. Er macht sich eher Sorgen um Zeitverschwendung als um Geldverschwendung und ist an einem Punkt angelangt, an dem er stolz auf seine Leistung ist und beginnen kann, die Früchte seiner Arbeit zu genießen. Diejenigen, die sich in den vorhergehenden Stadien befinden, sehen allesamt zu ihm auf, und viele tragen ihm Geschäfte an, um sich in eine Geschäftsbeziehung mit ihm einzukaufen. Er achtet sehr darauf, mit wem er Geschäfte macht, weil er keinen Ärger damit haben will, den durch andere verursachten Schlamassel wieder in Ordnung zu bringen. Er achtet sehr darauf, was er tut, und glaubt, dass jeder wissen muss, wie erfolgreich er durch seine Vision und seinen Einsatz geworden ist. Er ist weniger gefährlich für jene unter ihm, solange sie ihn kein Geld kosten. Wer aber seine Zeit oder sein Geld verschwendet, wird seinen ganzen Zorn zu spüren bekommen, da er jetzt die Macht im Markt hat, demjenigen das Leben sehr, sehr schwer zu machen. Er kommt in eine Position finanzieller Unabhängigkeit, was bedeutet, dass es eine sehr schlechte Tat bräuchte (mit seiner Sekretärin schlafen, in einen Vertragsskandal verwickelt sein), um irgendwelche finanziellen Auswirkungen zu spüren. Er wird ein großartiger Weggefährte sein, wenn Sie etabliert sind oder wenn Sie ihm Geld einbringen, weil Sie professionell Ihren Geschäften nachgehen.

Stadium 5 – Absolvent (> 80 000 Dollar Monatseinkommen)

Der alte Alpha. Er hat das alles schon hinter sich, keine große Sache eigentlich. Millionär zu sein ist für ihn inzwischen selbstverständlich. Er ist der Löwenvater Mufasa aus dem Film »König der Löwen«. Er ist stolz darauf, andere Alphas zu unterstützen, solange sie es wert sind, dass er ihnen seine Zeit widmet. Sie müssen seine Interessen teilen und Geschäfte auf seine Art machen, andernfalls bekommen sie einfach keinen Zugang zu ihm. Er beginnt in diesem Stadium, mehr zurückzugeben, wobei er dies weniger aus Schöngeistigkeit sondern aus einer Wertschätzung des Marktes heraus tut, der ihn ausgebildet hat. Er verdient automatisch Geld, es fließt ihm aus vielen Quellen zu. Er genießt das Jagen, aber genauso genießt er es, anderen dabei zuzusehen und deren Jagd zu kommentieren. Er ist der weise Mann des Geschäftslebens. Man kann eine Menge Dinge tun, um sich den Unwillen eines Absolventen zuzuziehen, ihn Geld zu kosten eingeschlossen, aber solange man ihm Achtung entgegenbringt und sich noch mehr anstrengt, wird er darüber hinweggehen. Attackiert oder torpediert aber wird man, sollte man ihm keinen Respekt erweisen oder seine Unterstützung der eigenen Initiativen nicht zu schätzen wissen. Der Absolvent kann Ihr größter Förderer sein und Sie groß ins Geschäft bringen, oder er kann Sie mit ein paar Worten zu wichtigen Leuten ganz und gar vernichten. Der Absolvent ist wohlwollend und kann Ihr bester Unterstützer sein, wenn Sie durch Ihr Handeln und Ihre Loyalität ihm gegenüber beweisen, dass Sie es wert sind.

Es gibt eine Vielzahl von Zeichen, Requisiten und Handlungen, die Alpha-Männer abhängig von dem Stadium, in dem sie sich befinden, benutzen. Indem Sie diese beobachten und verstehen, können Sie sich besser auf Alphas einlassen und die Verbindung mit ihnen positiver und zu Ihrem eigenen Vorteil gestalten.

Formen der Währung

Guter Ruf
Sein guter Ruf ist seine stärkste Währung, und ein Alpha wird am härtesten dafür kämpfen, ihn zu schützen. Der Ärger, in den wir uns hierbei verstricken, besteht darin, dass wir oft unsere Fähigkeiten übertrieben darstellen, um jemand anderen zu übertrumpfen, weil wir damit angeben, wie großartig wir sind. Dann aber müssen wir uns

schnell das fehlende Wissen darüber aneignen, um nicht wie ein Idiot dazustehen. Ein junger Alpha ist darauf aus, sich an größere Alphas anzuschließen, um von ihnen zu lernen und um für vertrauenswürdig befunden sowie in Projekte eingebunden zu werden. Jeder Vater (sofern er ein Alpha ist) bringt seinem Sohn bei, dass ein Mann an sein Wort gebunden ist. Er muss alles tun, was möglich ist, um sein Wort immer zu halten. Dies wird zu einem Problem, wenn wir sagen, dass wir etwas tun können, und es dann nicht funktioniert. Ich erinnere mich, dass mein Vater mir sagte, der gute Ruf sei wie ein Bankguthaben. Wenn man etwas verspricht und es halten kann, steigt das Ansehen. Wenn man etwas verspricht und es nicht hält, sinkt das Ansehen. Wenn man sich ein genügend starkes Ansehen aufbaut, hat man alle möglichen Freiheiten. Wenn man sein Ansehen ruiniert, ist man absolut wertlos. In gewisser Weise werden Alpha-Männer durch dieselben Regeln wie die Mafia beherrscht. Ich beziehe mich immer wieder auf die Mafia in diesem Buch, weil Alpha-Männer sie als Modell für das Führen von Geschäften ansehen. Haben Sie sich je gefragt, warum Männer ständig den Film *Der Pate* zitieren? Die meisten von uns lieben ihn. Wir lernen durch das, was wir auf der Kinoleinwand oder im Fernsehen sehen, wie Einflussnahme funktioniert. Ich kann einen Alpha-Mann immer daran erkennen, dass er Mafia-Filme nicht nur mag, sondern liebt. Es ist kein Zufall, dass wir das Abschließen von Geschäften im Amerikanischen *pull the trigger* nennen, was im wörtlichen Sinn »den Abzug betätigen«, also »schießen« bedeutet. Wenn in diesen Filmen ein Mann sein Wort gibt, dass etwas passieren wird, ist das kein Hinweis, keine Anregung und auch kein Vorschlag, es ist eine Tatsache. Wenn der Pate sagt, dass jemand getötet wird, dann ist derjenige so gut wie tot. Der Pate sagte nicht: »Ich werde probieren, ob es geht.« Er sagte: »Betrachte es als erledigt.« Alphas wollen sich für verschiedene Fähigkeiten einen Ruf erwerben, wobei die wichtigsten die Fähigkeiten sind, einen Handel abzuschließen (*pull the trigger*), eine Menge Geld zu verdienen, der Beste in ihrer Branche zu sein, von niemandem Befehle anzunehmen, ein Spielführer zu sein und ein Kerl, der seine eigenen Interessen schützt.

Ich habe bei Geschäften Geld verloren, um mein Wort zu halten. Wenn ich etwas verspreche, halte ich das immer – nicht weil ich das immer möchte, sondern weil ich mein Wort halten und meinen guten Ruf weiter ausbauen muss. Ich suche ständig nach Mitteln und

Wegen, um mein Ansehen zu verbessern. Im Jahr 2003 beschloss ich, auf eine Vortragsreise zu gehen und wurde von Fachleuten gewarnt, dass dies unmöglich sei, ohne dass ich ein Buch zu diesem Thema veröffentlicht hatte. Ich teilte dann meinem Einflusskreis (circle of influence, COI) mit, dass ich auf eine Vortragsreise gehen würde und setzte auch gleich ein Datum fest. Als ich begann, die Termine zu bewerben, kamen die Dinge nur langsam ins Rollen, also setzte ich noch eins drauf und stopfte die Liste voll, als ginge es darum, einen geliehenen Muli zu beladen. Ich buchte 46 Städte innerhalb von 73 Tagen, woraufhin meine Kritiker meinten, dass dieses Tempo unmöglich einzuhalten sei. Ich reiste am 10. Mai 2003 ab, und ich brachte meine Tour erfolgreich zu Ende. Es war in vielerlei Hinsicht die Hölle, aber ich hatte eine Entscheidung getroffen, das Ganze beworben, und ein Misserfolg stand absolut nicht zur Debatte. Manchmal, wenn ich am liebsten aufgehört und nach Hause zurückgekehrt wäre (ich war die ganze Zeit unterwegs), dachte ich daran, wie ich dann dastehen würde, und so machte ich weiter. Als ich bei meiner Rückkehr im Juli erschöpft nach Hause zurückkehrte, hatte ich mein Wort gehalten und meine Kritiker zum Schweigen gebracht, außerdem meinen Ruf gestärkt als jemand, der Dinge schafft, von denen es heißt, sie seien un-

Tabelle 3.1 Verschiedene Stadien des Ansehens eines Alpha-Mannes

Erstsemester	Relativ unbekannt im Markt. Er versucht, seinen Namen, wo immer es möglich ist, ins Spiel zu bringen.
Zweitsemester	Einige Anerkennung durch eine Handvoll Geschäftsleute. Außerhalb seiner Hauptmärkte unbekannt.
Abgeschlossenes Grundstudium	Gut in seinen Hauptmärkten und in einigen Sekundärmärkten etabliert. Er hat sich einen Namen gemacht und erhält Anerkennung kleinerer Branchenbereiche (Handelskammern, Wirtschaftsverbände etc.).
Hauptstudium	Gut bekannt in seinen Märkten sowie grundsätzlich bekannt im Markt als Ganzes. In den Medien präsent, und wenn sein Name fällt, haben die meisten Leute eine Vorstellung, wer er ist, oder haben zumindest schon seinen Namen gehört.
Absolvent	Er ist das große Tier in seinem Markt und der breiten Masse bekannt. In den Medien wird häufig über ihn berichtet, regelmäßig wird er von wichtigen Wirtschaftsverbänden für seine Beiträge geehrt. Man denke an Empfänger von »Mann des Jahres«-Auszeichnungen, Ehrendoktortiteln usw.

möglich. An was Frauen im Umgang mit Alphas also immer denken sollten, ist, dass der Alpha äußersten Wert auf sein Ansehen legt und seinen guten Ruf aufs Schärfste verteidigt.

Wenn Männer sich gegenseitig angreifen oder Frauen torpedieren, geht es höchstwahrscheinlich um ihren Ruf. Für Männer sind Ansehen und Ego eng miteinander verbunden. Wenn eines von beiden einen Schlag bekommt, stürzen wir uns in den Kampf. Ich habe gesehen, dass Frauen wegen einer einfachen Bemerkung torpediert wurden, die einen Mann in Verlegenheit brachte. Innerhalb von Tagen torpedierten alle Männer, die Zeuge davon geworden waren, ihre Karriere. Wir werden später im Buch näher auf das Torpedieren der Karriere eingehen, wie es passiert und wie man es vermeiden kann.

Netzwerk von Kontakten

Eine andere wichtige Währung im Geschäftsleben ist das Netzwerk, das wir zu unserer Verfügung haben. Männer und Frauen bilden auf unterschiedliche Weise Netzwerke. Männer sehen bei anderen Leuten zunächst einzig und allein auf ihren Geschäftswert. Ich muss einen Kerl nicht mögen, um Geschäfte mit ihm zu machen. Ich muss wissen, dass er halten kann, was er verspricht (guter Ruf), und dass er Geld verdienen kann. Dann beginne ich, Leute zu sammeln. Ich tue dies methodisch, indem ich zuerst aufschreibe, wie mein Netzwerk während eines bestimmten Zeitraums aussehen soll. Ich entscheide mich für bestimmte Typen von Leuten, die ich dafür brauche, bevor ich überhaupt weiß, wer sie sind. Ich schreibe vielleicht auf, dass ich einen Justiziar in Los Angeles will, einen Steuerberater in New York, einen Verleger in London und einen Internet-Provider in Calgary. Dann beginne ich, mein Netzwerk nach potenziellen Kontakten in diesen Gebieten zu durchsuchen. Zweifellos bekomme ich, während ich dies tue, zusätzliche Kontakte, nach denen ich nicht Ausschau gehalten hatte, die aber in meine Adressenliste wandern.

Nichts liebt ein Alpha-Mann mehr, als für einen Kollegen oder Kunden seine Verbindungen spielen zu lassen und damit seine Marktstärke zu zeigen. Wenn ich einen Kunden habe, der geschäftlich nach London gehen will und hinsichtlich der Visums-Angelegenheiten unsicher ist, gibt es zwei Möglichkeiten für mich, ihn zu unterstützen. Die erste wäre der Vorschlag, dass er sich in dieser Angelegenheit mit dem Konsulat in London in Verbindung setzen solle. Dies ist nicht gerade der bestechendste Ratschlag, denn es ist der gesunde Menschenverstand, und mein Rat bringt ihn nicht viel weiter. Die zweite Möglichkeit, die ich sehr bevorzuge, besteht darin, zum Kunden zu sagen: »Rufen Sie Sid Lowey in London an. Ich gebe Ihnen seine Durchwahl. Er ist ein Freund von mir, und er macht das ständig für meine Kunden. Er kann das Verfahren für Sie effizienter gestalten und beschleunigen. Sagen Sie ihm, dass Sie ein Freund von mir sind, und er wird dafür sorgen, dass Ihr Antrag direkt bearbeitet wird. Halten Sie mich auf dem Laufenden.« Bei dem ersten Beispiel bin ich wie jeder andere, der einen simplen Rat erteilt. Im zweiten lasse ich die Verbindungen meines Personen-Netzwerks spielen, um meinen Kunden das Leben leichter zu machen, so dass sie mehr Geld verdienen können.

Ich füge meinem Netzwerk ständig neue Leute hinzu, während andere wieder herausfallen. Neue Kontakte mit gutem Ruf kommen rein; jene, die ihr Wort nicht gehalten haben, werden fallen gelassen. Es ist nichts Persönliches, es geht ums Geschäft. Ich sehe zu, dass ich, wohin ich auch gehe, die Allerbesten der Besten treffe und mit ihnen Geschäfte mache. Die Leute kommen nicht in mein Netzwerk, weil sie danach fragen. Sie kommen hinein, weil ich glaube, dass sie halten können, was sie versprechen, und mich dabei gut aussehen lassen werden.

Ein weiterer Vorteil des Netzwerks ist, dass die meisten Alphas zwanghaft Namen fallen lassen. Sie erwähnen einen Vornamen und warten, dass jemand fragt, wer das ist, so dass sie den Nachnamen und ihre Verbindung zu demjenigen nennen können. Hier ein Beispiel: Ein Kerl, mit dem ich vor ein paar Monaten in New York City ein paar Zigarren zusammen geraucht habe, sagte: »Ich habe mit meinem Freund Ted in Atlanta bei seinem Nachrichtenunternehmen gearbeitet. Wir arbeiten derzeit an einem neuen Programm und machen einen Strategieplan für die nächsten acht Quartale.« Natürlich wollte ich ihn einschätzen und versuchte herauszufinden, welche Art von Netzwerk er hatte, also stellte ich die Frage: »Ist es ein lokaler Nachrichtensender, oder ist er groß?« Er gab zurück: »Oh, Entschuldigung. Es ist Ted Turner. Ihm gehört CNN.« Als er anfing, die Geschichte auf diese Art zu erzählen, wusste er ganz genau, dass jemand nach dem Unternehmen fragen würde, so dass er den Nachnamen würde fallen lassen können.

Viele Schaumschläger benutzen ihr Netzwerk, um Einfluss zu gewinnen, haben aber in Wirklichkeit gar keinen direkten Zugang. Ich kenne Kerle, die Visitenkarten sammeln, sie am Laptop in ihr Kontaktsystem einpflegen und diese Adressen dann als Netzwerkkontakte betrachten. Der Unterschied besteht in meinen Augen in dem wirklichen Zugang, den diese Leute haben beziehungsweise nicht haben. Ich händige etwa 10 000 Visitenkarten jährlich aus, würde aber schätzen, dass nur 150 Menschen meine Mobilfunknummer kennen. Ich nehme einmal an, dass viele Leute mich in ihr Kontaktsystem eingetippt haben, aber nur wenige können mich ohne den Weg übers Bü-

Tabelle 3.2 Verschiedene Stufen des Kontakte-Netzwerks eines Alpha

Erstsemester	Kennt Leute, mit denen er gemeinsam die Schule besucht hat, verfügt noch über wenige persönliche Kontakte und begrenzte Geschäftsverbindungen. Er versucht begierig, seiner Datenbank neue Leute hinzuzufügen und wird beinahe jeden einpflegen, von dem er eine Visitenkarte bekommt.
Zweitsemester	Er ist anspruchsvoller bei seinen Kontakten und versucht gezielt Verbindungen einzugehen, die sein Geschäft aufbauen. Er kann schon recht gut mit Menschen umgehen und Kontakte pflegen. Er ist nicht großartig, aber es ist auch offensichtlich, dass er bereits Netzwerkerfahrung hat.
Abgeschlossenes Grundstudium	Er hat ein starkes Netzwerk von Leuten mit guten Kontakten aufgebaut. Er benutzt sein Netzwerk, um einflussreiche Leute zu treffen. Er ist sich klar darüber, welche Leute er in seinem Netzwerk braucht, und macht es sich zur Priorität, diese Verbindungen zu knüpfen und auszubauen.
Hauptstudium	Er ist der Meister unter den Netzwerkern. Er hat überall Verbindungen, und es gibt niemanden, den er nicht durch sein eigenes persönliches Netzwerk erreichen könnte. Es sind Leute mit starkem Ruf aus allen Branchen, und Informationen sind nur einen Anruf weit entfernt. Es ist hart, mit ihm zum Mittagessen zu gehen, weil er jeden kennt.
Absolvent	Dies ist der erfahrene Staatsmann. Er kennt jeden, der es wert ist, gekannt zu werden. Die Leute wollen ihn kennen, wollen, dass man weiß, dass sie ihn kennen, und versuchen, ihre Beziehung zu ihm als Hebel zu benutzen, um Dinge zu erreichen. Eine Verbindung zu ihm ist eine Währung, die viele Leute zu ihrem eigenen Vorteil nutzen. Wenn er jemanden anruft, wird er immer durchgestellt, und jeder ist glücklich, von ihm angerufen zu werden.

ro direkt erreichen. Ein Netzwerk ist nur so gut wie der direkte Zugang, der damit verbunden ist.

Autos

Das Auto ist für den Alpha die erste große Chance, seine Einkommensverhältnisse groß herauszustellen. Dies trifft allerdings mehr auf den jungen Alpha zu. Der ältere Alpha mag eine praktische Familienlimousine vorziehen, aber unzweifelhaft wird dann ein Spielzeug für Wochenend-Spritztouren in der Garage stehen. Autos geben Männern nicht nur ein Gefühl von Macht, weil wir jedes Mal, wenn wir damit fahren, in unserem Erfolg baden, sondern wir werden auch zur Zielscheibe des Spotts, wenn unser Auto hinter denen der anderen zurückfällt. Ich besuchte einmal einen Kurs, zu dem mich meine Freundin Michelle Pottle angemeldet hatte und der sich Y.A.M. (Yoga anonym für Männer – Yoga für Männer, die offiziell kein Yoga machen) nannte. Wir waren zehn Männer im Kurs, und zu dieser Zeit fuhr ich einen Jeep Wrangler. Er hatte schöne Reifen, und im Sommer konnte ich die Türen ausbauen und das Dach abnehmen. Meine Freunde, die Audis, Hummer und Porsche fuhren, standen draußen vor dem Studio, als ich mit meinem Jeep ankam, und sahen mir beim Einparken zu. Dann gingen sie zu ihren Autos und setzten sie von meinem weg. Dies waren meine Freunde! Vor, während und nach der Yoga-Stunde ritten sie darauf herum, warum ich als Besitzer eines erfolgreichen Unternehmens einen Jeep fuhr.

Sie fragten, ob Gratis-Isolierband mit dabei gewesen sei, ob ich einen Versicherungsabschlag wegen akuter Armut bekommen hätte und so weiter.

Ich sah mich mit meiner Frau Jacqui nach einem neuen Auto um (sie mochte den Jeep auch nicht, weil er ziemlich hoch lag und sie mit einem Rock schlecht hineinkam) und fand einen 5-er BMW, der in einen M5 umgebaut worden war (das Leistungsmodell der 5-er Reihe). Nachdem ich ihn erworben hatte, bemerkte ich sofort zwei Dinge: 1. Ich begann Einparkservice zu mögen (denn zuvor war es immer frustrierend gewesen, wenn ein Hotelpage den Jeep nicht ans Laufen bekommen konnte). 2. Meine Yoga-Freunde waren von ihren eigenen Autos nicht mehr so hingerissen (da meines nun das schönste war). Ich war vom unteren Ende der Auto-Hackordnung nach ganz oben gesprungen. Jetzt war ich derjenige, der Seitenhiebe auf die Autos der anderen verteilte. Ich machte ironische Angebote, für ein Darlehen zu bürgen, falls sie in bessere Reifen investieren wollten. Ich sagte ihnen, dass ich daran gedacht hätte, ein Modell wie ihres zu kaufen, aber nicht gewollt hätte, dass die Leute annähmen, ich hätte finanzielle Schwierigkeiten. Wir benutzen unsere Autos in der Geschäftswelt als sichtbares Zeichen dafür, dass wir angekommen sind und uns die großen Spielzeuge leisten können. Wir machen amerikanische Marken runter, wenn wir europäische kaufen. Wir machen billigere Modelle desselben Herstellers runter. Wenn wir dasselbe Modell fahren, diskutieren wir über Sonderausstattungen. Für Männer repräsentiert das Auto, wie sie von der Welt gesehen werden wollen. Als ich einen Jeep fuhr, wollte ich den ehemaligen Kleinstadtjungen herausstellen, der es nicht zugelassen hatte, dass das viele Geld ihm zu Kopf steigt. Jetzt sagt der BMW den Leuten, dass ich es mag, stilvoll zu reisen.

Zu den Autos, die Männer am meisten schätzen, gehören Mercedes, BMW, Lexus, Porsche, Audi (die höheren Baureihen), Jaguar,

Tabelle 3.3 Verschiedene Automobil-Stadien des Alphas

Erstsemester	Drecksauto. Normalerweise derselbe Wagen, den er an der Uni gefahren hat. Es ist entweder billig oder billig und beschissen. Wenn Letzteres zutrifft, versteckt er es beim Parken und, wenn nötig, leiht er sich ein anderes Auto, wenn jemand mit ihm reist.
Zweitsemester	Fährt normalerweise ein neues Drecksauto. Einen neuen Toyota, einen neuen Mazda. Etwas, das neu wirkt, aber keinen Eindruck schindet.
Abgeschlossenes Grundstudium	Ein Auto aus dem höheren Preissegment, normalerweise gebraucht. Ein BMW, Mercedes, Lexus, Land Rover oder, falls neu, eine der billigeren Baureihen dieser Marken (z. B. die Dreier-Baureihe von BMW, Land Rover LR1).
Hauptstudium	Neues Auto aus dem hohen Preissegment. Ein Porsche für 100 000 Euro, ein europäischer Roadster für 215 000 Euro. Etwas, das den Reichtum hinausschreit.
Absolvent	An diesem Punkt wird es sonderbar und gewissermaßen schwierig zu qualifizieren, also müssen andere Indikatoren hinzugezogen werden. Der Absolvent besitzt entweder ein Auto wie der Student im Hauptstudium, oder er hat ein Familien- und ein Hobby-Auto (60-er Chevy Pickup, einen klassischen MG-Roadster, eine Corvette der alten Schule). Sam Walton fuhr einen 30 Jahre alten Pickup.

Dodge Viper und Range Rover. Zu beachten ist hierbei allerdings, dass die preisgünstigeren Baureihen all dieser Marken keinen Eindruck schinden und dass Männer, die damit fahren, als Möchtegern-Alphas eingestuft werden.

Urlaube

Junge Alphas beschweren sich darüber, Urlaub nehmen zu müssen. Sie denken, dass Urlaub Zeitverschwendung ist und Geld kostet, statt es einzubringen. Ich erinnere mich, dass ich, als Jacqui und ich eine Woche in Urlaub fuhren, meinen Kunden sagte, ich sei auf einer Fortbildung. Mein Handy versteckte ich in einem meiner Sockenpaare, so dass Jacqui dachte, ich würde es nicht mitnehmen. Es war eine schreckliche Vorstellung für mich, dass Kunden, die mich in den Urlaub verreisen sahen, daraus folgern würden, dass ich das Geschäft nicht ernst nehme. Also log ich.

Jetzt erkenne ich, dass große Alphas Urlaub brauchen, um sich körperlich und seelisch zu erneuern und weiterhin hocheffizient arbeiten zu können. Ich mag es, ein paar Monate jährlich Urlaub zu machen und gehe normalerweise nach Miami oder irgendwohin, wo es heiß ist. Einfach Ferien zu machen ist jedoch nicht gut genug, wenn man mit anderen Alphas konkurriert. Wir müssen uns auch hier miteinander messen: Wie lang war der Urlaub, in welcher Klasse im Flieger wurde geflogen, wie viele Sterne hatten Hotels und Restaurants, was wurde unternommen etc. Wir verfügen über eine ganze Palette geistreicher Erwiderungen auf jede Bemerkung, die ein Kerl über seinen Urlaub macht. Wenn ein Kerl mir sagt, dass er zwei Wochen Urlaub macht, frage ich: »Warum so kurz?« Wenn er sagt, dass er nach Jamaika fliegt, frage ich, ob Europa ihm zu teuer sei. Wir verteilen diese kleinen Seitenhiebe, wo wir nur können. Ich habe einen Kumpel, der jedes Jahr nach Cancun (Mexiko) fliegt. Er bleibt einen Monat dort und mietet eine Villa. Ein anderer Freund von uns fliegt auch regelmäßig dorthin und kaufte beim letzten Mal eine Villa. Er behielt es aber zunächst für sich, und erst, als der Freund ohne eigene Villa erzählte, dass er wieder dorthin fliegen würde, meinte der Freund mit der Villa: »Möchtest du vielleicht mein Haus nutzen, wenn du da unten bist?« Volltreffer! Der Kerl ohne Villa lehnte freundlich ab, aber ich weiß, dass es ihn innerlich auffraß. Und ich selbst überlegte mir: Ich muss unbedingt ein Haus in Miami kaufen!

Jacqui und ich reisten kürzlich durch Italien, und wenn weibliche Kunden/Kollegen mich danach fragen, wollen sie immer etwas über die einzelnen Orte erfahren, die ich gesehen habe. Die erste Frage meiner männlichen Kollegen hingegen lautet, mit welcher Fluggesellschaft ich geflogen bin, und als Nächstes, wo ich übernachtet habe. Auf diese Weise können sie sich ausrechnen, wie viel ich für den Urlaub ausgegeben habe. Zwar tun Frauen dies auch, wenn auch auf viel subtilere Weise. Sie fragen beispielsweise, wo Jacqui in Florenz eingekauft hat, und wenn ich Christian Dior erwähne, lächeln sie, wissend, dass es teuer war. Aber nur ein Alpha-Mann bringt es fertig, das, was als erholsame und angenehme Reise gedacht war, in seine Einzelteile zu zerlegen und jeden Bestandteil darauf abzuklopfen, in welches Licht er einen taucht und welche Implikationen dies für den eigenen Platz in der Hackordnung bedeutet.

Tabelle 3.4 Verschiedene Urlaubs-Stadien des Alpha-Mannes

Erstsemester	Wenn er überhaupt Urlaub nimmt (selten, dass er es tut), wird es eine Woche irgendwo sein, wo es warm und billig ist, und er wird entweder leugnen, überhaupt Urlaub gemacht zu haben, oder aber behaupten, für längere Zeit an einem besseren Ort gewesen zu sein.
Zweitsemester	Eine zweiwöchige All-Inclusive-Reise irgendwohin, wo es heiß ist (alte Alphas bezeichnen dies als *mud spa*).
Abgeschlossenes Grundstudium	Zwei Wochen Europa oder ein bekanntes Urlaubsgebiet irgendwo in den Tropen.
Hauptstudium	Hochpreisige, exklusive Reisen nach Europa, in den Orient oder an einen zurückgezogenen Ort, jeweils zwei bis vier Wochen, mehrmals jährlich.
Absolvent	Wiederum ist der Absolvent schwierig zu klassifizieren. Er mag zum Skifahren an einen kleinen Hügel fahren, aber das Haus dort wird ihm gehören. Er mag zum Fischen an einen ruhigen Fluss gehen, aber er wird per Helikopter dorthin gelangen.

Häuser

Der Alpha-Mann liebt sein Zuhause, und es ist der Ort der Einsamkeit, an dem er seine Batterien aufladen kann. Ich denke, ein Zuhause gehört grundsätzlich einer von zwei Kategorien an: Entweder ist es ein Ort der Gastlichkeit oder aber ein privater Rückzugsraum.

Für mich ist es Letzteres, während die Häuser der meisten meiner Kollegen Beispiele für die erste Kategorie sind. Einige meiner Freunde besitzen das, was man einen herrschaftlichen Wohnsitz bezeichnen würde. Diese Häuser haben 6000 Quadratmeter und mehr Wohnfläche. Sie haben Heimkinos (keine Fernsehzimmer, sondern richtige Kinosäle), Gourmet-Küchen und Swimmingpools, die aussehen wie aus einem Architektur-Magazin. Sie haben Schlafzimmer, die niemand benutzt, Badezimmer nur für Gäste, und Barbereiche mit angeschlossenen Poolbillard-Tischen. Ich mag es, diese Leute zu besuchen, und frage mich, wie viel Platz für sie selbst bestimmt ist und wie viel zum Repräsentieren.

In Vancouver-Yaletown (der alten Speicherstadt) erzielen trendige Lofts Höchstpreise. Sie liegen bei durchschnittlich 600 bis 1000 Dollar pro Quadratmeter und bieten einen Blick auf den Hafen von Vancouver und auf Granville Island, ein trendiges Einkaufsgebiet mit Kunsthandwerks- und Lebensmittelmärkten.

Jeder, der dort eine Wohnung hat, kann damit wunderbar protzen. Ein Kollege von mir, ein aufstrebender Börsenmakler, hat dort ein Penthouse mit Blick über den Hafen. Er fährt einen M5, hat ein Zuhause, das einen von den Socken haut, aber er hat keine Möbel. Ja, es ist genau, wie ich es sage. Er hat keine Möbel. Sein Auto kostet ihn 1500 Dollar, die Hypothekenzahlung für das Penthouse 7300 Dollar im Monat. Er scheffelt einen Haufen Geld, aber das meiste geht wieder drauf für die Bewirtung und Unterhaltung seiner Kunden. Er ist reich, was seine Vermögenswerte angeht, aber er ist nicht sehr flüssig und hat kein Geld für Möbel. Ich habe diese Wohnung gesehen, weil ich ihn gut kenne, aber er hat momentan kein überschüssiges Bargeld, um sich die Wohnung einzurichten, und dies ist keine Wohnung, die man mit Ikea-Möbeln bestückt.

Mein Mentor Alvin hatte ein großartiges Anwesen direkt außerhalb von Vancouver. Es gab dort einen Raum für Spiele, der um eine Sonnenterrasse größer war als die meisten Wohnungen, in denen ich während der Universitätszeit gelebt hatte, und eine Sammlung von Arcade-Automaten, die er für seine Kinder gekauft hatte.[8] Es war großartig, dorthin zu kommen, und ich habe nie auf einem besseren

8) Anm. d. Übers: Arcade-Spiele sind Videospiele, die seit den 1970er Jahren in öffentlichen Spielhäusern in den USA angeboten wurden. An Arcade-Automaten, ähnlich Spielautomaten, kann der Nutzer gegen Geldeinwurf spielen.

Herd gekocht. Ich würde schätzen, dass allein dieses Gerät 10 000 Dollar gekostet hat. Einfach wunderschön. Es schadete auch nicht, dass Alvin für Intel arbeitete; das Haus war dermaßen verkabelt, so etwas haben Sie noch nicht gesehen. Das reinste Technologie-Paradies. Ich habe es geliebt, diesen Ort zu besuchen, und jede Einladung dorthin angenommen.

Ich befinde mich jedoch am anderen Ende dieser Skala: Obwohl ich ein ganz nettes Auto habe, ist mein Haus weitaus bescheidener als die oben erwähnten Beispiele. Es gibt darin zwar auch Spielzeuge wie Flachbildfernseher, antike Scotch-Schränke und zu viele Humidore[9], aber für mich ist mein Zuhause ein sehr privater Ort. Ich kann an den Fingern einer Hand abzählen, wie viele meiner Kollegen bei mir zuhause waren, und noch nie hat ein Kunde mein Haus betreten. Für mich ist mein Zuhause ein Ort, an dem ich aus meiner Rolle in der Welt heraustrete und meine Batterien auflade. Ich habe dies von meinem Vater gelernt, der nach Hause kam, die Tür hinter sich schloss, das Telefon abschaltete und sich ausruhte. Ich habe daran gedacht, ein großes Haus zu kaufen, und hatte in den letzten Jahren wohl auch Gelegenheiten dazu, aber für mich passiert die Show, das Repräsentieren, nicht hier. Beim Besuch verschiedener Häuser fiel mir auf, dass Frauen Küchen, Teppiche und begehbare Kleiderschränke auskundschaften. Alles, worum ich mich kümmere, sind Fernseher und Elektronik. Sie zeigen mir, welche Wertschätzung der Kerl, der dort wohnt, für sich selbst aufbringt. Ich kann den einen Teppich nicht vom anderen unterscheiden, aber ich kann eine hochpreisige Tonanlage ausmachen, noch bevor ich den Mantel abgelegt habe.

Alpha-Männer benutzen ihr Haus als Club. Sie wollen nicht jeden darin haben, denn das würde den Wert einer Einladung mindern. Wenn sie andere Menschen dorthin einladen und ihnen zeigen, wo sie ihr Haupt betten, so ist das ein Zeichen von Vertrauen und Nähe. Sind Sie also bei einem Alpha eingeladen, sollten Sie sich wie in einer Kirche verhalten, denn für den Alpha ist das Heim ein Heiligtum und die Pforte zu seinem Inneren. Wenn man eine Einladung eines Alpha-Mannes zu ihm nach Hause erhält, kann man davon ausgehen, in gutem Ansehen zu stehen. Wenn man keine Einladung bekommt, auch

---

9) Anm. d. Übers.: Holzbehälter, in dem Zigarren unter für
   sie günstigen klimatischen Bedingungen mit hoher Luft-
   feuchtigkeit gelagert werden können.

kein anderer von ihm eingeladen wird, sollte man es nicht persönlich nehmen; für diesen Alpha ist sein Zuhause einfach ein Ort der Abgeschiedenheit von der Welt.

Tabelle 3.5 Verschiedene Wohnstätten-Stadien des Alpha-Mannes

Erstsemester	Lebt entweder noch zu Hause oder mit einem Mitbewohner oder seiner Freundin in einer billigen Wohnung, die gleichzeitig als Heimbüro fungiert.
Zweitsemester	Ein konservatives Apartment in einer annehmbaren Gegend. Hat wahrscheinlich keinen Mitbewohner, aber vielleicht einen Schatz, der sich mit ihm die Miete teilt.
Abgeschlossenes Grundstudium	Entweder ein wirklich nettes Heim, das er gemietet hat, oder ein annehmbares, das ihm gehört.
Hauptstudium	Eine Residenz, die Geld atmet. Er besitzt sie oder zahlt eine hohe Miete dafür. Das Anwesen befindet sich in einer eindrucksvollen Gegend und ist für das Vergnügen gemacht. Höchstwahrscheinlich besitzt er es, und hier dreht sich alles um Quadratmeter. Er hat dazu vielleicht noch ein gemietetes Apartment in einer anderen Stadt.
Absolvent	Das große Familienhaus (man denke etwa an die Kennedy-Familie) sowie auch ein Urlaubsdomizil und ein Apartment in der Stadt. Dazu eventuell auch Immobilien im Ausland.

Mitgliedschaften

Alpha-Männer lieben es, Clubs anzugehören – je exklusiver, desto besser. Es gibt in verschiedenen Städten Clubs, die traditionell das sind, was ich als »Silberhaar-Gesellschaft« bezeichnen würde, Clubs, in denen alte Kerle mit altem Geld herumsitzen und über ihr Geld reden und die einzigen Frauen, die in den geheiligten Hallen zugelassen sind, zum Dienstpersonal gehören.

Glücklicherweise ändern sich diese Clubs. Nicht etwa aufgrund eines Sinneswandels, sondern weil ihre Mitgliederzahlen immer weiter gesunken sind. Ich stehe diesen Clubs immer noch etwas skeptisch gegenüber, denn ich frage mich, ob sie sich wirklich hin zu neuen Werten bewegen oder es nur vorgeben. Es wird sich mit der Zeit herausstellen.

Mein Club ist ein Zigarrenclub. Er liegt in Vancouver, nur ein paar Minuten vom False Creek entfernt, hat eine begrenzte Anzahl von

Garderobenschränken für Clubmitglieder und seine eigene Raucher-Lounge. Im vorderen Bereich gibt es einen Laden mit wunderschönen Humidoren und anderen Raucherutensilien und zwei Wände voll mit außergewöhnlichen kubanischen, honduranischen und dominikanischen Zigarren. Direkt links neben der Eingangstür geht es zur Lounge für Mitglieder und ihre Gäste. Man bewirbt sich nicht um eine Mitgliedschaft; man wird eingeladen, wenn ein Platz frei wird. Wenn man kein Mitglied ist oder nicht mit einem Mitglied kommt, erhält man zu diesem Raum keinen Zutritt. Mein Freund Ted Loo, ein bekannter Fitness-Experte an der Westküste, führte mich in den Club ein. Ich war zuvor in einem in Yaletown gewesen, hatte aber das Gefühl, dass das Durchschnittsalter dort für mich ein bisschen zu hoch war. Ich war dort hingekommen, weil dies der Ort war, an dem mein verstorbener Mentor Alvin und ich die meisten unserer Freitagnachmittage verbracht hatten. Ted nahm mich in diesen Club mit und machte mich mit dem Besitzer David bekannt. Um Ted einen Gefallen für eine geschäftliche Unterstützung (ein Punkt, den wir später besprechen werden) zu tun, hatte David einen seiner eigenen persönlichen Garderobenschränke für mich geräumt. Ich bringe jetzt meine Kunden dorthin, zu geschäftlichen Treffen, wenn es etwas zu feiern gibt, oder um Menschen miteinander bekannt zu machen, von denen ich denke, dass sie großartig miteinander Geschäfte machen werden. Ich liebe es, wenn jemand hereinkommt, nach mir fragt und dann von einem der wunderbaren Gastgeber in meinen Bereich geführt wird. Es heißt, dass eine Mitgliedschaft ihre Privilegien hat, und das ist beim Club City Cigar in Vancouver definitiv der Fall.

Männer nutzen Mitgliedschaften, um untereinander ihre Hackordnung in der Gesellschaft als Ganzes auszubilden. Es gibt Clubs in Vancouver, von denen das Gerücht umgeht, dass ihre jährlichen Mitgliedsbeiträge bei 35 000 Dollar liegen. Andere fokussieren sich auf Sport (Yachtclubs und Tennisclubs). Interessanterweise gilt: Je teurer der Club, desto größere Fische sind dort anzutreffen. Auch hier, genau wie beim Haus oder beim Boot, halte ich es für besser, Freunde in diesen Clubs zu haben, als selbst beizutreten. Sie können sich von Ihren Freunden dorthin auf einen Drink mitnehmen lassen, dort Leute treffen, die Getränkerechnung übernehmen und sparen sich die 34 900 Dollar an Mitgliedsbeitrag im Jahr.

Diese Clubs versuchen, selektiv zu agieren, indem ein neues Mitglied von einem oder mehreren Mitgliedern nominiert werden muss. Dann wird Ihre Bewerbung einem Komitee übergeben, das entscheidet, ob Sie aufgenommen werden. Der Schwachsinn dabei ist, dass eigentlich niemand abgelehnt wird. Sie weisen Ihr Geld nicht zurück, es sei denn, Sie gehören zur Mafia, sind sonstwie kriminell oder ein Mitglied hat eine starke persönliche Abneigung gegen Sie.

In meinem Zigarrenclub muss man nicht für die Mitgliedschaft bezahlen; man durchläuft kein Auswahlverfahren. Jede unbescholtene Person mit gutem Ruf kann einen Garderobenschrank bekommen, wenn einer verfügbar ist. Was ich daran mag, ist, dass es sowohl Milliardäre dort gibt als auch junge Leute, die gerade ihre ersten Erfahrungen im Beruf gesammelt haben. Clubs sind für den Alpha-Mann wichtig, aber ich denke, die Art von Club, die er wählt, sagt eine Menge darüber aus, welche Sorte von Alpha er ist. Ist er Mitglied in einem

Tabelle 3.6 Verschiedene Stadien der Mitgliedschaften des Alpha-Mannes

Erstsemester	Hockeyteam, Team der Chicken-Wings-Esser
Zweitsemester	Junior-Verbände von Parteien, Interessenvertretungen und Branchenverbänden (z. B. Junge Union, Wirtschaftsjunioren der Industrie- und Handelskammern)
Abgeschlossenes Grundstudium	Verband ehemaliger Studenten, Kulturgemeinschaften, manchmal eine kirchliche Gruppe, Zigarrenclubs, einige Junior-City-Clubs, Golfclubs (Eintrittsgebühr rd. 5 000 Dollar bzw. ca. 3 500 Euro)
Hauptstudium	Autobesitzer-Club, Club für Geschäftsleute auf bestimmter Ebene (Finanzchefs, leitende Geschäftsführer, führende Vorstandsmitglieder), Investment-Clubs, City-Clubs (Union Club, Chicago Club, Vancouver Club, Terminal City Club etc.), Golfclubs (Eintrittsgebühr ab ca. 20 000 Dollar bzw. ca. 14 000 Euro), auch bedeutende Skiurlaubsgebiete (jährliche Mitgliedschaft)
Absolvent	Horatio Alger Association[10]

10) Anm. d. Übers.: Horatio Alger, 1832-1899, US-amerikanischer Schriftsteller, der in seinen Werken immer wieder den amerikanischen Traum vom Tellerwäscher zum Millionär beschrieb, bei dem Jungen aus sozial benachteiligten Verhältnissen durch harte Arbeit, Mut, Bestimmtheit und Einsatz für andere zu Wohlstand und Erfolg kommen. Seit 1947 verleiht die Horatio Alger Association jährlich einen Preis für »herausragende Persönlichkeiten unserer Gesellschaft, die trotz Widrigkeiten Erfolg hatten«, und Stipendien, »um junge Leute zu ermutigen, ihre Träume mit Bestimmtheit und Beharrlichkeit zu verfolgen«.

Club, in dem Integrität unterstützt wird, oder in einem Club, in dem lediglich die Finanzkraft honoriert wird? Es gibt Clubs, die von jedem Mitglied jährlich Zehntausende von Dollars oder Euros an Beiträgen fordern und die im Grunde nur einen Ort bieten, wo gefachsimpelt oder mit der Mitgliedskarte angegeben wird. Andere Clubs sind aktiv daran interessiert, eine Gemeinschaft aufzubauen, sowohl nach innen hin als auch nach außen mit der Stadt. Wenn Sie sich darüber klar werden wollen, um welche Sorte Club es sich handelt, schauen Sie sich die Anforderungen für eine Mitgliedschaft an. Sie werden schockiert sein, in wie vielen Clubs es lediglich finanzielle Anforderungen gibt sowie die Regel, dass drei Mitglieder sich für Sie verbürgen müssen.

Uhren

Okay, ich bin nun drauf und dran, mich in meinem Lieblingsthema zu ergehen, und was Sie hier lesen, werden Sie unmittelbar anwenden können. Wir Alphas lieben unsere Uhren. Es ist das einzige Schmuckstück, mit dem wir zeigen können, dass wir angekommen sind. Lassen Sie mich mit einem Bild veranschaulichen, wie wichtig Uhren für uns sind. Haben Sie jemals bemerkt, wie Frauen beim Zusammentreffen untereinander ihre Schuhe und Handtaschen taxieren? Und dann, wenn sie zusammensitzen und eine aufsteht, werfen die anderen einen schnellen Blick auf deren Hintern.

Sie machen das, um für sich selbst eine Hackordnung aufzustellen. Eine weitere Möglichkeit dazu bieten Verlobungsringe. Dior übertrumpft Coach, Blahnik sticht Jimmy Choo aus und so weiter. Gut, in der Welt der Alpha-Männer dreht sich alles um Uhren. Wenn ein Mann sich mit anderen Männern zusammensetzt, scannen seine Augen schnell die Handgelenke der anderen, um zu sehen, was sie tragen. Das legt sofort die Hackordnung fest. Ich sehe eine Timex, und ich denke: Dreck. Ich sehe eine Designer-Uhr von Hugo Boss, Tommy Hilfiger, Armani, und ich denke: Möchtegern-Spieler. Ich sehe eine Tag Heuer, Oris, Omega oder Tissot, und ich denke: Er ist auf dem Weg, hat es aber noch nicht ganz geschafft. Ich sehe eine Rolex, und ich denke: Er will sein Vater sein. Ich sehe Patek Philippe, Breitling oder Cartier, und ich denke: Dieser Kerl dreht das große Rad. Jeder, der mehr als 7 000 Dollar (umgerechnet ca. 5 000 Euro) für eine Uhr ausgibt, hat ein dickes Bankkonto. Wenn ich einen Kerl treffe, ist das

Erste, worauf ich schaue, seine Uhr. Vielleicht sollte ich sagen, dass es mir peinlich ist, eine Uhrensammlung zu besitzen, die mehr als 70 000 Dollar (ca. 55 000 Euro) wert ist, aber das stimmt nicht. Und ich fange gerade erst an. Ich habe alles, von Tag bis Breitling, von antiken Modellen bis zu modernen Chronographen. In meinem Alpha-Umfeld wird eine neue Uhr an meinem Handgelenk schon entdeckt, bevor wir uns nahe genug gekommen sind, um zu reden. Ich rate den jungen Kerlen, mit denen ich zusammenarbeite, immer, dass sie ihren ersten großen Auszahlungsscheck in eine Uhr investieren, die sie sich glauben nicht leisten zu können. Ich erinnere mich noch an den Kauf meiner ersten Tag Heuer. Sie kostete 2 000 Dollar, und ich zögerte. Jacqui ermutigte mich, sie zu kaufen, und am nächsten Tag begannen die größeren Alphas, mich anders zu behandeln, auch wenn nie über die Uhr gesprochen wurde. Meine Uhren sind nicht nur mein Stolz, sondern auch ein Instrument, das ich im Geschäftsleben bewusst einsetze. Wenn ich mich unter weniger bedeutenden Kollegen bewege, trage ich die Tag oder die Seiko sportura. Sind es die großen Jungs, hole ich die Breitling Super Avenger oder ein antikes Uhrmodell hervor. Das Einzige, was noch besser ist als der Besitz eines außergewöhnlichen Uhrenmodells ist eine Uhr, die niemand anderes in die Hände bekommen kann.

Tabelle 3.7 Verschiedene Uhren-Stadien des Alpha-Mannes

Erstsemester	Seiko, Timex, Casio, Designer-Uhren (Gucci, Coach)
Zweitsemester	Tissot, hochpreisige Seiko, Sector
Abgeschlossenes Grundstudium	Tag Heuer, Omega, Mont Blanc
Hauptstudium	Rolex, Breitling, IWC
Absolvent	Antike Modelle von Omega, Rolex, Breitling usw. (Uhren, die nicht im Handel erhältlich sind, Sammlerstücke). Andererseits, der wahrhaft große Alpha braucht keine Uhr. Die Welt wird ihn finden, wenn sie ihn braucht. Er ist Herr der Zeit, nicht andersherum.

Die meisten Arten von Währung hier sind geschlechtsspezifisch für Männer. Frauen haben ihre eigenen Indikatoren, um zu sehen, wie die Kolleginnen einzuschätzen sind (z. B. Handtaschen, Schuhe und natürlich Farbe, Reinheit, Schliff und Karat des Diamanten am

Verlobungsring). Ich kümmere mich nicht darum, welche Art von Haus, Auto, Armbanduhr und Mitgliedschaften meine Kundinnen und Kolleginnen haben oder wohin sie in Urlaub fahren. Oft fragen Frauen mich, ob ich sagen könne, welche Art von Armbanduhr sie tragen. In den meisten Fällen kann ich es nicht, weil es nicht wichtig für mich ist. Ich vergleiche mich nicht auf diese Art mit ihnen. Worum ich mich kümmere, ist ihre Worttreue (ihr guter Ruf) und ihr Einfluss (Netzwerk). Wenn sie beides haben, werden wir Geschäfte miteinander machen. Ich denke, das ist der Vorteil, den Frauen mit Männern haben, die sie noch nicht einmal kennen. Wir wollen Frauen in keine Hackordnung einsortieren. Wir werden niemals mit Ihnen darum konkurrieren, wer der Größte ist. Bei Männern ist es, als säßen wir alle auf einem Dimmschalter. Jeder Kerl in unserem Netzwerk leuchtet unterschiedlich hell. Bei Frauen heißt es entweder an oder aus, ja oder nein. Wir machen Geschäfte mit Ihnen, oder wir lassen es bleiben. Es ist undifferenzierter, es ist klar und deutlich. Das ist für Sie von Nutzen, wenn Sie im Kreis sind, aber hinderlich, wenn Sie außen vor sind. Wenn Sie ermitteln können, in welcher Phase sich ein Alpha-Mann befindet, wissen Sie, wie Sie mit ihm am besten eine Partnerschaft eingehen, Geschäfte machen und in eine geschäftliche Beziehung treten. Was folgt, sind Details darüber, was von beruflichen Beziehungen zu Alphas in verschiedenen Stadien erwartet werden kann:

Tabelle 3.8 Was Frauen vom Alpha-Mann in verschiedenen Stadien erwarten können

Erstsemester	Er ist Ihnen gefährlich. Er ist egoistischer, als es normal ist, und wenn die Dinge nicht nach seinen Vorstellungen laufen, wird er sich nach einem Weg umschauen, die Verantwortlichkeiten abzuwälzen und jemandem die Schuld zuzuweisen. Dieser Kerl ist giftig, halten Sie sich von ihm fern.
Zweitsemester	Ein Alpha in diesem Stadium hat mehr Freiraum zum Aufbau von Geschäften, aber er achtet sehr darauf, wie und wofür er seine Zeit investiert. Wenn Sie mit ihm zusammenarbeiten wollen, halten Sie Ausschau nach Märkten, in die Sie gemeinsam stark eindringen können. Er wird Ihnen vorauseilen wollen, also halten Sie Schritt und lassen Sie sich nicht abhängen, insbesondere was Geschäftsabschlüsse angeht. Wenn er denkt, dass Sie nur mitziehen, wird er das Band zwischen Ihnen zerschneiden.

Tabelle 3.8 Fortsetzung

Abgeschlossenes Grundstudium	Er konzentriert sich auf die Entwicklung von Geschäftskanälen. Er weiß, wo er sein Geld macht (Nischenmärkte), und strebt danach, die dominante Kraft in diesen Märkten zu werden. Wenn Sie zu diesen Märkten Zugang haben oder etwas für ihn haben, mit dem er sich in diesen Märkten auszeichnen kann, ist dies Ihr Ansatzpunkt. Sie müssen sich sehr klar darüber sein, was Sie wollen und was Sie ihm anbieten, damit er Sie ernst nimmt. Sie müssen fähig sein »abzudrücken«, also professionell Geschäfte unter Dach und Fach bringen können.
Hauptstudium	Er hat mehr Chancen als Zeit, sie alle wahrzunehmen, und schaut sich nach Leuten um, die ihm durch ihre Arbeit mehr Geld einbringen können. Wenn Sie in dem, was Sie tun, außergewöhnlich gut sind und er aus Ihrer Arbeit Lorbeeren für sich selbst ernten kann, wird er mit Ihnen zusammenarbeiten und sich selbst und Sie reich machen. Sie müssen gut auf den Punkt kommen, weil es ein Dutzend Leute hinter Ihnen gibt, die versuchen, die ideale Person für ihn zu sein. Wenn Sie halten, was Sie versprechen, werden Sie eine großartige Beziehung haben. Er braucht Sie nicht so sehr als Jägerin, sondern um Arbeitsprodukte abzuliefern.
Absolvent	Er will lehren. Er will zurückgeben, aber nur an Menschen, die es wert sind. Er weiß, dass seine Meinung zählt, und er will sich geschätzt und geehrt fühlen. Jeder will etwas von ihm, also sollten Sie ihn fragen, was Sie stattdessen zuerst für ihn tun können. Bringen Sie Ihrerseits etwas von Wert in die Beziehung ein.

4
Was Männer im Beruf antreibt

Hier ist das große Geheimnis, das jeder Alpha kennt, worüber aber niemand spricht. Nach vielen aufrichtigen Gesprächen mit verschiedenen Alphas weiß ich, dass dieses Geheimnis eine solch große Macht über uns hat, dass wir alles tun, um es zu verschleiern: Es gibt in der westlichen Welt keinen Alpha-Mann, der nicht völlig von seinen Unsicherheiten getrieben wäre. Sobald wir anfangen, Geld zu verdienen, fürchten wir, dass dies eines Tages aufhören könnte. Wir errichten eine großartige Fassade unserer Fähigkeiten, wobei wir fast immer übertreiben. Dann versuchen wir schnell, unsere Lücken zu stopfen, bevor irgendjemand uns auf die Schliche kommt. Unsere Fassade ähnelt sehr der Filmkulisse einer Westernstadt. Es sieht von außen gut aus, aber wir werden beinahe alles tun, um Sie davon abzuhalten, dahinter zu schauen. Seit ich 15 bin (und anfing, Geld zu verdienen), kann ich mich an keinen Tag erinnern, an dem ich mich nicht darum gesorgt hätte, wie viel Geld ich verdiente oder nicht verdiente, wie ich damit im Vergleich zu anderen Jungs, die ich kannte, abschnitt und auf welchem Rang der Hackordnung ich war.

Jetzt als Erwachsener bin ich besessen von der Unsicherheit, ob ich es schaffe, den Ball am Rollen zu halten. Jeden Tag fragen sich Firmenchefs auf der ganzen Welt beim Aufstehen: »Ist heute der Tag, an dem sie herausfinden, dass ich nicht weiß, was ich tue?« Darum sind wir so aggressiv, wenn wir kritisiert werden oder wenn wir etwas, das jemand sagt, als persönliche Kritik auffassen. Wir denken, dass Sie uns »dahinter gekommen« sind, und dann wechseln wir zum Konfrontationskurs, stellen Ihre Glaubwürdigkeit in Frage, in dem Versuch, unser eigenes Ego zu schützen. Unten aufgeführt sind einige der entscheidenden Faktoren unserer Unsicherheiten und wie wir uns mit viel Wind den Weg hinein in die großen Ligen bluffen.

Business Report: Was Männer Frauen nicht erzählen. Christopher V. Flett
Copyright © 2009 WILEY-VCH Verlag GmbH & Co. KGaA, Weinheim
ISBN 978-3-527-50449-7

Wie wir andere Männer im Beruf abschätzen

Alphas überprüfen grundsätzlich drei Kriterien, um zu entscheiden, ob es sich lohnt, mit jemandem ins Geschäft zu kommen: Sichtbarkeit, Glaubwürdigkeit, Rentabilität. Die Anwendung dieser Kriterien ist recht einfach, weil Männer untereinander einen Ehrenkodex haben. Ein Alpha verabredet sich nicht mit der Ex eines Freundes. Er redet nicht schlecht von der Familie eines anderen Alphas. Wenn wir einem anderen Alpha unser Wort geben, sind wir daran gebunden. Wir brechen keine Versprechen. Wir achten uns grundsätzlich gegenseitig. Deshalb nutzen wir die dreistufige Methode beim Eingehen von Geschäftsbeziehungen.

Sichtbarkeit

In diesem ersten Schritt werden wir auf dem Radarschirm des jeweils anderen sichtbar und wissen, welchen Platz jeder im Markt besetzt. Denken Sie an zwei Hunde, die sich beim Kennenlernen vorsichtig beschnüffeln. Wenn wir darin übereinkommen, dass es potenziell nützlich wäre, wenn wir mehr übereinander herausfinden, kommen wir zum nächsten Schritt: der Glaubwürdigkeit.

Glaubwürdigkeit

Sobald zwei Männer sich kennengelernt haben, müssen sie herausfinden, ob der andere außergewöhnlich ist in dem, was er tut, und ob er sich auf einer ähnlichen Leistungsebene befindet wie man selbst. Sobald jeder Kerl weiß, dass der andere hält, was er verspricht (manchmal geschieht dies mithilfe kleinerer Transaktionen), werden sie beginnen, öfter miteinander Geschäfte zu machen. Abgesehen vom gemeinsamen Geschäftemachen fungieren sie auch als Börsenbarometer füreinander. Wenn sie hören, dass etwas zum Verkauf steht, erzählen sie es unmittelbar den Männern, mit denen sie Geschäfte machen, um zu sehen, wer aus der Information Nutzen ziehen kann. Sie fangen an, mit den Informationen, an die sie gelangen können, zu handeln.

Rentabilität

Die beiden Alphas beginnen, gemeinsam Geld zu verdienen. Sie achten die Beziehung und konzentrieren sich darauf, nicht das schwächere Glied in der Beziehung zu sein. Sobald sie es geschafft haben, dass Geld hereinfließt, halten sie das Ganze einfach am Laufen. Alphas müssen sich nicht mögen. Sie müssen sich nur achten, um eine geschäftliche Beziehung aufzubauen.

Wenn wir gegeneinander Krieg führen, so hat der durchschnittliche Groll eine Haltbarkeitsdauer von zwölf Monaten

Männer können bis aufs Messer kämpfen, sich gegenseitig zerreißen, sich manchmal sogar prügeln und zwölf Monate nicht miteinander sprechen. Dann laufen sie sich über den Weg, trinken ein Bier zusammen und kommen wieder miteinander ins Geschäft. Es ist wie ein Reset-Schalter, der nach zwölf Monaten gedrückt wird. Wir haken das Geschehene ab und starten erneut.

Wir unterstützen Männer, sogar wenn sie am Boden sind

Dies ist einer der größten Unterschiede zwischen Männern und Frauen. Männer ziehen sich gegenseitig hoch, Frauen ziehen sich gegenseitig runter. Männer treiben sich ständig gegenseitig an, größer, besser und rentabler zu werden. Wir benutzen sprichwörtlich die Peitsche, um uns gegenseitig nach vorn zu treiben. Wenn ich über den Deal rede, den ich gerade gemacht habe, dann gibt es einen Kollegen, der mir von dem größeren Deal erzählt, den er gerade abschließt, und so weiter. Wir bewegen uns ständig nach vorn und fordern einander heraus mitzuhalten. Wir konzentrieren uns auf den Erfolg und kehren Misserfolge unter den Teppich.

Frauen tun das genaue Gegenteil. Wenn eine sich über ihre miese Lebenssituation auslässt, werden die übrigen Frauen ihrer Selbsthilfegruppe sich sogleich einklinken, um über ihre noch schlechteren Erfahrungen zu reden. Kürzlich saß ich in Detroit mit einer Gruppe von Frauen an einem Tisch. Eine Frau sagte: »Mein Mann ist der faulste Mistkerl der Welt.« Da zwitscherte die Nächste los: »Falsch, mein Mann ist so ein fauler Mistkerl, dass deiner im Vergleich dazu hart arbeitet!« Sie hatte ihren Satz kaum beendet, da setzte die Dritte noch eins drauf: »Entschuldigt, Mädels, aber mein Mann hat den Meister-schaftsgürtel der Fauler-Mistkerl-Olympiade.«

Warum tun Frauen das? Warum ist es wichtig, eine kollektive Er-fahrung im Negativen zu finden? Die Gesellschaft unterstützt Frauen darin, hart mit sich selbst ins Gericht zu gehen, während sie Männer dazu zwingt, ein Leben im großen Stil zu führen. Ist da nicht irgend-etwas falsch? Neulich schaute ich mir in einer großen New Yorker Buchhandlung Zeitschriften an. Auf dem Cover einer Frauenzeit-schrift gab es folgende Schlagzeilen:

- »Wie Sie Ihren Wabbelhintern loswerden«
- »Wie Sie ihn zurückbekommen, nachdem er Schluss gemacht hat«
- »Wie Sie Ihren Frieden machen mit Freunden, die Sie betrügen«

Sollte das ein Witz sein? Dann war es ein grausamer. Aus welchem Grund kaufen Frauen solche Zeitschriften? Um herauszufinden, wie man ein beschissenes Leben führt? Gleichzeitig waren auf dem Cover einer Männerzeitschrift, die, glaube ich, vom selben Unternehmen herausgegeben wird, folgende Schlagzeilen zu lesen:

- »Der neue Bentley. Wie man ihn bekommt und warum Sie ihn wollen«
- »Erfolgsfaktoren, die jeder Mann kennen muss«
- »Wie Sie Ihr bestes Leben führen«

Ist es denn ein Wunder, warum Männer meinen, dass sie einen Vor-teil haben, wenn es um Erfolg geht? Männer haben einen Ehrenkodex untereinander, und wir helfen, wenn jemand von uns am Boden ist, selbst wenn wir ihn nicht mögen. Immer wieder habe ich gesehen, wie ein Kerl einmal richtig auf die Nase fiel und all seine Kumpel sich um ihn versammelten, um ihm aufzuhelfen, und sogar Kerle, die ihn nicht mochten, klopften ihm auf den Rücken und halfen ihm hoch. Männer achten den Ehrenkodex der U.S. Army Rangers, dass kein Mann zurückgelassen wird.[11]

---

11) Anm. d. Übers.: Die United States Army Rangers sind eine Spezialeinheit der US-Army mit dem Auftrag, als leichter In-fanterietrupp schnell und unbemerkt tief ins gegnerische Territorium einzu-dringen.

Frauen hingegen sind das genaue Gegenteil davon. Wenn eine Frau einen Nackenschlag bekommt und am Boden ist, kommen andere Frauen herbei, um auf ihr herumzutrampeln. Frauen scheinen zu meinen, dass, wenn sie eine andere Frau vernichten, sie selbst automatisch nach vorn rücken. Sehen Sie sich Martha Stewart an. Sie war der Liebling der berufstätigen Frauen: eine starke Geschäftsfrau, eine kultivierte Gastgeberin und Hausfrau, Chefin eines weltumspannenden Firmenimperiums. Als Martha einen Schlag in den Nacken wegen angeblicher Insider-Geschäfte bekam, waren es Frauen, welche die Hexenjagd anführten, nicht etwa Männer. Frauen sagten, Martha hätte sie betrogen. Verschonen Sie mich damit, verdammt! Kaum dass sie stolperte, fielen die Frauen ihr in den Rücken, um sicher zu gehen, dass sie auch richtig auf die Nase fiel. Wenn Frauen aufhören, sich gegenseitig anzugreifen, und stattdessen anfangen, einander zu unterstützen, dann wird sich das Blatt für sie wenden.

Wir werden von der Gesellschaft danach bewertet, wie viel wir verdienen

Wir Männer werden von der Gesellschaft nach unserer Fähigkeit bewertet, Wohlstand zu erwirtschaften. Viele werden einwenden, dass ein Mann danach bewertet werden sollte, ob er ein guter Bürger, Vater, Ehemann, Freund ist, sowie nach einer Menge anderer Kriterien. Ich stimme voll und ganz zu, wir *sollten* nach all diesen Merkmalen bewertet werden, aber tatsächlich beurteilt jeder Mann jeden anderen Mann letztlich doch hauptsächlich nach seiner Fähigkeit, Geld zu verdienen.

Die Gesellschaft unterstützt dies, indem große Geldmacher als globale Führungspersönlichkeiten glorifiziert werden. Warren Buffett, Donald Trump, Mark Cuban. Diese drei sind extrem reiche Selfmade-Männer. Sie wurden in den Rang von Anführern emporgehoben, weil sie ungeheuerliche Mengen Geld verdient haben. Macht sie das zu guten Menschen? Nicht notwendigerweise, aber trotzdem stehen sie in der Rangordnung unserer Gesellschaft ganz oben.

Unsere Gesellschaft betet Geld und Besitz an. Bereits Jugendliche sind dieser Anbetung des Geldes ausgesetzt, während sie Musikvideos schauen und Profisportlern im Fernsehen zusehen. Sie fangen sogar an, die auf ökonomischer Potenz gründenden Wertvorstellungen aktiv zu übernehmen, indem sie sich gegenseitig über die Jobs ihrer Väter ausfragen und gegebenenfalls lustig machen. Genau wie Frauen nach ihrem Aussehen beurteilt werden, werden Männer nach ihrer Fähigkeit zum Geldverdienen beurteilt. Es ist nicht richtig, aber es ist eine Tatsache.

Weil wir Männer danach beurteilt werden, beginnen wir uns früh nach Möglichkeiten umzuschauen, immer mehr Geld verdienen zu können. Wir gehen auf die Universität, um einen guten Job zu bekommen, und entweder sind wir tolle Studenten oder, wie in meinem Fall, sehr schlechte. Wenn wir begabt sind, versuchen wir, einen Job in einem großen Unternehmen zu bekommen, in dem wir die Karriereleiter bis ganz nach oben klettern können. Wir werden oft in besser bezahlte Positionen wechseln, so dass wir mehr und mehr Geld verdienen.

Jene wie ich, bei denen die Arbeitgeber nach der Uni nicht gerade vor der Tür Schlange standen, müssen sich ihre eigene Arbeitsstelle schaffen, indem sie ein Unternehmen gründen. Auch wenn dieser Weg härter ist, können wir dadurch exponentiell schneller reich werden als unsere die Stechuhr bedienenden Kollegen.

Als ich Think Tank gründete, hatte ich gerade erst das Energieversorgungsunternehmen verlassen, bei dem ich als Angestellter gutes Geld verdient hatte. Aber ich wusste, dass ich dort niemals so viel Geld würde verdienen können, wie ich es musste, um zum Kreis der Sieger zu gehören. Also verließ ich das Unternehmen und habe es nie bereut.

All meine männlichen Freunde, die beschissene Jobs hatten, lachten mich aus, als ich ihnen erzählte, dass ich mich selbstständig machen würde. »Du bist ein Idiot!« – »Ich würde für einen Job wie deinen töten!« – »Ich wette, Jacqui freut sich schon darauf, dich finanziell zu unterstützen!« – »Lass es mich wissen, wenn du dir Geld leihen musst, um ein paar Nudeln zu kaufen!« Das war die Ermutigung, die ich von meinen Freunden bekam. Meinen Freunden!

Die Angst begann sich einzunisten. Vielleicht hätte ich den festen Job lieber behalten sollen; dort hätte ich eine Zukunft gehabt. Vielleicht hatte ich einen großen Fehler gemacht. Aber im Hinterkopf wusste ich, dass ich entweder ganz groß gewinnen oder ganz groß verlieren würde, und es ging schließlich darum, ganz groß zu gewinnen. Mein Bedürfnis, Großverdiener zu werden, gab mir den Mut, die engen Grenzen des fremden Unternehmens zu verlassen und mein eigenes, Think Tank, zu gründen. Doch bevor ich zu weit vorausgreife, sollte ich Ihnen ein kleines Geheimnis verraten: Das eigentliche Versagen war gar nicht meine größte Angst. Im Alter von 26 Jahren war meine größte Angst, dass meine Frau Jacqui mich würde unterstützen müssen, wenn ich auf die Nase fiel.

Ich wusste, dass jeder Mann, der mich kannte, denken würde, dass ich der größte Loser der Welt sei, wenn ich unfähig war, für unseren Lebensunterhalt zu sorgen. Die Angst, ganz ans untere Ende der Nahrungskette zu rutschen, war weitaus größer als meine Abneigung gegenüber Kaltanrufen. Und ich *hasse* Kaltakquise!

Jetzt kommt der harte Brocken: Wenn Sie einem Mann in die Quere kommen, der auf seinem Weg in den Kreis der Sieger ist, wird er Sie außer Gefecht setzen, noch bevor Sie wissen, was los ist. Denn jemandem im Weg sein, gehört zu den Gründen, warum wir aufeinander losgehen. Wenn ein Kerl mir in die Quere kommt auf meinem Weg zum Geld, setze ich ihn außer Gefecht. Ich denke noch nicht einmal darüber nach. Er wird aus allen Wolken fallen und sich fragen, was passiert ist. Ich hatte männliche Kollegen, die mir bei der Entwicklung meiner Geschäfte im Weg waren, und ich habe sprichwörtlich einen großen Knüppel bei mir getragen, um sie alle aus dem Weg zu hauen. Einige der Kerle, die viel mit mir zusammen waren, teilen eine Redensart: »Du bist entweder auf der Dampfwalze, oder du bist darunter.« Was milder ausgedrückt heißt: »Entweder du unterstützt mich, oder du vergeudest meine Zeit.« Wenn Männer Krieg führen, geht es entweder um Geld oder um das Ego.

Wir sind verliebt in unsere Titel

Männer lieben ihre Titel. CEO, Präsident, Vorstandsvorsitzender – dies sind die Titel, die wir in hohem Ansehen halten und die uns in unserem Unternehmen und im Markt hervorheben. Der Titel repräsentiert, unter Männern, ihren Wert in der Gesellschaft. Der Präsident ist wichtiger als der Vize-Präsident, der wichtiger ist als ein Geschäftsführer, der wichtiger ist als ein Manager, der wichtiger ist als ein Abteilungsleiter, der wichtiger ist als ein Angestellter. Witzigerweise sind ohne den Angestellten alle übrigen Positionen irrelevant. Wenn es niemanden gibt, der die konkrete Arbeit erledigt, ist die Firma wertlos. Und dennoch, wir lieben unsere Titel.

Ich kenne Freunde, die ihre Stellung aufgegeben haben für eine weniger gut bezahlte Stellung mit besserem Titel. Ja, ich kenne sogar Männer, die ihre Jobs bei etablierten Unternehmen aufgegeben haben, wo sie »Leiter der Kommunikation« waren mit einem Jahreseinkommen von 100 000 Dollar, um »Vize-Präsident« bei einem Start-up-Unternehmen für 80 000 Dollar zu werden. Der Titel erlaubt uns, bei anderen hinsichtlich unseres Einkommens zu bluffen, besonders wenn wir noch nicht stolz sind auf den Betrag. Chef der eigenen Firma zu sein wiegt schwerer als Regionalmanager innerhalb eines Großunternehmens zu sein. Wenn wir hinter die Fassade schauen, mag der Firmenchef zwar weniger als die Hälfte des Regionalmanagers verdienen, aber es wird vermutet, dass er mehr verdient.

Natürlich gibt es innerhalb jedes Rangs Unterscheidungen, um die Hackordnung weiter auszudifferenzieren, eingeschlossen Titel wie Junior-Vizepräsident, Senior-Vizepräsident, Betriebsdirektor, Leiter Finanzwesen, Vorstandsvorsitzender. Dann brechen wir es noch mehr herunter: Vizepräsident des Marketings – Kanada, Vizepräsident des Marketings – Nord- und Südamerika, Vizepräsident des Marketings – weltweit. Wie Sie sehen, lieben wir unsere Titel so sehr, dass wir begeistert das Gewicht der Infrastruktur auf uns nehmen, die nötig ist, um all diese Egos aufrechtzuerhalten. Abgesehen davon, dass wir damit automatisch jedem, den wir kennen, zeigen, wie viel Geld wir verdienen, brauchen wir Männer diese Titel aus zwei Gründen:

1. um die Befehlskette und die Stufen der Macht zu kennen und
2. damit wir etwas haben, wonach wir streben können.

Wenn es keine Titel gäbe, könnten wir immer mehr Geld verdienen, aber die Leute würden es vielleicht nicht mitbekommen. Je höher der Titel, desto höher der Verdienst, so lautet die Regel (von der es jedoch Ausnahmen gibt).

Wir Männer lieben Titel, auch wenn die meisten es nicht zugeben würden. Sobald wir jedoch in den Kreis der Sieger treten, verliert der Titel seine Bedeutung. Als ich ganz am Anfang stand, konnte ich es kaum erwarten, jedem auf die Nase zu binden, dass ich der Chef von

Think Tank war. Wenn die Leute mich jetzt fragen, was ich tue, sage ich einfach, dass ich für Think Tank arbeite. Es scheint, dass wir erst dann bereit sind, unseren Titel herunterzuspielen, wenn wir erkennen, dass er eigentlich keine Rolle spielt. Es scheint, dass Unternehmer schneller ihre Titelverliebtheit überwinden als ihre Kollegen, die in Unternehmen arbeiten, die sie nicht selbst steuern.

Wir fürchten Frauen am Arbeitsplatz

Seit der Clarence-Thomas-Fall[12] sexuelle Belästigung ins Rampenlicht brachte, wissen Männer nicht mehr, wie sie sich verhalten sollen. Zu viele Jahre nahmen es Männer nicht so genau mit dem weiblichen Personal, und nun sind wir als Geschlecht so besorgt, etwas Unangemessenes zu tun, dass wir in Gegenwart von Frauen wie auf rohen Eiern gehen.

Ich verallgemeinere jetzt, aber wegen der großen Menge Gerichtsverfahren (zumindest in den USA) und der Angst davor, einen Ruf zu bekommen als jemand, der für ein feindliches Arbeitsumfeld sorgt, sind wir nicht sicher, wie wir uns verhalten sollen. Wenn wir Männer herumscherzen und eine Frau den Raum betritt, verstummen wir, weil wir nicht wollen, dass man uns vorwirft, wir machen miese Scherze oder tun etwas, dass Kolleginnen nicht behagt. Denn keiner will einen Ruf als Widerling bekommen, als jemand, der Frauen als Freiwild betrachtet.

Wenn wir uns merkwürdig verhalten, dann weil unser Alarmglöckchen inzwischen sofort bimmelt, wenn wir in Situationen kommen, die fehlgedeutet werden könnten. Eines Tages während der Arbeit an diesem Buch hörte ich die Fernsehnachrichten, bei der eine sehr attraktive Reporterin, nachdem sie ihren Beitrag beendet hatte, versuchte, zum Wetter-Mann überzuleiten. Aber er war nicht da, also sagte ein anderer männlicher Moderator (Teil des aus zwei Männern und einer Frau bestehenden Nachrichtensprecher-Teams): »Babe, du kannst hier rüberschalten.«

12) Anm. d. Übers.: Clarence Thomas, bekannt für seine konservative Haltung, wurde 1991 von US-Präsident George W. Bush als Mitglied des Obersten Gerichtshofs nominiert. Es kam zum Skandal, als eine frühere Mitarbeiterin aussagte, zehn Jahre zuvor mehrfach von ihm sexuell belästigt worden zu sein.

Mein Kopf schnellte vom Laptop hoch zum Fernseher, um das Gesicht dieses 50-jährigen Kerls rot werden zu sehen und ihn sagen zu hören: »Ich bitte um Entschuldigung, das war eine dumme Bemerkung.« Er war ganz benommen, so als hätte er einen Schlag vor den Kopf bekommen. Der andere männliche Moderator versuchte, weitere Nachrichten zu bringen, und die weibliche Moderatorin sagte: »Schalte zu mir, Honey.« Und kicherte gemeinsam mit der Frau, die als »Babe« bezeichnet worden war.

Ich weiß, was dieser Kerl dachte, weil ich dasselbe dachte: Er wird gefeuert! Ich konnte mir bestens all die Protestbriefe von Zuschauerinnen vorstellen, und ich schaltete um, weil es so unangenehm war, mit anzusehen, wie er sich wand. Er hatte die Grenze übertreten. Ich glaube nicht, dass er seine Kollegin hatte herabwürdigen wollen. Ich glaube ebenso wenig, dass er irgendwelche Absichten hatte, bei ihr zu landen. Ich denke, dass er einfach auf vertrautem Fuß mit ihr stand und ihm aus dieser Unbekümmertheit heraus etwas Unpassendes herausrutschte. Männer wissen aber, dass eine Bemerkung wie diese heute ein Karrierekiller ist. Es ist schwer vorstellbar, dass ein Wort genügt, um die Karriere von jemandem zu beenden, aber es ist möglich. Männer wissen nicht, was in den meisten Bereichen im beruflichen Umgang mit Frauen akzeptabel ist und was nicht, und deswegen sind wir vorsichtig. Ich denke, Frauen sollten uns Männern hierbei auf die Sprünge helfen. Ich habe weibliche Kunden, bei denen Männer versuchen zu flirten oder sexuelle Annäherungsversuche machen. Wenn die Frau solche Männer direkt niederschießt, ist der Mann verletzt und wird sich so weit wie möglich von ihr fernhalten (und damit seine Niederlage in etwas umzumünzen versuchen, das nie passiert ist). Ich schlage stattdessen vor, etwas wie im folgenden Beispiel zu versuchen.

(Situation: Eine Frau trifft einen Mann, der sie auf einen Kaffee einlädt).

Gary: »Wie geht's?«
Lisa: »Ich habe einen harten Tag. All diese Widerlinge graben mich an, das ist echt unangenehm. Warum denken Männer charmant zu sein, wenn sie in Wirklichkeit nur dreist sind?«

(Dies ist ein Präventivschlag und sollte abgegeben werden, bevor er Zeit hatte, eine Bemerkung zu machen.)

Gary: »Das ist wohl wirklich unangenehm. Wie reagieren Sie darauf?«

(Er versucht herauszufinden, was ihr Indikator für unangemessenes Verhalten seitens des Mannes ist.)

Lisa: »Ich tue gar nichts; ich schaue nur auf meine Papiere und hoffe, dass sie sich wieder ihrer Arbeit zuwenden. Kerle wie die fragen sich, warum sie Singles sind. Frauen finden allzu dreiste Männer abstoßend.«

(Sie hat gerade darüber geredet, wie fürchterlich Männer wirken, wenn sie sich auf diese Weise verhalten, und sein Ego hat die Botschaft bekommen, dass er Annäherungsversuche tunlichst unterlassen sollte, um nicht wie ein Idiot zu wirken. Wenn er nun, sei es auch aus Versehen, den nächsten Annäherungsversuch macht, und sie gleich darauf auf ihre Papiere blickt, wird er wie ein Pawlowscher Hund wissen, dass er es gerade vermasselt hat. Sie hat nun absolut die Kontrolle.)

Männer wissen nicht, wann es angemessen ist, Hände zu schütteln, sich zu umarmen oder was auch immer, also werden wir normalerweise versuchen, uns eher etwas konservativ zu verhalten. Wenn ein Mann aus der Reihe tanzt und Sie ihn nicht beschämen wollen, machen Sie beim nächsten Mal, wenn Sie ihm zufällig begegnen, eine Bemerkung verallgemeinernder Art und reden über etwas, das jemand anderes getan hat und wie geschmacklos es war.

Unser Ego ist unser Erfolgsgeheimnis und unsere Achillesferse

Männer werden ständig damit aufgezogen, dass sie ein großes Ego haben, aber ich werde ein Geheimnis mit Ihnen teilen. Unser mächtiges Ego, das uns im Geschäftleben nach vorne treibt, bekommt leicht einen Sprung. Wenn wir nicht so gut sind, wie wir unserer Vorstellung nach sein sollten, geben wir nicht auf und finden Wege, weiter dem Ziel entgegenzustreben. Für unser Ego bauen wir Geschäfte auf. Es ist mein Ego, das mir ermöglichte, Erfolg in der Selbstständigkeit zu finden.

Als ich beschloss, meine Anstellung bei dem Unternehmen hinter mir zu lassen und mein eigenes Unternehmen zu gründen, hatte ich mein Ego in der Hinterhand. Wenn ich nicht erfolgreich gewesen wäre, hätte ich bei anderen Männern, die ich kenne, nicht nur als grauenvoller Unternehmensgründer gegolten, sondern ich wäre auch der Depp der ganzen Stadt gewesen, der einen tollen Job aufgibt, nur um mit seiner eigenen Firma pleite zu gehen. Mein Ego trieb mich voran. In diesem ersten Jahr nahm mein Ego eine Menge Schaden, aber es machte auch Überstunden, damit ich weiter im Spiel blieb. Kurz nach der Gründung von Think Tank beschloss ich, die anderen Berater in der Stadt anzurufen und ein kleines Gespräch darüber anzuregen, wie wir zusammenarbeiten könnten.

Ich war mir im Klaren darüber, dass ich nicht nur sehr wenig darüber wusste, wie man eine Unternehmensberatung führte, sondern auch, dass es Hunderte von Dingen gab, von denen ich noch nicht einmal wusste, dass ich sie nicht wusste! Ich wollte mich mit diesen anderen Männern treffen, um Absprachen über unsere Arbeitsgebiete zu sondieren (das ist etwas, was Männer ständig tun). Ich hoffte, dass sie mir ein paar Brocken zuwerfen würden, an denen ich meine Zähne schärfen konnte, aber ich wollte auf keinen Fall schwach oder bedürftig wirken.

Es endete damit, dass sie mich herablassend behandelten und mir sagten, dass sie mir »ein paar Bröckchen zuwerfen« würden, auf die sie selbst keine Lust hätten. Ich sagte, sie könnten mich mal und dass ich ihnen die beste Arbeit wegnehmen und *ihnen* die Bröckchen zuwerfen würde! Ich verließ dieses Treffen zitternd, halb vor Wut und halb vor Angst, dass ich gerade beruflichen Selbstmord begangen hatte. Diese Kerle haben mir einen großen Gefallen getan, indem sie mich in eine Ecke drängten, in der es für mich unmöglich war, einen Misserfolg zu schlucken.

Ich kämpfte hart, um ihnen zu beweisen, dass sie falsch lagen, und ich bin stolz darauf zu sagen, dass ich es schaffte. Mein Ego befand sich in diesem ersten Jahr auf einer Achterbahnfahrt. Mit jedem Erfolg wurde mein Ego gestärkt, und bei allem, was danebenging (Sehen Sie? Ich bringe es noch nicht einmal fertig, das Wort »Misserfolg« im Zusammenhang mit mir zu schreiben!), bekam mein Ego einen ziemlichen Sprung. Denken Sie sich das Ego eines Mannes als sein Kraftzentrum. Wenn es verletzt wird, braucht es Zeit, um zu heilen.

Einer meiner ersten Verträge umfasste die Umarbeitung eines Marketingplans für einen Verlag. Der Kunde unterschieb einen Vertrag, bei dem als Honorar 1 500 Dollar vereinbart wurde (ein Zehntel von dem, was wir heute berechnen), und ich schwebte auf dem Weg zurück nach Hause wie auf Wolken. Ich war so stolz auf mich, denn ich hatte gezeigt, dass ich losziehen und mir auf eigene Faust Arbeit beschaffen konnte. Ich konnte es kaum erwarten, dass Jacqui nach Hause kam und ich ihr davon berichten konnte. Ich war wie ein Hund, der geduldig, aber voll innerer Unruhe wartet, bis die Familie nach Hause kommt.

Als Jacqui kam, saß ich am Küchentisch mit einem breiten Grinsen im Gesicht, der Vorschuss lag auf dem Kühlschrank. Ich war im siebten Himmel. Ich erzählte Jacqui, dass ich einen kolossalen Auftrag hätte. Sie ließ sich von meiner Aufregung anstecken und sagte begeistert: »Oh, mein Gott. Gratuliere! Du bist wie ein richtiger Unternehmensberater.«

Bumm! Volltreffer! Es war, als wäre das Eis auf dem Teich gebrochen, und ich stürzte ins eiskalte Wasser. Ihre Bemerkung traf mein Ego mit voller Wucht. Sie dachte also, ich hätte vorgegeben, ein Unternehmensberater zu sein, dass ich die Rolle eines Beraters nur spielte, aber nicht wirklich einer war. Natürlich kann ich inzwischen objektiver zurückblicken und weiß, was Jacqui meinte, aber damals nahm es mir allen Wind aus den Segeln. Ich sagte zu ihr: »Was meinst du damit ... wie ein richtiger Unternehmensberater?«

Sie antwortete: »Oh, du weißt schon, ich meine, du hast dir vorgenommen, etwas zu tun, und du hast es getan. Ich wusste das.« Ich konnte die Bemerkung nicht wegstecken. Es ist komisch. Während ich dies schreibe, ist es, als ob ich diesen Fleck auf meinem Ego fühlen könnte, an dem es immer noch die Narbe gibt, die durch ihre Worte entstanden sind. Das Ego eines Mannes ist nicht in seinem Geist, wie viele vielleicht meinen, sondern es sitzt eher direkt hinter dem Herzen. Ich weiß das, weil dies der Fleck ist, wo wir die Freude in guten Zeiten spüren und den Schmerz, wenn wir fallen. Das war damals im Jahr 1998.

Als Jacqui ihr Jurastudium im Jahr 2004 abgeschlossen hatte, sagte ich kurz danach zu ihr: »Gratuliere! Es ist, als ob du eine richtige Anwältin wärst!« Sie sah mich an und sagte: »Meine Güte, wirst du je darüber wegkommen?« Solch einen starken Effekt hat das Ego auf uns, und so viel Schaden kann es durch eine unschuldige Bemerkung nehmen. Ich liebe Jacqui. Stellen Sie sich vor, was passiert wäre, wenn eine Kollegin so etwas zu mir gesagt hätte – mit Sicherheit hätte ich sie torpediert!

Wir wollen uns lieber abheben als einfügen

Männer scherzen oft über die Tendenz von Frauen, zusammenzuglucken und dafür zu sorgen, dass niemand ausgeschlossen wird. Frauen werden dazu erzogen, einzubeziehen und niemanden außen vor zu lassen. Ich denke, dies ist im Denken von Frauen fest verankert.

Männer auf der anderen Seite werden vom ersten Tag an dazu gedrängt, sich hervorzutun, um nicht als Faulenzer zu gelten. Beobachten Sie einmal, wie Männer miteinander umgehen. Wir sitzen uns gegenüber, ein wenig voneinander abgerückt, und tauschen uns darüber aus, worin wir gut sind, was wir so alles erreicht haben, welche Pläne wir haben und wie großartig wir sind.

Wenn Frauen sich treffen, ist ihre Körpersprache beteiligt. Sie verbringen ihre Zeit damit, entweder nette Dinge übereinander zu sagen oder aber sich selbst herabzuwürdigen, wenn es ihnen darum geht, eine Frau in der Gruppe davon abzuhalten, sich schlecht zu fühlen. Männer nennen dies *henning*.[13] Denken Sie an einen Hühnerhof: Während der Hahn draußen auf dem Baumstumpf hockt und sich krähend alle Konkurrenten vom Leibe hält, scharen sich drinnen die Hennen zusammen, leise gluckend.

Eine weitere gute Gelegenheit, diese unterschiedlichen Verhaltensmuster zu beobachten, sind Mannschaftssportarten. Bei Frauen habe ich beobachtet, dass die wichtigste Erfahrung für sie das Siegen im Team ist. Männer sind sehr auf das Gewinnen fokussiert, aber gleichermaßen wichtig ist für uns herauszuragen, den Kopf aus der Herde zu strecken, der Beste in einem bestimmten Bereich zu sein. In jedem Hockeyteam, in dem ich gewesen bin, gibt es einen, der am schnellsten Eis läuft, einen, der die besten Pässe schießt, einen, der am härtesten schießt, einen, der am besten trifft, den besten Verteidiger, den besten Kämpfer, und so geht es immer weiter. Wir alle sehen uns nach

---

13) Anm. d. Übers.: *henning* = zusammengesetzt aus den Worten *hen*/Huhn und *meet-ing* – für Zusammentreffen, also Damenkränzchen.

etwas um, das uns unter unseresgleichen zu etwas Besonderem macht, sogar wenn wir gemeinsam auf einen Teamsieg hinarbeiten. Frauen wollen sich in eine Gruppe einfügen, während Männer sich von ihr abheben wollen. Wir betrachten uns vielleicht immer noch als Teil der Gruppe, aber eigentlich halten wir nach einer Position Ausschau, die zeigt, dass wir außerhalb und oberhalb der Gruppe stehen. Die Positionen im Geschäftsleben sind denen im Sport sehr ähnlich. Ich bin Teil eines Jagdrudels, einer Gruppe von Fachleuten, die im Bereich Gratis-Serviceleistungen tätig sind und die gemeinsam in Märkte vorstößt, und mein Jagdrudel dort besteht aus einem Aufbau-Kerl (er stößt den Deal an), dem Planer (er entwickelt die Strategie), dem Positionierungs-Kerl (er bringt uns in Verbindung mit den richtigen Leuten), dem Risiko-Manager (er spielt den advocatus diaboli und schützt unsere Hintern) und dem Vertrags-Kerl (ein Spielmacher, der den Kunden zur Vertragsunterzeichnung bringt). Wir wissen, dass wir alle davon profitieren, wenn jeder von uns jeweils das tut, was er am besten kann. Jeder von uns gibt sein Bestes im Spiel, weil keiner das schwächste Glied in der Kette sein und den erworbenen Anspruch verlieren will.

Wir wollen bei allem die Führung übernehmen, aber wir wollen nicht unbedingt die Arbeit tun

Wie oft haben Sie mit einem männlichen Kollegen in einer Konferenz gesessen, der ganz wild darauf war, die Leitung eines Projekts zu übernehmen, und der dann unmittelbar nach dem Meeting anfing, Leute zu rekrutieren, damit diese die mit dem Projekt verbundene Arbeit tun? Wir sind letztlich erfolgreich, wenn wir alles Mögliche erfolgreich delegiert haben und das Projekt lediglich überwachen. Wir tun dies, um uns nach allen Seiten abzusichern. Wenn das Projekt erfolgreich ist, können wir voll und ganz die Lorbeeren dafür einheimsen. Sollte es schiefgehen, haben wir immer jemanden, den wir opfern können. Dies ist eine Fähigkeit, die wir uns von anderen Männern abschauen. Solange Frauen mitspielen und weiterhin die Arbeit für uns machen, gibt es absolut keine Motivation für uns, das zu ändern.

Ich sollte hinzufügen, dass wir das Modell von Projektleitungs-
teams perfektioniert haben. Durch unsere Wertschätzung des Lei-
tungsgremiums entsteht der Eindruck, dass wir uns leidenschaftlich
für ein Projekt einsetzen, aber in Wirklichkeit können wir so am besten Arbeit auf andere übertragen, statt sie selbst zu tun. Wir wählen
uns unser Team und übertragen jeder Person eine Aufgabe.

»Cheryl, Sie kümmern sich um die Konferenzen. Barb, Sie sind
verantwortlich für die Räumlichkeit und die Erfrischungen. Tabitha,
Sie können die Einladungsliste machen. Stephanie, Sie betreuen die
Unterhaltung. Margaret, Sie recherchieren unseren finanziellen
Spielraum.«

Wir sind dermaßen daran interessiert, keine Arbeit selbst zu tun,
dass wir Ihnen sagen, Sie sollen sich mit uns in Verbindung setzen,
falls Sie ein Problem haben, statt uns selbst regelmäßig auf dem Laufenden zu halten. Wenn wir nichts von Ihnen hören, gehen wir davon
aus, dass alles in bester Ordnung ist. Sobald alle Aufgaben verteilt
sind, gibt es einen Sicherheitspuffer zum Ergebnis. Wenn alles prima
geklappt hat, übernehmen wir die volle Verantwortung. Wenn es
schiefgelaufen ist, liegt unsere einzige Verantwortung darin, davon
ausgegangen zu sein, unsere Teammitglieder verstünden etwas von
ihren Jobs. Gut für uns; schlecht für Sie.

Wir greifen wie Haie an, plötzlich und unbeobachtet unter der Wasseroberfläche

Der *Deep six*, das Torpedieren oder Versenken eines Kollegen oder
einer Kollegin, ist die bevorzugte Waffe des Alpha-Mannes, wenn er
jemanden beruflich vernichten will. Wir gebrauchen ihn gern, weil er
effektiv ist, ohne Vorwarnung kommt, nicht auf uns zurückgeführt
werden kann und die betreffende Person völlig kaltstellt. Diese Waffe
ist so wirkungsvoll, dass sie jemanden tatsächlich von einer Karriere
zur nächsten verfolgen kann, und viele Opfer eines *Deep six* ahnen
noch nicht einmal etwas. Lassen Sie mich erklären, was darunter genau zu verstehen ist und wie und warum wir jemanden torpedieren.

Wenn wir beschämt werden, man uns kritisiert, unterminiert oder
es eine Verschwörung gegen uns gibt, wenn schlecht über uns geredet wird oder wir Ziel irgendwelcher anderer, von uns als offensiv

empfundener Aktivitäten sind, greifen wir an. Wenn ein Kollege das Misslingen eines Projektes verschuldet und nicht die Verantwortung dafür übernimmt oder mehr ein Hemmschuh als eine Hilfe ist, greifen wir an. Wenn jemand nicht fähig ist, Leistung zu bringen, lamentiert oder sonstwie unhaltbar ist, greifen wir an.

Wenn wir angreifen, ist das Torpedieren unser Mittel der Wahl. Der *Deep six* ist das genaue Gegenteil einer Geschäftsempfehlung. Statt jemanden zu empfehlen, machen wir sehr deutlich, dass wir eine Person nicht empfehlen. Im Wesentlichen setzen wir ihn auf eine schwarze Liste.

Wenn ein Mann eine Frau torpediert, zeigt er keinerlei Gefühle, versichert sich nicht der Unterstützung anderer und tut es nicht in Gegenwart des Angriffsziels. Er wartet auf den perfekten Zeitpunkt und lanciert dann seine Kampagne, die betreffende Person zu diskreditieren und zu unterminieren.

Hier ein paar konkrete Beispiele für das Torpedieren:

Beispiel 1
Rick: »Was halten Sie davon, Gillian zu der Konferenz einzuladen?
Ich: »Ich bin nicht sicher, ob Gillian meine erste Wahl wäre.«

Beispiel 2
Allan: »Denken Sie, dass Mary Potenzial hat, zum Partner zu werden?
Ich: »Ich denke, das hängt ganz davon ab, welche Art von Ruf wir uns aufbauen wollen.«

Beispiel 3
John: »Betty ist bei dieser Konferenz wirklich emotional geworden. Das war peinlich.«
Ich: »Ich denke, alle Profis müssen lernen, sich jederzeit professionell zu geben.«

Viele Frauen finden diese Bemerkungen vielleicht gar nicht so schlimm. Aber für Männer sind sie diskrete Hinweise, dass die Frauen, um die es geht, an den Rand gedrängt werden müssen. Das wirkungsvollste Element bei dieser Art des Angriffs zeigt sich, wenn die Frau jemals Wind davon bekommen sollte und den Angreifer damit

konfrontiert, denn dessen Position ist unangreifbar. Auch dazu ein Beispiel:
Wenn ich eine Frau wirklich torpediere, dann auf gezielte und geschickte Art und Weise. Sagen wir, dass eine Frau mich im geschäftlichen Umfeld in Verlegenheit gebracht hat. Ich mache mich dann bereit, sie auszubooten, indem ich ihre Glaubwürdigkeit in Zweifel ziehe. Ich gehe zu einem Alpha-Mann, den ich kenne, und sage etwas wie:

Ich: »Kennen Sie Christi?«
Anderer Alpha: »Ja, sie ist in der Geschäftsentwicklung mit Ihnen, nicht wahr?«
Ich: »Ja, genau, das ist sie. Sie ist großartig, sie ist fokussiert, und sie bringt eine Menge eigene Kunden herein. Ich denke, sie bringt einen gewissen Grad an Professionalität ins Unternehmen. Sie wäre nicht meine erste Wahl für das Managen meiner Kunden, aber sie ist großartig.«

Genau hier habe ich gerade vor den Augen dieses Alpha-Mannes eine massive Bombe auf Christis Glaubwürdigkeit abgeworfen. Ich wiederhole diese Unterhaltung dann mit jedem Alpha-Mann, den ich kenne und der mich respektiert. Plötzlich kommt es Christi so vor, als würden ihre Füße am Boden festkleben, und die Dinge werden schwierig für sie, aber sie weiß nicht, warum. Es besteht natürlich die Möglichkeit, dass sie irgendwie davon Wind bekommt, was ich über sie gesagt habe und mich wütend zur Rede stellt. Ich bin vorbereitet darauf. Ich habe Plan B für die Frontalattacke einer wütenden Frau in der Hinterhand.

Christi: »Ich habe gehört, dass Sie sagten, ich sei fokussiert, würde eine Menge Abschlüsse einbringen, einen gewissen Grad an Professionalität haben, aber dass Sie mich nicht wählen würden, um Ihre Kunden zu managen. Was ist falsch an mir? Warum denken Sie, dass ich nicht gut genug bin, Ihre Kunden zu managen?«
Ich: »Christi, lassen Sie mich Ihnen erst einmal sagen, dass ich völlig überrascht bin (an diesem Punkt lächle ich innerlich). Lassen Sie mich offen und ehrlich sein. Können Sie damit umgehen, Christi? All das, was Sie mir gerade vorgetragen haben, sagte ich, aber Sie haben

es aus dem Zusammenhang gerissen. Ich halte Sie für großartig, Sie bringen der Firma eine Menge Kunden ein und sind ein echter Gewinn. Deshalb werde ich den Teufel tun, meine Kundenlast auf Sie abzuladen. Das ist es, was die Männer hier tun. Zum Babysitting gebe ich meine Kunden lieber an jemanden ab, der keine Geschäfte aufbauen kann, so dass Sie weitermachen können, das zu tun, was Sie am besten können – Arbeit für die Firma hereinholen. Ich attackiere Sie nicht, im Gegenteil, ich unterstütze Sie.«

Ich bin mir bewusst, dass einige Leute mir diese Lüge an diesem Punkt vielleicht nicht abkaufen, aber trotzdem erreiche ich, dass die Kollegen Christis Überreaktion sehen (wenn es in der Öffentlichkeit zu dieser Konfrontation kam, wodurch der Rest der Männer sie nun ebenfalls torpedieren wird), oder aber, sollten wir unter uns sein, sie frustriert und mit den Nerven fertig sein wird. Egal, ihr ist der Wind aus den Segeln genommen, und sie ist schwer angeschlagen.

Ich attackiere sie nicht offen; ich entziehe ihr lediglich meine Unterstützung, was eine klare Botschaft für jeden anderen Mann ist. In Zukunft wird sie versehentlich bei Team-E-Mails ausgelassen, ihre Terminplanung wird nicht rechtzeitig erscheinen, und der Mann, oder die Männer, die sie torpedieren, werden kreative Wege suchen, ihre Glaubwürdigkeit weiter zu unterminieren.

Die häufigsten Mittel, dies zu erreichen, sind, ihr Arbeit zu geben, die sie nicht wird bewältigen können, sie unvorbereitet in Konferenzen zu schicken, sowie andere äußerst vielversprechende Verhaltensweisen und Handlungen, die ihr berufliches Ansehen weiter sabotieren. Männer stellen für Frauen Fallen auf, dann entfernen sie sich und lassen sie selbst hineintappen und sich winden, während die Schlinge sich immer fester zuzieht.

Viele Frauen, die torpediert wurden, wissen nicht, was los ist, bis sie erkennen, dass sie im Job plötzlich ausgeschlossen und isoliert dastehen. Anwältinnen sehen vielleicht, dass Männer mit geringerer Qualifikation an ihnen vorbeiziehen und früher zum Partner gemacht werden. Frauen, die im Finanzsektor arbeiten, bemerken vielleicht, dass sie ihre Vorgesetzten ausbilden. In anderen Berufsfeldern beginnen Frauen vielleicht zu bemerken, dass sie ständig Informationen hinterherjagen, über die jeder andere bereits zu verfügen scheint.

Bei meinen Vorträgen vor Frauengruppen bemerke ich oft, dass viele der Macht des Torpedierens nicht genügend Bedeutung beimessen. Lassen Sie mich Ihnen ein umgekehrtes Beispiel zum Nachdenken geben. Ich bin 2,01 Meter groß und wiege etwa 135 Kilo. Nehmen wir an, ich beginne bei einem Unternehmen zu arbeiten, in dem sehr viele Frauen beschäftigt sind. Eine Frau, die bei den anderen Frauen in gutem Ansehen steht, macht folgende Bemerkung in der Damentoilette:

Lisa: »Dieser neue Typ, Chris, der scheint großartig zu sein. Er bringt jetzt schon eine Menge Kunden herein, das finde ich wirklich gut. Höflich ist er auch, neulich hat er angeboten, mir einen Kaffee mitzubringen, als er zu Starbucks ging. Ich denke, er wird echt eine gute fachliche Ergänzung für die Firma. Ich würde nicht allein mit ihm in den Keller gehen, aber ich denke, er ist ein netter Kerl ...«

Wenn Sie dies von einer Kollegin gehört hätten, wie sehr wären Sie daran interessiert, allein mit mir in den Keller zu gehen? Nicht besonders, nicht wahr? Sie würden nicht genau wissen warum, aber aus irgendeinem Grund wäre Ihnen klar, dass das keine gute Entscheidung wäre. Dasselbe passiert, wenn ein Mann hört, dass Sie torpediert wurden. Er braucht nicht zu wissen warum, aber er weiß, er geht lieber ebenfalls auf Distanz.

Der einzige Weg, eine Torpedierung zu vermeiden, ist, genug Macht zu bekommen, um immun gegen die Auswirkungen zu werden. Sie müssen in einer Position sein, in der Einzelne noch nicht einmal darüber nachdenken, Ihnen Informationen vorzuenthalten, in der man Ihnen lieber eine Partnerschaft anbietet, als Sie und Ihre Kunden zu verlieren, und in der Ihre Kollegen und Manager erkennen, dass Sie ein Aktivposten sind, der nicht so leicht ersetzt werden kann. Dies wird durch eine simple Sache erreicht: Die Firma verdient durch Sie, Sie sind eine Ernährerin des Unternehmens. Wenn Sie Geschäfte für Ihr Unternehmen einfahren, sind Sie ein Aktivposten für die Firma, keine Belastung, und damit in vielerlei Hinsicht gegen Torpedierungen immun.

Wir hassen Kritik und greifen an, wenn Sie unseren Ruf in Frage stellen

Ich habe über unser Ego geredet und wie es uns antreibt. Frauen, die Männer angreifen, greifen unser Ego an, und das ist etwas, was wir nicht vertragen können. Dies ist für eine Frau einer der schnellsten Wege, torpediert zu werden, nicht nur von dem Mann, den sie kritisiert hat, sondern auch von jedem anderen Mann, der dabei in Hörweite war.

Die meisten Männer sind nach außen hin stark, aber tief im Innern weich, und wir kämpfen mit der Angst, von unseresgleichen als Schwindler entlarvt zu werden. Wenn wir kritisiert werden, kommt diese Angst an die Oberfläche, und wir müssen diese Bedrohung so schnell wie möglich neutralisieren. Dies erklärt, warum der Kerl, den Sie kritisiert haben, sich auf Sie stürzt, aber warum tun es all die anderen Kerle auch? Weil wir fürchten, dass Sie als Nächstes uns aufs Korn nehmen könnten. Wenn wir Sie loswerden, brauchen wir uns keine Sorgen mehr zu machen.

Ein guter Rat ist hier, sich klarzumachen, dass man niemanden bezichtigen muss, falschzuliegen, um selbst Recht zu haben. Kritik ist ein Urteil, und ein Urteil bringt einen Mann in Schwierigkeiten, besonders wenn es mündlich geäußert wird, und noch mehr, wenn es in Gegenwart anderer Leute ausgesprochen wird. Ich sage damit nicht, dass Sie nur dasitzen und alles hinnehmen sollen, klein und unsichtbar, oder sich auf etwas einlassen sollen, das Ihren Überzeugungen zuwider ist. Der beste Rat, den ich Ihnen geben kann, ist: Kritik am Arbeitsplatz wirkt sich nur selten zu Ihren Gunsten aus. Frauen fragen oft, wie sie konstruktive Kritik bei einem Alpha-Mann anbringen können, ohne dass er daran Anstoß nimmt. Das ist, als fragte man, wie man einer Frau sagen könne, dass ihr Hintern in dieser Hose dick aussieht, ohne ihre Gefühle zu verletzen.

Wenn Sie der Boss eines Alpha-Mannes sind, können Sie die Situation als Ganzes thematisieren, ohne ihn persönlich ins Unrecht zu setzen. Sagen wir, Ihr Alpha vermasselt eine geschäftliche Präsentation.

Erste Möglichkeit (führt zu Sabotage, Torpedieren oder Kündigung des Mannes):

Wenn Sie sagten: »Rick, das lief gar nicht gut. Sie müssen langsamer und deutlicher sprechen. Auch müssen Sie daran denken, was ich Ihnen über das Abdecken aller Vorteile der Zusammenarbeit mit uns gesagt habe.« Er wird einfach dasitzen und warten, bis Sie zu Ende geredet haben, und dann wird er sich hinter Ihrem Rücken nach einem anderen Job umsehen, während er einen Torpedo-Angriff auf Sie lanciert. Sie haben ihn dazu gebracht, sich wie Ihr Hündchen zu fühlen, indem Sie ihn erniedrigten (das haben Sie vielleicht nicht beabsichtigt, aber genau so ist es bei ihm angekommen), und er muss nun diesen Zustand beenden.

Eine alternative Vorgehensweise wäre (denken Sie daran, Sie müssen ihn nicht ins Unrecht setzen, um Recht zu haben), über die Situation als Ganzes zu reden:

Zweite Möglichkeit (führt dazu, dass Sie bekommen, was Sie wollen, ohne auf seinem Ego herumzutrampeln):

»Rick, ich glaube nicht, dass unsere Kunden verstehen, was wir versuchen rüberzubringen. Ich denke, es könnte nützlich für uns sein, das Tempo zu verlangsamen, um sicherzugehen, dass sie nicht die Orientierung verlieren. Dann sollten wir entscheiden, welches die wichtigsten Punkte sind und sie ihnen so lange verdeutlichen, bis sie bei ihnen angekommen sind. Dann können wir abschließen und weiter vorangehen. Wie denken Sie darüber?«

Hier haben Sie die Aufmerksamkeit auf die Kunden gelenkt und ihn gebeten, mit Ihnen über eine Lösung nachzudenken. Sie erinnern sich, Männer sind darauf programmiert, dass, wenn Frauen ein Problem aufzeigen, sie das Gefühl haben, es lösen zu müssen. Also dann: Lassen Sie es ihn für Sie lösen – innerhalb Ihrer Vorgaben.

Wenn er ein Boss oder ein Kollege auf gleicher Ebene ist, lautet der simple Rat: Geben Sie keinen Rat, kein Feedback und keine Kritik ab. Selbst wenn er sagt, dass er es will: Er will es nicht. Niemand kann ihn schärfer kritisieren als er es selbst schon tut. Er selbst ist sein härtester Kritiker, und Sie werden seine Unsicherheit nähren, indem Sie seiner Selbstkritik zustimmen. Er kann seine eigene kritische Stimme nicht unterdrücken, sehr wohl aber seine externen Kritiker. Männer reagieren sehr empfindlich darauf, wie Frauen mit ihnen reden. Männer ziehen sich ständig gegenseitig auf, also werden Bemerkungen von Männern nicht richtig gewertet. Wenn aber Frauen ihre Meinung sagen, trifft dies sehr. Männer hören etwas ganz anderes als das, was Frauen sagen. Hier sind Beispiele dafür, was Sie vielleicht sagen könnten und was der Alpha hört (wobei jede dieser Bemerkungen das Potenzial besitzt, dafür torpediert zu werden).

Wenn Frauen denken, dass sie mit ihren Bemerkungen hilfreich sind, erkennen sie nicht, dass sie sich selbst ins Knie schießen. Diese ganze allumfassende Feedback-Geschichte wurde wahrscheinlich von einer Frau oder einem Beta-Mann entwickelt. Wir Alphas legen keinen Wert auf Ihr Feedback, weil wir glauben, dass wir klüger sind als jeder, den wir kennen. Wenn Sie unbedingt Kommentare (Kritik) abgeben wollen – bitte, aber auf eigene Gefahr.

Tabelle 4.1 Häufige Kommunikationsprobleme mit Alpha-Männern

Was Sie sagen	Was der Alpha hört
»Ich wünschte, diese Besprechung wäre rechtzeitig beendet gewesen.«	*»Sie sind beschissen darin, Besprechungen zu leiten.«*
»Ich bin erstaunt, dass der Kunde nicht zugesagt hat.«	*»Sie bringen es nicht bei Deals.«*
»Ich hätte gern eine Beförderung, weil ich ein Jahr dabei bin.«	*»Ich sollte mehr Geld bekommen, weil ich durchgehalten habe, nicht weil ich mehr wert bin in diesem Jahr.«*
»Warum kann dieses Team nicht einfach miteinander auskommen?«	*»Menschenführung ist wirklich nicht Ihr Ding.«*
»Sie sollten zu Ben gehen und mit ihm reden.«	*»Sie haben keine Ahnung von Ihrem Job, von Menschenführung, Sie haben Situationen nicht im Griff, alles muss Ihnen erklärt werden.«*
»Ich würde Ihnen gern etwas helfen.«	*»Sie vermasseln alles und brauchen jemanden, der Ihren Arsch rettet.«*
»Ihre Frau muss eine starke Frau sein.«	*»Sie sind ein Stück Scheiße und können froh sein, eine Frau zu haben.«*
»Ich denke, wir müssen unseren Kunden mehr Aufmerksamkeit schenken.«	*»Sie schlafen am Steuer ein und fahren das Ganze vor die Wand.«*
»Sie wecken unrealistische Erwartungen.«	*»Sie sind komplett neben der Spur.«*

Wir wollen entweder genau wie unsere Väter oder das genaue Gegenteil von ihnen sein

Männer, in deren Leben ihre Väter präsent sind, sehen sie als ihre Vorbilder. Wenn wir aufwachsen, verstärkt sich die Magie unserer Väter, oder sie schwindet dahin. Unser Vater ist die erste Autoritätsfigur, die wir erleben, und er steht den größten Teil unseres jungen Lebens an höchster Stelle in der Hackordnung. Wenn wir in unseren späten Teenagerzeiten zu erkennen beginnen, dass wir unser Leben selbst in die Hand nehmen können, fangen wir an, unsere Väter entweder zu bewundern oder uns von ihnen abgestoßen zu fühlen. Dies ist für Frauen wichtig zu verstehen, denn hierdurch bekommen sie einen einzigartigen Einblick darin, wie Männer gestrickt sind.

Ich wuchs in einem Haus auf, in dem mein Vater die dominierende Macht war. Man kam ihm nicht in die Quere, man widersprach ihm nicht, und man legte sich definitiv nicht mit ihm an. Mein Vater und ich hatten einige Meinungsverschiedenheiten, und ich habe etwa ein Jahr lang nicht mit ihm geredet, als ich das College besuchte. In dieser Zeit ließ ich mir die Ohrläppchen durchstechen, wurde fünf Zentimeter größer als er und fing an, wirklich formatfüllend zu werden. Noch dazu jobbte ich als Türsteher in einem Nachtclub und hatte das entsprechende Ego.

Nachdem wir unseren Streit einigermaßen beigelegt hatten, machte ich mich zu einem Besuch auf. Ich war bereit, zum Sprung auf den Leitwolf anzusetzen und herauszufinden, ob sich unsere Plätze in der Rangordnung nicht vertauschen ließen. Als ich ihm gegenübertrat, wanderten seine Augen gleich auf meine Ohrpiercings. Ich sagte zu ihm: »Schön, nicht wahr?«, um ihn zu reizen. Er sagte: »Es ist nichts, was ich tun würde, aber wenn es für dich funktioniert, gut.« Mein Vorstoß war ins Leere gelaufen. Ich hatte erwartet, dass er sich lustig machte, mich aufzog, ich hatte die verbalen Rippenstöße erwartet, mit denen ich aufgewachsen war, aber nichts davon war passiert.

Ich denke, dass mein Vater mich zum ersten Mal als Mann sah und beschloss, dass seine Arbeit nun beendet war. Unsere Beziehung war von diesem Tag an ausgeglichen. Wir begannen eine Beziehung unter Erwachsenen, und ich war fähig, auf einige der mich betreffenden Entscheidungen meines Vaters zurückzuschauen und etwas Wichtiges zu erkennen: Er hatte mit den Informationen, die er besaß, das ihm Bestmögliche getan.

Ich legte eine Menge Streitpunkte ad acta und schätzte ihn mehr, als ich es zuvor getan hatte. Ich begann, hart daran zu arbeiten, ein Mann zu sein, auf den er stolz sein würde, ihn in seiner Familie zu haben, und nahm mir seine Arbeitsethik, seine Geschäftsmethoden und seine Verhaltensweisen zum Vorbild. Einige meiner anderen Brüder, die diese Erfahrung mit meinem Vater aus welchen Gründen auch immer nicht hatten, sind genaue Gegenteile von ihm. Für sie ist Arbeit nicht alles, sie ist nur Mittel zum Zweck. Ich definierte mich viele Jahre lang über meine Arbeit und tue das bis zu einem gewissen Grad noch immer. Dies ist etwas, das ich mit meinem Vater teile.

Wenn Sie sich fragen, warum ein Kerl sich so und nicht anders verhält, sollten Sie auf jeden Fall eine Gelegenheit nutzen, seinen Vater zu treffen. Sie werden entweder eine etwas ältere Version von ihm zu sehen bekommen oder das genaue Gegenteil von ihm. Ob wir es zugeben oder nicht, wir alle leben im Schatten unserer Väter. Jeder Kerl, der sagt, dass sein Vater ihn nicht beeinflusst hat, lügt: Selbst wenn sein Vater in seinem Leben nicht präsent war, ist es beinahe sicher, dass er von seinem Vater beeinflusst worden ist – durch dessen Abwesenheit.

Wir konzentrieren uns mehr auf das Ziel als auf den Prozess

Eine der häufigsten Quellen für Enttäuschungen zwischen Männern und Frauen ist Geschwindigkeit und Fokussierung. Frauen sind Experten, was den Arbeitsablauf angeht. Sie entscheiden, was passieren muss, wer was tun wird, wann es fertig sein wird und alles andere, was dafür benötigt wird, eine Aufgabe erfolgreich zu erledigen. Männer haben eine starke Fähigkeit, ins Feuer zu springen und aus der Hüfte zu schießen. Wir lieben es, Dinge ans Laufen zu bringen, unsere Beziehungen spielen zu lassen und Geschäfte abzuschließen. Wir legen nicht in aller Ruhe das Gewehr an, zielen sorgfältig und geben schließlich den Schuss ab, nein, unsere Strategie ist der sofortige Schuss. Frauen dagegen überprüfen erst die Windrichtung, fassen das Ziel genau ins Auge, treffen die Wahl der Schusswaffe, stellen sicher, dass die richtige Person diese Waffe benutzt, helfen dieser Person dabei, nehmen das Ziel genau ins Visier, vergewissern sich, dass dem Schuss nichts im Weg stehen wird, bereiten den Schuss vor, vergewissern sich zweimal, dass der Schütze bereit ist, und lassen dann feuern. Der Unterschied zwischen beiden Vorgehensweisen ist offensichtlich.

Frauen sind insgesamt erfolgreicher im Beruf, weil sie Arbeitsabläufe zu Ende denken und ihre Hausaufgaben machen. Männer sind nicht so oft erfolgreich, doch wenn wir es sind, haben wir dafür nur ein Zehntel der Zeit unserer Kolleginnen gebraucht. Frauen schätzen Verantwortung, Männer dagegen das Risiko. Diese beiden Haltungen stehen natürlicherweise miteinander in Konflikt. Wenn Männer vorwärts stürmen, ist alles, woran sie denken: Ziel, Ziel, Ziel. Frauen finden, dass Männern durch diesen Tunnelblick das Augenmerk für wichtige Details fehlt. Männer beobachten Frauen, während diese die Details mit einem feinen Kamm durchgehen, und denken: »Zeitverschwendung, Zeitverschwendung, Zeitverschwendung (und Geldverschwendung).«

Das folgende Beispiel illustriert diesen Punkt: Zwei Kolleginnen und ich saßen zusammen und diskutieren über einen Kunden, um den wir uns bemühten. Ich machte die Akquisition, eine der Damen den Vertrieb, die andere das Marketing. Sie begannen damit, über all die Dinge zu reden, die bekannt waren, all die Dinge, die herausgefunden werden mussten, und über all die Dinge, die noch vorbereitet werden mussten. Schließlich meldete ich mich zu Wort und sagte: »Lassen Sie uns den Kunden einfach treffen, und ich werde das Geschäft mit ihm abschließen.« Die beiden sahen mich süffisant lächelnd an (denn sie kennen mich gut) und fragten: »Was werden Sie ihm bei dem Treffen erzählen?« Ich sagte: »Ich weiß nicht, das werde ich dann beim Treffen herausfinden.« Wir alle lachten, denn wir hatten über die verschiedenen Herangehensweisen von Männern und Frauen schon diskutiert, aber es stimmte.

Ich hatte großes Verständnis für diese beiden Frauen, weil sie Meisterinnen in ihren Fachgebieten waren, aber es war zu viel für meine Ohren, dabeizusitzen und zu hören, wie sie all die Details durchkauten. Ich bin einfach anders gestrickt. Die Frauen dachten auf der anderen Seite, dass ich zwar erfolgreich, meine Vorgehensweise jedoch anmaßend war. Sie fühlten sich besser, wenn sie vor dem Treffen mehr Informationen hatten.

Ich verstand, dass ihre Herangehensweise für sie funktionierte, aber für mich war sie reine Zeitverschwendung.

Männer interessieren sich nur dann für den Prozess, wenn es absolut notwendig zum Erreichen des Ziels ist. Wenn ich auf eine Reise in die Vereinigten Staaten gehe, befrage ich Kollegen, die dorthin gereist sind, welches der beste Weg ist, um vom Flughafen zum Stadtzentrum zu gelangen, auf welche Weise sie ihr Netzwerk aufgebaut haben, und ich erkundige mich nach anderen Informationen zum Arbeitsablauf, aus denen ich mir eine Abkürzung (also einen Vorteil) auf dem Weg zum Ziel verspreche. Wenn ich aus dem Gehörten zum Prozessablauf keinen klaren Vorteil ziehen kann, schalte ich ab.

Denken Sie daran, wie Männer Sportsendungen anschauen. Wir sehen uns am liebsten Sportsendungen im Fernsehen an, in denen uns die besten Szenen präsentiert werden, so dass wir jedes Tor, jeden Touchdown, jeden Sanitätereinsatz und jeden Höhepunkt von mehr als 30 Spielen mitbekommen. Wir sehen uns ein Eishockeyspiel nicht an, um mitzuerleben, wie gut die Pässe sind, wer wann vorn liegt, wie die Spieler sich aufwärmen. Wir sehen wegen des spektakulären Moments zu, wenn ein Team seine Überlegenheit über ein anderes durch Erzielen des entscheidenden Tores zeigt.

Teil II
Wie Frauen sich selbst sabotieren

Business Report: Was Männer Frauen nicht erzählen. Christopher V. Flett
Copyright © 2009 WILEY-VCH Verlag GmbH & Co. KGaA, Weinheim
ISBN 978-3-527-50449-7

5
Wasser aus dem Boot schöpfen: Dinge persönlich nehmen

Haben Sie jemals ...

1. das Gefühl gehabt, bei einer Gelegenheit übergangen worden zu sein?
2. einen Kunden gefragt, warum Sie nicht für ein Projekt ausgewählt wurden?
3. einen Kollegen gefragt, warum Sie nicht in sein Team gekommen sind?
4. den Eindruck gehabt, dass man Sie bei einer beruflichen Veranstaltung außen vor gelassen hat?
5. das Gefühl gehabt, dass Sie eine großartige Beziehung zu einem Kunden hatten, dieser dann aber einem Ihrer Konkurrenten den Auftrag gab?
6. erlebt, dass Sie jemand anderen (Kunden/Kollegen) unterstützt haben, hatten aber nicht das Gefühl, als würde diese Person Sie ebenfalls unterstützen?

Frauen stehen in dem schlechten Ruf, im Berufsleben zu emotional zu sein. »Nehmen Sie es nicht persönlich, es hat nichts mit Ihnen zu tun. Es geht darum, was das Beste für das Unternehmen ist.« Wenn wir diese Worte hören, sind sie nicht leicht zu akzeptieren. In einer perfekten Welt wäre das Berufsleben unpolitisch, asexuell und objektiv. Unglücklicherweise machen die Menschen die Dinge komplizierter, indem sie ihre persönlichen Angelegenheiten mit hineinbringen. Geschäfte bauen sich nun einmal auf persönlichen Beziehungen auf, andererseits soll man es nicht persönlich nehmen, wenn man unter geschäftlichen Entscheidungen zu leiden hat. Das ist leichter gesagt als getan.

Business Report: Was Männer Frauen nicht erzählen. Christopher V. Flett
Copyright © 2009 WILEY-VCH Verlag GmbH & Co. KGaA, Weinheim
ISBN 978-3-527-50449-7

Wenn Entscheidungen nicht zu meinen Gunsten ausfielen, habe ich immer versucht zu analysieren, was ich hätte anders machen können, warum die Kunden eine Entscheidung trafen, die dem, was ich für das Beste hielt, zuwiderlief und was ich vielleicht getan haben könnte, das sich negativ auf das Ergebnis auswirkte. Sobald meine Gedanken um diese Dinge kreisen, stoppe ich die Selbstzerfleischung und drücke gewissermaßen meine interne »Neustart«-Taste. Geschäft ist Geschäft. Es ist nichts Persönliches. Entscheidungen sollten widerspiegeln, was das Beste für das Erreichen eines geschäftlichen Ziels ist. Dies ist eine harte Pille, aber sie zu schlucken ist notwendig. Was ich immer zu tun versuche, ist, die Situation von außen zu betrachten und objektiv auf die geschäftliche Seite zu schauen. Ich stelle mir folgende Fragen:

1. Welches sind fünf potenzielle Gründe, warum ich nicht für dieses Projekt gewählt wurde?
2. Gab es irgendwelche Personen, die während des Entscheidungsprozesses miteinander in Konflikt gerieten?
3. Gab es politischen Einfluss, der hier zum Tragen kam?
4. Wenn ich anstelle der anderen gewesen wäre, welche Entscheidung hätte ich getroffen?
5. Welches sind einige der potenziell negativen Folgen, wenn ich erfolgreich gewesen wäre?
6. Was kann ich hieraus lernen?

Normalerweise kann ich durch eine objektive Betrachtungsweise erkennen, warum die Dinge so und nicht anders gelaufen sind. Im letzten Jahr wurde unser Kommunikationsunternehmen gebeten, ein Angebot für die Entwicklung eines sehr problematischen Viertels von Vancouver zu machen, das Forschungen über dieses Gebiet und das Erstellen eines Revitalisierungsplans umfasst. Dieses Gebiet ist gekennzeichnet von Prostitution, Drogenhandel, Obdachlosigkeit und einem Mangel an wirtschaftlicher Kontinuität. Als ich die Angebotsanfrage las, lächelte ich in mich hinein. Dieses Projekt war wie für uns gemacht. Wir hatten nicht nur Erfolg bei ähnlichen Arbeiten in anderen Teilen der Provinz, sondern wir waren auch Experten in dem Entwicklungsbereich, der gefordert war. Die Ausschreibung war in den Weihnachtsferien herausgegeben worden, und obwohl ich normalerweise nicht in den Ferien arbeite, dachte ich: »Wenn es schon Brei regnet, sollte man auch den Löffel raushalten.« Ich verbrachte ein paar Tage damit, unser Angebot zu entwickeln, und war sehr zuversichtlich, dass dieses Projekt wie für uns gemacht war, aber wir würden trotzdem den Prozess der Ausschreibung durchlaufen müssen. Ich wusste sicher, dass kein anderes Unternehmen so viel Erfahrung und Erfolg vorzuweisen hatte wie wir, und wir führten nicht nur das Feld der Bewerber an, sondern waren tatsächlich das Unternehmen, welches der Vorstand anzuheuern hoffte.

Wir unterbreiteten unser Angebot zusammen mit fünf anderen Unternehmen. Ich war nicht überrascht zu hören, dass wir innerhalb einer Woche mit einem anderen Unternehmen in die engere Auswahl gekommen waren und um eine Präsentation vor dem Vorstand gebeten wurden. Ich kam, um meine Präsentation zu halten, und hörte, dass das andere Unternehmen sich verspätet und erst einige Minuten vor unserer Ankunft mit seiner 45-minütigen Präsentation begonnen habe.

Statt mich darüber aufzuregen, lächelte ich in mich hinein und dachte: »Anfängerfehler. Sie erscheinen verspätet zu ihrer Präsentation. Das macht einen schlechten Eindruck!« Ich lehnte mich zurück und ging meine Unterlagen durch, während meine Konkurrenten ihre Nummer abzogen. Meine Zuversicht war bereits groß gewesen, bevor ich die Büroräume betrat. Sie können sich vorstellen, wie zuversichtlich ich war, nachdem ich bemerkt hatte, dass meine Konkurrenten 40 Minuten verspätet zu ihrem Präsentationstermin gekommen waren. Als sie das Vorstandszimmer verließen, sah mich eines der Vorstandsmitglieder vielsagend an und verdrehte die Augen. Als die anderen an mir vorbeigingen, streckte ich meine Hand aus. Sie sagten »Hallo« und gingen, ohne mir die Hand zu schütteln. Ich dachte bei mir: »Armselige Versager.«

Als ich hereinkam, informierte der Vorsitzende des Komitees mich, dass er gehen müsse, weil er für einen anderen Termin spät dran sei. Er drückte mir die Hand und sagte: »Viel Glück.« Das beunruhigte mich nicht wirklich, denn ich tippte darauf, dass er zuversichtlich war, was uns betraf, und dass die anderen Vorstandsmitglieder kein Problem damit hatten, die Diskussion mit mir allein zu führen. Im Übrigen kannten wir uns. Ich hatte mit diesem Vorstandsgremium schon Planungsarbeit gemacht, und wir kamen gut miteinander klar.

Das Vorstandsmitglied, das den Vorsitz übernahm, sagte als Erstes gut gelaunt: »Nun, Chris, erzählen Sie uns von sich.« Das gab einen Lacher, da wir einander sehr gut kannten. Sie fragten dann mit einem Lächeln, was ich über ihre Gesellschaft wisse, und ich sagte ihnen, dass ich eine Menge über sie wisse, da ich ihre Mappe zur strategischen Planung erstellt, mit ihrer Geschäftsführerin an der Verfahrensentwicklung gearbeitet und das Audit ihres geschäftlichen Entwicklungsplans übernommen hatte. Ich verließ das Treffen in Hochstimmung. Der Deal war so gut wie sicher! Sie sagten mir, dass sie den erfolgreichen Kandidaten am Ende der Woche bekannt geben würden.

An diesem Freitag rief ich bei der Geschäftsführerin an, um nach dem Ergebnis zu fragen, und sie informierte mich, dass der Vorstand das andere Unternehmen gewählt habe, weil sie einen kantonesisch sprechenden Berater in ihrem Team hatten. Ich erinnere mich noch daran, dass ich im Schockzustand zurück ins Büro fuhr. Das war völlig unmöglich. Ich kannte diese Leute. Sie kannten mich. Sie wussten, dass wir genau diese Arbeit schon geleistet hatten, mit exzellenten Ergebnissen. Es war ein Ding der Unmöglichkeit. Ich nahm es sehr, sehr persönlich.

Ich verbrachte den Rest des Tages wie im Nebel. In der folgenden Nacht wachte ich auf und dachte über folgende Dinge nach: Was sind die Gründe dafür, dass sie uns nicht gewählt haben? Gab es irgendwelche persönlichen Einflüsse? Gab es irgendwelche politischen Einflüsse? Wie würde ich entschieden haben, wenn ich an ihrer Stelle gewesen wäre? Ich erkannte, dass das Unternehmen, das gewählt wurde, tatsächlich in dem zur Debatte stehenden Gebiet seinen Standort hatte. Es hatte Verbindungen zu vielen der Gruppen, die bei der Entwicklung des Viertels mit einbezogen werden würden. Dieses Unternehmen wusste wahrscheinlich Dinge über dieses Gebiet, von denen ich, der ich dort nicht ansässig war, keine Ahnung hatte. Und obwohl diese Leute nicht über meine Erfahrung verfügten, hatten sie ein wohlbegründetes Interesse am Ergebnis. Dieses Unternehmen würde mit dem Projekt leben müssen, wenn es nicht erfolgreich war. Es stand für seine Leute sehr viel auf dem Spiel.

Es würde schwierig für die Gesellschaft sein, für interne Gewerbeförderung eine externe Firma hereinzubringen. Sie mussten ihren Worten Taten folgen lassen, um authentisch zu sein. Meiner Einschätzung nach hatten die Entscheider also das getan, was am besten für die Gegend war und eine fundierte geschäftliche Entscheidung getroffen. Indem ich mir die Zeit nahm, meine persönlichen Gefühle beiseite zu schieben und die Sachlage zu analysieren, konnte ich sehen, dass die Entscheidung sich nicht gegen mich persönlich richtete ... Sie beruhte schlicht auf betriebswirtschaftlichen Überlegungen.

Viele meiner Firmenkundinnen sagen mir, dass Alpha-Männer oft Lorbeeren ernten für Arbeiten, die eigentlich sie getan haben. In Vorständen oder Teams sitzend, sagen Alphas oft, dass sie die Arbeit übernehmen, aber dann überlassen sie sie den weiblichen Teilnehmern, von denen sie wissen, dass sie die Kastanien aus dem Feuer holen werden. Und dann, wenn das Projekt erfolgreich bewältigt wurde, heimsen sie alle Lorbeeren ein, ohne denjenigen, die wirklich die Arbeit getan haben, irgendwelche Anerkennung zu zollen. Was ich meinen Kundinnen daraufhin immer sage, ist nicht leicht zu schlucken, aber wahr: Männer werden bis zur Stufe ihrer Unfähigkeit befördert.

Frauen, die an Projekten arbeiten, für die männliche Kollegen die Verantwortung übernommen haben, sind von enormem Wert für diese Männer. Sie sind sich klar darüber, dass sie selbst nicht die Arbeit geleistet haben. Sie wissen deshalb auch ganz genau, dass die Frauen, die ihnen halfen, diejenigen sind, die sie in ihrer Nähe behalten müssen. Mein Vater sagte immer: »Es ist weitaus besser, Königsmacher zu sein als der König.« Das ist wahr. Die Macht liegt bei denen, die anderen einen prominenten Platz verschaffen. Sie schirmen sich selbst von jedem Feuer ab, das vielleicht kommt, und letztlich wissen sie, wie die Arbeit gemacht wird, jene aber nicht. Das macht sie sehr, sehr wertvoll.

Viele meiner Kundinnen sagen zu mir: »Ja, ich verstehe das, aber er benutzt mich.« Ich behaupte, dass Frauen die Kontrolle darüber haben, wie andere mit ihnen umgehen. Übernehmen Sie nicht die Verantwortung für das Ergebnis, wenn jemand anderes sie bereits übernommen hat. Wenn jemand große Ansprüche erheben will, was er erreichen kann, stellen Sie sicher, dass er auch die Freiheit hat, selbst auf die Nase zu fallen.

Die Wahrheit ist, Männer werden Frauen oft Arbeit übertragen, die weit jenseits ihrer Verantwortlichkeiten liegt. Dies kann eine großartige Chance für Frauen sein, die im Beruf nach oben kommen wollen.

Versuchen Sie, dies als Chance zu sehen, in Gebiete vorzudringen, die Ihnen ansonsten verschlossen wären.

Es ist, als würden Sie für ein Bauunternehmen arbeiten, dessen Manager immer betrunken, krank oder abwesend ist, und Sie müssten seinen Job tun. Sie könnten denken: »Ich werde nicht gut genug bezahlt, um seinen Job zu tun.« Oder Sie könnten denken: »Ich lerne, wie man ein Bauunternehmen führt, obwohl ich nur als Assistentin angestellt bin.«

Wenn die Zeit kommt, sich für den Job als Managerin eines Bauunternehmens zu bewerben, sind Sie auf die Fragen beim Bewerbungsgespräch exzellent vorbereitet. Wenn Sie nach Ihrer Erfahrung gefragt werden, können Sie sagen: »Ich war bei Firma X angestellt, um den Manager zu unterstützen, aber aufgrund der Arbeitsbelastung war es oft erforderlich, die Verantwortlichkeiten des Managers abzudecken, darunter fielen die Terminplanung für die Subunternehmen, das Einreichen von Dokumenten bei der Stadt, die Durchsicht von Bauplänen mit Architekten, das Arbeitsmanagement auf Baustellen, das Interagieren mit Kunden, die Überwachung der Gehaltslisten und die Verwaltung der Bau-Etats.«

Wenn Sie einen inkompetenten Chef, Mitarbeiter oder Kollegen als Chance betrachten, werden Sie sich im Beruf hervortun, statt frustriert über fehlende Anerkennung zu sein.

Wenn Sie, selbst nach objektiver Betrachtung, jedoch überzeugt sind, dass jemand es ernsthaft darauf abgesehen hat, Ihnen zu schaden, müssen Sie einige Vorsichtsmaßnahmen ergreifen. Ich sage meinen Kundinnen immer, dass schwache Männer versuchen, von Angesicht zu Angesicht zu dominieren; starke Männer attackieren, und sie werden es nie vorher kommen sehen. Wenn jemand Sie auf dem Kieker hat und versucht, Ihnen das Berufsleben zur Hölle zu machen, haben Sie zwei Möglichkeiten: es akzeptieren oder nach einer neuen Gelegenheit Ausschau halten, die besser passt.

Ich bin immer ein bisschen vorsichtig, wenn ich Kundinnen habe, die sich die Dinge, die bei der Arbeit passieren, zu Herzen nehmen, und dann das Gefühl haben, dass sie von wichtigen Besprechungen ausgeschlossen werden, dass sie nicht die Chancen bekommen, die sie verdienen, und dass sie am Vorwärtskommen durch Männer blockiert werden, die vor ihnen die Karriereleiter hochklettern.

Es gibt da draußen keinen Geschäftsmann bei gesundem Verstand, der nicht anerkennt, dass Leistungsträger bekommen, was immer sie wollen, wenn sie dem Unternehmen Geld einbringen. Ich arbeite mit verschiedenen Anwältinnen, die in ihren jeweiligen Anwaltskanzleien in den Status eines Partners erhoben werden wollen. Dabei sieht es so aus, als wäre es viel wahrscheinlicher, dass ihre männlichen Kollegen zum Partner gemacht werden, und sie sind frustriert, übergangen zu werden. Sie beginnen, diese Behandlung persönlich zu nehmen, und sagen zu mir: »Ich bin loyal zur Firma gewesen. Ich arbeite hart. Ich bleibe bis spät abends. Ich bin da, wann immer sie mich darum bitten. Meine Arbeit ist einwandfrei.« Ich frage dann: »Was, denken Sie, sind die Anforderungen für eine Partnerschaft?«

Sie sagen: »Man muss ein großartiger Anwalt sein, der die Firma gut repräsentiert. Man muss ein spezifisches Arbeitsgebiet haben, in dem man überragend ist. Man muss helfen, die Firma aufzubauen. Man muss ein langfristiges, fest begründetes Interesse am Erfolg der Firma haben. Man muss einflussreich in der Gesellschaft sein. Solche Sachen.«

Ich erwidere: »Eine Sache geht mir im Kopf herum, sie betrifft nicht nur Ihre Fähigkeit, zum Partner zu werden, sondern hat auch damit zu tun, die Kontrolle über Ihr Leben als Anwältin wiederzuerlangen. Sie sagten, dass der Aufbau der Firma eine Grundvoraussetzung dafür ist, Partner zu werden. Meine Vermutung ist, dass die Partner in Ihrer Kanzlei mehr Aufträge in die Firma hereinholen, als sie selbst bewältigen können. Sie bauen den Wert der Firma durch neue Klienten auf, die sie durch ihren Ruf und durch ihre Verbindungen in der Gesellschaft gewinnen. Kann man das so sagen?«

Die Kundin wird erwidern: »Ja, ich denke, das ist so.«

Jetzt ist es an der Zeit für die harten Fragen, und sie werden jedes Mal, wenn ich sie stelle, ähnlich aufgenommen: »Bringen Sie mehr Arbeit in die Firma, als Sie selbst erledigen können, oder bedienen Sie die Klienten, die reinkommen und an Sie weitergeleitet werden?«

Die Kundin wird oft verlegen lächelnd sagen: »Meistenteils mache ich die Arbeit, die ich bekomme. Ich hole nicht viel für andere herein.«

Wenn sie dies gesagt hat, erkennt die Kundin fast gleichzeitig, dass die gläserne Decke nicht da ist, um sie unten zu halten, sondern eher, um die Jäger von den Weidetieren zu trennen. Im Geschäftsleben haben jene, die jagen können, das Sagen über diejenigen, die darauf warten, gefüttert zu werden.

Dann erkennt die Anwältin mitunter, dass kein persönlicher Rachefeldzug dahintersteckt, selbst wenn sie schon seit 15 Jahren dabei ist und ihr noch immer keine Partnerschaft angeboten wurde. Vom Geschäftlichen her betrachtet, bringt sie einfach nicht genug Arbeit ein, um eine Gleichstellung mit den Partnern für sich selbst durchzusetzen. Ich bin kein Anwalt, aber nach meiner Einschätzung als Unternehmensentwickler ist es im besten Interesse der Partner, einem Anwalt die Partnerschaft anzubieten, wenn dieser Anwalt, egal welchen Geschlechts, Aufträge beschafft, die jährlich 750 000 Dollar bis 1 Million Dollar (umgerechnet ca. 530 000 bis 700 000 Euro) wert sind. Wenn die bestehenden Partner keine Partnerschaft anbieten, könnte dieser Anwalt sonst einfach gehen und eine neue Kanzlei gründen. Wenn man jedoch nur genug Geld einbringt, um sein eigenes Gehalt und die eigenen Ausgaben wieder einzuspielen, warum sollte dann ein Anteil an der Firma angeboten werden?

Die freie Marktwirtschaft ist insofern ein brillantes System, als die schnellsten, die am besten vorausdenkenden und vorwärtsdrängenden Unternehmen und Geschäftsleute den oberen Teil des Marktes übernehmen. Individuen, die darauf fokussiert sind, Dinge persönlich zu nehmen, werden links überholt von denjenigen, die erkennen, dass Geschäft eben Geschäft ist.

6
Singende Sirenen: Masken tragen

Haben/sind Sie jemals ...

1. Plätzchen oder anderes Selbstgebackenes für Ihre Arbeitskollegen mitgebracht?
2. jemandem geraten, er solle Vitamin C, Paracetamol oder ein anderes Heilmittel gegen seine böse Erkältung nehmen?
3. eine Glückwunschkarte herumgehen lassen, damit die Kollegen zum Geburtstag von jemandem unterschreiben?
4. angeboten, eine außerplanmäßige betriebliche Veranstaltung zu planen?
5. sich übermäßig dominant gegeben in einer Besprechung, um die Männer wissen zu lassen, dass sie Ihnen nicht ins Gehege kommen sollen?
6. über männliche Kollegen geredet?
7. den Tisch saubergemacht, nachdem Ihre Kollegen gegessen haben, damit die Besprechung fortgeführt werden kann?
8. bei einer Besprechung ruhig dagesessen und darauf gewartet, dass Sie zu Diensten/von Wert sein können?
9. vorgegeben, dass Sie Fußball/Basketball/Golf mögen, um ein Thema zu haben, über das Sie sich mit Ihren männlichen Kollegen unterhalten können?
10. Bier getrunken, wenn Sie gemeinsam mit Kollegen in eine Kneipe gingen, obwohl Sie kein Bier mögen?
11. mehr als drei alkoholische Getränke bei einer betrieblichen Veranstaltung getrunken?
12. heftig mit einem Kollegen oder Kunden geflirtet?
13. mit jemandem aus Ihrer Branche geschlafen?

Business Report: Was Männer Frauen nicht erzählen. Christopher V. Flett
Copyright © 2009 WILEY-VCH Verlag GmbH & Co. KGaA, Weinheim
ISBN 978-3-527-50449-7

Wenn ich dieses Verhalten in Seminaren thematisiere, blicken Frauen oft zu Boden oder bekommen einen schelmischen Gesichtsausdruck. Frauen werden dazu erzogen, Rollen zu spielen, um in persönlichen und beruflichen Situationen eine Art von Kontrolle zu erlangen. Bevor ich mich Vollzeit damit beschäftigte, Frauen im Beruf zu coachen, habe ich sie jahrelang in ihren beruflichen Umfeldern beobachtet, wie sie sich an verschiedene Situationen anpassten. Ich werde im Folgenden die wichtigsten fünf Masken vorstellen, die Frauen aufsetzen, wenn sie nicht mehr authentisch sind, sondern ein altes Rollenklischee übernehmen. Diese Masken scheinen sehr erfolgversprechend, aber über kurz oder lang unterminieren sie die Integrität und berufliche Glaubwürdigkeit der Frauen, die sie benutzen.

Die Zicke

Die Maske der Zicke ist die Maske, die von den meisten Männern und Frauen schnell identifiziert wird. Mit dieser Maske kann die Trägerin dominieren, ihre Ansprüche durchsetzen und alle Welt wissen lassen, dass man sie keinesfalls als selbstverständlich ansehen oder sie unterschätzen sollte. Wenn sie den Mund aufmacht, soll jeder merken, dass sie nicht nur bellt, sondern auch beißt. Sie marschiert wie Cruella de Vil[14] in den Besprechungsraum und setzt sich kategorisch durch, sowohl weibliche als auch männliche Kollegen wissen lassend, dass sie jemand ist, der nicht unterschätzt werden sollte. Männliche Kollegen bezeichnen eine Frau, die diese Maske trägt, auch gern als *Femi-Nazi* (weiblicher Nazi), tollwütige Lesbe, Männerhasserin, *ball buster* (wörtl.: Eierknacker; Frau mit »Haaren auf den Zähnen«, die feindselig und einschüchternd Männern gegenüber auftritt), oder sie nutzen andere grobe Wörter aus der Umgangssprache.

Meiner Erfahrung nach ist die Zicke oft die engagierteste und leidenschaftlichste Fachfrau, die es jedoch satthat, als selbstverständlich hingenommen zu werden oder eine untergeordnete Position zu bekleiden. Sie strebt nach vollständiger Kontrolle, um sicherzustellen, dass man ihr nicht die Butter vom Brot nimmt.

14) Anm. d. Übers.: Cruella de Vil ist im Disney-Film »101 Dalmatiner« die extravagante Böse, die in ihrem Wunsch, einen Mantel aus Dalmatinerfell zu bekommen, Hundewelpen stehlen lässt.

Eine meiner ersten beruflichen Mentorinnen war eine archetypische Zicke. Mir gegenüber verhielt sie sich nie zickig, aber ich konnte die Verwandlung miterleben, wenn wir zusammen zu bestimmten Besprechungen gingen. Ich weiß noch, dass ich in ihrem Büro im Herzen der Stadt saß und wir über Entwicklungsprojekte sprachen. Sie strahlte übers ganze Gesicht vor Begeisterung, als wir über all die Dinge sprachen, die sie plante. Als Berater für Menschen zu arbeiten, die im Entwicklungsbereich tätig sind, ist sehr aufregend und lehrreich. Man kann Projekte von der Vision bis zur Entwicklung mitverfolgen, und man baut sehr vertrauensvolle und für beide Seiten lohnende Beziehungen auf. Ich kannte diese Frau sehr gut und hatte sie durch gute und schlechte Projekte hindurch begleitet. Sie war in der Stadt, in der wir arbeiteten, fest etabliert, doch ständig schien sie hart dafür kämpfen zu müssen, ernst genommen zu werden.

Eines Tages trafen wir uns, um unsere Strategie für eine anstehende Vorstandssitzung durchzusprechen, bei der wir ein Projekt vorstellen und versuchen wollten, die volle Unterstützung des Vorstandes zu bekommen. Wir besprachen unsere Schachzüge und scherzten dann munter im Auto auf dem Weg zum Rathaus miteinander. Als wir zur Eingangstür kamen, verwandelte sich ihre Persönlichkeit direkt vor meinen Augen. Ihr Gang hatte in seiner tödlichen Zielstrebigkeit plötzlich etwas von Darth Vader, und sie betrat das Konferenzzimmer mit einer heimlichen Aura dunkler Energie. Sie wirkte auf die anderen, als hätte sie sehr schlechte Laune. Alle Fragen stach sie mit knappen Ein-Wort-Antworten nieder.

Als wir unsere Vorschläge präsentierten, funkelte sie jeden böse an, von dem sie glaubte, dass er einen Einwand gegen unsere Ideen vorbringen könnte. Als ich dort saß, dachte ich, dass die Ursache dieser schlechten Laune vielleicht eine unbedachte Bemerkung von mir im Auto gewesen sein könnte, die ihr gegen den Strich gegangen war. Auf Bemerkungen, die sich gegen unsere Idee richteten, gab sie heftig Kontra. Sie stürzte sich mit voller Kraft auf Gegner. Die Männer im Raum begannen, sich auf sie einzuschießen, aber glücklicherweise wurde die Zeit knapp, und der Vorsitzende schlug eine Abstimmung vor. Sie fiel zu unseren Gunsten aus, und die Konferenz war schnell beendet. Ich folgte ihr über die Flure nach draußen, versuchte, mit ihr Schritt zu halten.

Als wir im Auto saßen, wurde sie wieder zu der Person, die sie vorher auf dem Weg zur Vorstandssitzung gewesen war. Verwirrt fragte ich sie, was sie so wütend gemacht hatte (und hoffte natürlich im Stillen, dass ich nicht der Auslöser war). Sie sei nicht wütend gewesen; antwortete sie, sie sei seriös aufgetreten und habe jeden wissen lassen wollen, wie ernst es ihr mit diesem Projekt sei. Da ich eine Menge Zeit mit dieser Frau verbracht hatte, beschloss ich, offen und ehrlich zu sein und stellte fest: »Sie sind in der Konferenz wie eine böse Hexe rübergekommen.« Worauf sie argumentierte, dass Männer sie nicht ernst nähmen, wenn ihre Herangehensweise nicht aggressiv sei. Man würde einfach über sie hinweggehen, sobald sie einen Funken Nachgiebigkeit zeige. Sie setzte hinzu, dass manche mit ihren dummen Fragen ganz offensichtlich darauf abgezielt hätten, sie in die Falle zu locken. Ich saß einen Augenblick lang fassungslos da. Sie und ich hatten die Situation in völlig unterschiedlichem Licht wahrgenommen.

Nach ein paar Minuten sagte ich zu ihr: »Sie hatten es nicht auf Sie abgesehen. Sie hatten ihre Unterlagen für die Besprechung nicht durchgelesen und wollten einigermaßen unauffällig, ohne zugeben zu müssen, dass sie sich nicht vorbereitet hatten, auf den neuesten Informationsstand kommen.« Sie sagte mir, dass ich mit dieser Einschätzung falsch läge und dass diese Männer allesamt Probleme mit starken Frauen hätten. Dies war das erste Mal, dass ich erkannte, wie verschieden Männer und Frauen dieselbe berufliche Situation wahrnehmen.

Eine Woche später fuhren wir zu einer weiteren Vorstandsbesprechung, und ich sagte zu ihr: »Würden Sie in Betracht ziehen, einmal versuchsweise Ihre Vorgehensweise zu ändern? Ich denke, wenn Sie sich die Männer am Tisch ansehen und wissen, dass sie ihre Vorbereitungsarbeit nicht geleistet haben, jedoch trotzdem fähig sein wollen, eine fundierte Entscheidung zu treffen, werden Sie ihre Fragen in einem anderen Licht sehen. Wenn Ihre Vorgehensweise sich ändert, denke ich, werden wir schneller zu einem Konsens kommen.« Sie sagte mir, dass sie meine Sicht der Dinge respektiere, aber dass ich zu jung sei, um die Wirtschaftspolitik einer kleinen Stadt zu verstehen. Ich sagte ihr, dass ich Nägel mit Köpfen machen wolle und meinen monatlichen Vorschuss darauf verwetten würde, falls ich daneben läge. Sie lächelte und sagte, dass sie sich schon auf mein Geld freuen würde.

Auf dem Weg zum Rathaus gingen wir jeden der Alpha-Männer im Raum durch, und ich entwarf ein Profil dieser Männer und inwiefern ich glaubte, dass sie Informationen von ihr brauchten. Sie hörte aufmerksam zu und stellte viele Fragen. Ich schlug ihr vor, sich mehr so zu geben, wie sie sich in meiner Gesellschaft verhielt, ein Verhalten, das bei ihr authentischer war. Sie lächelte und sagte, dass es ihr leidtun würde, mich um mein Geld zu bringen und mich zu desillusionieren, aber dass sie denke, dies sei eine lehrreiche Lektion für mich. Wir betraten den Raum, und sie begrüßte jeden persönlich mit einem »Guten Morgen«.

Das Benehmen der männlichen Teilnehmer ihr gegenüber veränderte sich drastisch im Vergleich zum letzten Treffen. Sie lächelten sie an und gingen schnell zu ihren Plätzen, als sie sahen, dass sie bereit war anzufangen. Sie warf mir einen überraschten Blick zu und begann, unsere Idee vorzustellen. Sie fasste noch einmal zusammen, was in der Vorbereitungsmappe stand, zählte die Vorteile für jeden am Tisch auf und erläuterte die Realisierung. Als sie mit ihrer Präsentation fertig war, hielt einer der wichtigsten Alpha-Männer im Raum seine Hand hoch. Sofort schlüpfte sie wieder in die Zicken-Rolle, um für den vermeintlichen Angriff gewappnet zu sein. Sie sah zu mir herüber, als wolle sie sagen: »Hab ich's nicht gesagt!« Der Alpha sagte: »Ich würde gern den Antrag stellen, dieses Projekt zu befürworten.« Jetzt hätte man sie mit einer Feder umstoßen können. Sie hatte angenommen, dass er sie über das Projekt ausfragen wollte, aber stattdessen setzte er sich für die Idee ein, und der Vorstand nahm sie einstimmig an.

Die Zicke löst beim Alpha-Mann ein direktes Konfliktbedürfnis aus. Alphas werden sich nur selten ein Kopf-an-Kopf-Rennen mit einer Zicke liefern, sondern sie werden anfangen, ihre Autorität in der Gruppe zu unterminieren, indem sie sie nicht mehr auf dem Laufenden halten. Die Männer in der Gruppe werden ignorieren, was sie zu sagen hat, Dinge tun, um sie zu frustrieren, wobei sie hoffen, dass sie weinen und Schwäche zeigen wird, und sie werden vergessen, sie zu wichtigen Besprechungen einzuladen. Einige werden sogar so weit gehen, ihr ein Bein zu stellen oder sie ins offene Messer rennen zu lassen, so dass ihre Glaubwürdigkeit unwiederbringlichen Schaden nimmt. Ich habe Frauen gesehen, die diese Maske trugen und von Aktivitäten ausgeschlossen wurden, weil Alphas behaupteten, es sei zu schwierig, mit ihnen zusammenzuarbeiten. Wer sich die Maske der Zicke aufsetzt, liefert sich den Regeln der Alphas aus. Sie lieben den Kampf und stürzen sich begeistert auf jemanden, der darauf aus ist, einen anzuzetteln. Es ist einer der schnellsten Wege, aus der Gruppe ausgeschlossen zu werden.

Sie tragen vielleicht die Maske der »Zicke«, wenn

- Sie sich auf Wortgefechte im Konferenzraum einlassen;
- Sie denken, dass Angriff die beste Verteidigung ist;
- Sie es für sehr wichtig halten, dass niemand glaubt, Sie seien ein Schwächling, und das beweisen wollen, indem Sie an anderen Leuten Exempel statuieren;
- Sie Menschen offen den Krieg erklären, von denen Sie denken, dass sie Ihnen Unrecht getan haben;
- Sie anderen Menschen ins Wort fallen oder lauter werden, um sich Gehör zu verschaffen;
- Einschüchterungen Teil Ihrer beruflichen Strategie sind;
- Sie Menschen attackieren, von denen Sie glauben, unfair behandelt worden zu sein.

Die Geisha

Die Geisha ist das genaue Gegenteil der Zicke. Die Geisha sitzt ruhig daneben und wartet, bis von einem der Männer in der Runde ihre Dienste beansprucht werden. Sie holt schnell Sachen herbei, die vergessen wurden, sagt aus Angst, unhöflich zu sein, niemals ein Wort des Widerspruchs, und erwartet Anweisungen von anderen. Die Geisha ist ein weiblicher Ja-Sager. Was andere wollen, ist ihr zu Befehl.

Wenn sie nach ihrer Meinung gefragt wird, wird sie den Fall von beiden Seiten beleuchten und dann sagen: »Tja, schwer zu entscheiden, denn beide Seiten haben ihre Stärken ... was denken Sie?« Unschlüssigkeit erscheint der Geisha besser, als die falsche Entscheidung zu treffen. Sie kommt früh zu Besprechungen, stellt sicher, dass jeder eine Kaffeetasse hat und dass die Kopien und Arbeitsunterlagen für jeden bereit liegen, und sie übernimmt eilfertig alles, was niemand anderes tun will. Sie denkt, dass Diensteifrigkeit ihre Karriere voranbringen wird, aber ihre fehlende Entscheidungsfähigkeit blockiert ihren Aufstieg. Sie kann nicht gut unter Druck arbeiten. Kommt es hart auf hart, kann man nicht auf sie zählen.

Jedes Unternehmen hat seine Geishas. Sie sind oft großartige Arbeitskräfte und wissen, was anders gemacht werden sollte, aber wenn sie das sagen würden, hieße das gleichzeitig, die Arbeit von jemand anderem zu kritisieren, also lehnen sie sich ruhig zurück und hoffen, dass ein anderer es feststellen wird.

Ich habe eine Menge Geishas im Berufsalltag beobachten können. Egal in welcher Branche, sie sind in beinahe jeder Vorstandssitzung zugegen. Es sind die, bei denen man sich fragt:»Warum waren sie dabei?« Ich erinnere mich an eine Geisha im Besonderen, die mit mir in einem Hauptausschuss saß. Sie saß da und sah zu, wie alle anderen über die einzelnen Punkte diskutierten. Nach jeder Konferenz dachte ich bei mir, dass sie im Vorstand eine Platzverschwendung war. Wenn sie nach ihrer Meinung gefragt wurde, kaute sie wider, was die anderen gesagt hatten, dann lächelte sie. Sie war so etwas wie die heimliche Stenografin dieses Ausschusses. Sie wiederholte einfach, was alle anderen gesagt hatten.

Die Leute lächelten immer schon, wenn sie das Wort ergriff, denn sie wussten, dass sie sorgsam zwischen den Positionen herummanövrieren und versuchen würde, den Fokus der Diskussion mal auf die eine, dann ausgleichend auf die andere Seite zu richten. Im kleineren Kreis wurde die Frage laut, warum sie überhaupt im Ausschuss war. Sie trug absolut nichts zur Debatte bei. Ich erinnere mich, dass bei einer Gelegenheit der Vorsitzende zu ihr sagte:»Wir wissen, was jeder andere gesagt hat. Jetzt will ich wissen, was Sie denken.« Sie lächelte verlegen und sagte, dass sie mehr Zeit brauche, um darüber nachzudenken. Sie besaß in den Augen aller anderen Ausschussmitglieder nicht die geringste Glaubwürdigkeit und wurde später um ihren Rücktritt gebeten.

Sie tragen vielleicht die Maske der Geisha, wenn Sie

- wissen, dass Dinge geändert werden sollten, aber Angst haben, das zu sagen;
- darauf aus sind, so viel wie sie können für andere zu tun;
- dabeisitzen und darauf warten, zu Diensten gerufen zu werden;

- mit Ihrer Meinung hinterm Berg halten aus Furcht, jemand könne beleidigt sein;
- die meisten Besprechungen damit verbringen, still zuzugucken, und weder eigene Vorschläge einbringen noch Ihre Vorlieben äußern;
- unsicher sind, was Sie mit an den Tisch bringen.

Die Hure

Die Maske der Hure ist eine, die entweder fast immer oder nur selten getragen wird. Frauen benutzen die Maske der Hure, wenn sie versuchen, Sexualität als Machtmittel gegenüber ihren männlichen Kollegen einzusetzen. Dies kann eine der schädlichsten Masken für eine Frau sein. Die Rolle der Hure ist oft von sexy Kleidung, eher geschmacklosen Witzen, dem Reden über das Sexualleben oder dem Herausnehmen von Freiheiten gegenüber männlichen Mitarbeitern/Kollegen gekennzeichnet.

Jeder hat die Maske der Hure schon einmal bei einer betrieblichen Weihnachtsfeier gesehen, wenn die betreffende Person ein paar Gläser über den Durst getrunken hatte und ein bisschen freundlicher wurde als normalerweise. Momente der Indiskretion während einer Party oder bei Drinks mit Mitarbeitern werden fortan die Sünderin brandmarken wie ein scharlachroter Buchstabe über der Bürotür.

Die Regel für Männer lautet, nicht mehr als drei alkoholische Getränke innerhalb von 24 Stunden in geschäftlichem Umfeld zu sich zu nehmen. Das heißt nicht, dass Männer diese Regel nicht brechen würden, aber jene, denen es mit ihrem guten Ruf und ihrer starken geschäftlichen Präsenz ernst ist, werden sehr darauf achten, jederzeit im rechten Licht gesehen zu werden. Wenn die Maske der Hure einmal aufgesetzt wurde, ist es beinahe unmöglich, sie je wieder loszuwerden. Der Schatten eines zweifelhaften persönlichen Rufs, erworben in einem Moment der Schwäche, fällt auf das berufliche Ansehen und trübt es nachhaltig. Ein Beispiel, das mir zur Schädlichkeit der Huren-Maske einfällt, ist eine Kollegin von mir. Sie war eine außergewöhnlich gute Geschäftsführerin und wurde wegen ihrer Fähigkeit, Dingen zum Durchbruch zu verhelfen, die niemand für möglich hielt, häufig als Vortragsrednerin eingeladen.

Bei einer Tagung, die in den Vereinigten Staaten gehalten wurde, vertraute sie auf den Slogan von *Road Rules*[15]: »Was auf der Straße passiert, bleibt auf der Straße« – und verhielt sich vor den Augen von Menschen, die sie auf beruflicher Ebene kannte, äußerst unpassend. Es begann damit, dass sie sich betrank, sich auf den Schoß eines Managers setzte und ihm zu verstehen gab, wie sehr sie sich zu ihm hingezogen fühle. Sie tat dies in Gegenwart von zwölf anderen Kollegen, die am selben Tisch im Pub saßen. Nachdem dieser Herr ihre Annäherungsversuche freundlich abgeblockt hatte, ging sie zur Bar, schleppte einen Fremden ab und verschwand mit ihm nach oben auf ihr Zimmer.

In der nächsten Nacht, nachdem sie sich wieder Mut angetrunken hatte, näherte sie sich dem Gentleman, mit dem sie die vorige Nacht verbracht hatte. Nachdem der sie hatte abblitzen lassen, machte sie einen Freund von ihm an und begleitete ihn nach oben.

Beide Situationen spielten sich vor den kritisch-interessierten Blicken ihrer alten und neuen Kollegen ab. Am dritten Abend trug sie ein Badeanzug-Oberteil und eine Freizeithose zum Dinner. Sie versuchte, eine starke sexuelle Ausstrahlung zu vermitteln, erreichte bei denen, die sie kannten, jedoch nur angewidert-amüsiertes Kichern. Ich war nicht bei dieser Tagung, doch die Manager, die ich in der darauf folgenden Woche traf, konnten es kaum erwarten, ihre Beobachtungen wiederzugeben und lebhaft zu schildern, wie diese Frau nicht nur sich selbst, sondern die ganze Delegation von der Westküste in ein peinliches Licht gerückt hatte.

Zu sagen, dass ihre Karriere in diesem Geschäftsfeld kurzlebig war, wäre ein Euphemismus. Sie hatte beruflichen Selbstmord begangen, und nachdem sie entlassen worden war, gab es für sie wenig Aussichten, etwas anderes zu finden, so dass sie schließlich gezwungen war, ihr Tätigkeitsgebiet völlig aufzugeben. Sie wanderte innerhalb von drei Tagen von ganz oben hinab bis in den Keller. Sex ist nicht gleichwertig mit beruflichem Respekt.

---

15) Anm. d. Übers.: ‚Road Rules' ist eine Reality-Show von MTV, bei der sechs Fremde im Alter zwischen 18 und 24 Jahren ohne Geld mit einigen Hinweisen und einer Mission auf die Reise geschickt werden.

Ein weiteres Beispiel übertrieben ausgespielter Sexualität gab es bei der Fernsehserie *The Apprentice*.[16] Männer und Frauen wurden in zwei Teams eingeteilt, um Limonade zu verkaufen. Sieger war das erfolgreichste Verkäuferteam. Die Männer versuchten, Aufmerksamkeit zu gewinnen, indem sie Großpackungen zum Vorteilspreis anboten. Die Frauen auf der anderen Seite banden ihre T-Shirts vorne hoch und boten eine Limonade plus Kuss für 5 Dollar an. Die Frauen waren sehr attraktiv und gewannen diesen Wettbewerb, aber Donald Trump und seine Berater waren von dieser Vorgehensweise sichtlich abgestoßen, denn sie zeigte kein Geschäftstalent, wenig Reflexion und förderte Klischeevorstellungen über das Vorwärtskommen von schönen Frauen im Geschäftsleben.

Wenn Sie bei Ihrem beruflichen Vorwärtskommen auf Ihre Sexualität setzen, egal wie attraktiv Sie sind, so wird diese Quelle schnell austrocknen, und möglicherweise auch Ihre Karriere. Frauen, die die Maske der Hure benutzen, stoßen die Frauen in ihrem Umfeld ab und werden von den Männern, die mit ihnen zusammenarbeiten, als sehr gefährlich angesehen.

Sie tragen vielleicht die Maske der Hure, wenn Sie

- die Aufmerksamkeit mögen, die Ihr Dekolleté erregt;
- die Beachtung genießen, wenn Sie kurze Röcke tragen;
- denken, dass es in Ordnung ist, lockerer zu werden, wenn bei Betriebsfeiern jeder trinkt;
- Sexualität benutzen, um im beruflichen Milieu das zu bekommen, was Sie wollen;
- denken, dass es im beruflichen Umfeld okay ist, freizügige Scherze zu machen;
- denken, dass Flirten ein Mittel ist, um zu bekommen, was Sie wollen.

16) Anm. d. Übers.: *The Apprentice* – der Lehrling – ist eine amerikanische Fernseh-Reality-Show, in der über ein Auswahlverfahren ein Kandidat für einen Einjahresvertrag über 250 000 Dollar in einem Unternehmen von Donald Trump gesucht wird.

Der Mann

Die Maske des Mannes ist für Männer bei Frauen am einfachsten auszumachen. Männer versuchen ständig zu erkennen, ob eine Frau authentisch ist oder nur eine Rolle spielt. Ich schätze, dass etwa 20 Prozent der Frauen, die ich beruflich kenne, zu irgendeiner Zeit die Mann-Maske aufsetzen. Frauen, die über Dinge reden, von denen ich sicher weiß, dass sie nichts darüber wissen, besitzen wenig Glaubwürdigkeit. Dazu möchte ich Ihnen ein Beispiel aus meiner persönlichen Erfahrung geben.

Die Frau mit der Maske des Mannes war eine Kollegin, die Informationsdienste für kleinere Unternehmen anbot. Es war zur Zeit der Hockey-Ausscheidungsspiele, und sie sagte zu mir: »Die Ausscheidungsspiele sind richtig spannend dieses Jahr, nicht wahr?«

In diesem Moment dachte ich bei mir: »Sucht sie nur etwas, über das sie mit mir reden kann, oder interessiert sie sich wirklich für Hockey?« Also fühlte ich ihr auf den Zahn: »Sind Sie ein Hockey-Fan?«

Sie antwortete: »Ich bin ein großer Fan. Ich liebe Hockey. Ich gucke es ständig.« In den Augen des Alpha-Mannes hatte sie sich jetzt entweder selbst eine tiefe Grube gegraben, oder sie hielt, was sie versprach, und war keine Mogelpackung. Ich wollte sehen, ob sie nur eine Rolle spielte, was sie mir gegenüber generell unglaubwürdig machen würde, oder ob sie echt war, also verwickelte ich sie in ein Gespräch.

Ich: »Was denken Sie ist das Tollste an den Canucks?«
Sie: »Ich denke, sie haben ein wirklich gutes Team.«
Ich: »Wer ist Ihr Lieblingsspieler?«
Sie: »Mark Messier finde ich wirklich gut.« (Weil ich weiß, dass Messier für die Rangers spielt, stelle ich die Masken-Bestätigungsfrage.)
Ich: »Glauben Sie, dass er die Canucks zum Stanley Cup führen kann?«
Sie: »Das würde mich nicht wundern.«

Bumm! Volltreffer. Sie hat sich gerade selbst reingeritten, und sie weiß es noch nicht einmal, es sei denn, sie findet nach unserer Unterhaltung heraus, dass Messier nicht bei den Canucks ist. Den Rest unserer Unterhaltung spare ich mir hier.

Man sollte eben keine Märchen erzählen.

Sie hatte soeben, was mich betraf, beruflichen Selbstmord begangen und einen langen, langen Weg vor sich, um ihre Glaubwürdigkeit bei mir wiederzuerlangen, und sei es auch nur, um zum Ausgangspunkt zurückzukommen.

Es gibt eine Menge rückschrittlicher Autoren und Frauen-Ratgeber da draußen, die denken, Frauen müssten Golf spielen lernen, sie sollten Drinks in irgendwelchen Clubs zu sich nehmen oder über Fußball reden, um in den Männerclub eingelassen zu werden. Nichts kann weiter von der Wahrheit entfernt sein.

Wer etwas mit an den Tisch bringt, wird zum Mitspielen eingeladen. So einfach ist das. Wenn Sie nicht authentisch sind, kann man Ihnen nicht vertrauen. Leute, die versuchen, authentisch zu sein, sind darauf aus, Partner zu finden, die ebenfalls Integrität und Authentizität schätzen. Frauen müssen nicht zu Männern werden, um erfolgreich zu sein. Tatsächlich sollten sie sich stolz bewusst sein, dass sie über viele Fähigkeiten verfügen, um die Männer sie beneiden und die sie versuchen, von ihnen zu lernen.

Authentizität ist die Basis des neuen beruflichen Modells. Die Maske »Mann« zu tragen ist gefährlich, denn wenn Frauen dies tun, wird es zum großen Gesprächsthema unter Männern, sobald sie unter sich sind. Wir interessieren uns sehr für Frauen, die denken, dass sie wie Männer sein müssen, um als Mitstreiter ernst genommen zu werden. Frauen, die die Mann-Maske aufsetzen, torpedieren sich selbst in den Augen der Männer in ihrem Netzwerk.

Reden Sie also über nichts, wovon Sie keine Ahnung haben. Männer entlarven sich gegenseitig, wenn einer von ihnen Mist erzählt, aber wir machen das nicht bei Frauen. Wir machen uns nur eine Notiz im Kopf und nehmen Sie bei allem anderen, was Sie zu sagen haben, nicht mehr ernst.

Sie tragen vielleicht die Maske »Mann«, wenn Sie

- über Dinge reden, die Sie nicht interessieren, von denen Sie jedoch denken, dass Männer darüber reden wollen;
- über Sport reden, aber die Sportsendungen im Fernsehen nicht verfolgen;
- versuchen, in den Männerclub zu gelangen, indem Sie an typischen männlichen Aktivitäten teilnehmen;

- derart versuchen, Ihre männlichen Kollegen zu kopieren, dass es Ihnen selbst unnatürlich vorkommt.

Die Mutter

Von allen Masken, hinter denen Frauen sich verstecken können, ist die Maske der Mutter die beliebteste. Eine »Mutter« ist die Person, die Plätzchen mit zur Arbeit bringt, Beziehungsratschläge gibt, Kopfschmerztabletten verteilt und für andere in der Kantine die Tische sauberwischt. »Mutter« denkt an die Geburtstage von allen, plant das Firmen-Picknick und sucht nach Entschuldigungen, wenn Leute nicht ihr Bestes gegeben haben. Wenn Drecksarbeit zu tun ist, schauen Männer sich suchend nach der »Mutter« um. Die »Mutter« wird nie richtig ernst genommen, gilt sie heute noch als ein Geschenk der Götter, wird sie vielleicht morgen schon als Gehaltsverschwendung angesehen. Wie viel würde sie erreichen, wenn sie die Zeit, die sie damit verbringt, sich um jeden zu kümmern, auf ihren Job verwendete?

Die meisten Frauen sind empfänglich für die Maske der Mutter, da sie eine Veranlagung dafür haben, sich zu kümmern und sich um das Wohlergehen der Gruppe zu sorgen. Oft helfe ich Kundinnen dabei, ihr Bemutterungsbedürfnis bei Menschen, mit denen sie beruflich zu tun haben (mich selbst eingeschlossen), zu überwinden.

Eine Kundin und ich saßen beispielsweise im letzten Frühling beim Mittagessen im Außenbereich eines Restaurants, und ich bemerkte: »Puh, ist mir kalt.« Sofort rief sie den Kellner und bat ihn, uns umzuplatzieren. Ein paar Minuten später sagte ich: »Ich weiß nicht, was ich mit meiner Serviette gemacht habe.« Sie stand auf und holte mir eine neue. Dann sagte ich: »Ich bin durstig. Ich wünschte, der Kellner würde mehr Wasser bringen.« Sie nahm ihr Glas und goss die Hälfte ihres Wassers in mein Glas. Ich saß da und lächelte sie an.

Als sie das sah, stellte sie fest: »Verdammt noch mal! Das war ein Test, stimmt's?« Ich nickte lächelnd. Drei Mal nacheinander hatte sie automatisch versucht, jedes Problem für mich zu lösen. Die Mutter wird beruflich nie richtig ernst genommen, weil der Alpha annimmt, dass ihr Bedürfnis, jedem zu helfen, im beruflichen Umfeld über ihre Fähigkeit triumphiert, objektiv zu sein.

Es gibt einen Unterschied zwischen Höflichkeit und einem Gefühl für die Bedürfnisse anderer einerseits und dem Versuch, sich für jemanden um alles zu kümmern andererseits. Letzteres wird vom Alpha-Mann zwar begrüßt, aber nicht respektiert. Wenn ich mit einem männlichen Kollegen zusammen bin und er sagt: »Mir ist kalt«, dann sage ich: »Sie hätten eine Jacke mitnehmen sollen.« Wenn der andere sagt: »Ich wünschte, der Kellner würde mehr Wasser bringen«, dann sage ich: »Winken sie ihn doch heran, damit er das tut.« Ich mache das aus einer Reihe von Gründen nicht für andere:

1. Ich setze voraus, dass Erwachsene für sich selbst sorgen können.
2. Wenn ich es für sie tue, lasse ich sie wissen, dass ich sie für unfähig halte.
3. Wenn sie nicht für sich selbst sorgen können, will ich definitiv keine Geschäfte mit ihnen machen.

Sie tragen vielleicht die Maske der »Mutter«, wenn

- Sie Schnupfen- und Kopfschmerzmittel in Ihrer Schreibtischschublade für die medizinische Erstversorgung Ihrer Umgebung horten;
- Taschentücher stets griffbereit für alle auf Ihrem Tisch liegen, nur für den Fall;
- Sie sich die Geburtstage Ihrer Kollegen sowie von deren Angehörigen notiert haben;
- Sie verantwortlich für die Planung von Überraschungspartys sind;
- Sie denken, dass es immer einen guten Grund gibt, frisches Gebäck mit ins Büro zu bringen.

Die Folgen des Tragens von Masken

Wenn Sie eine Maske tragen, hat das Folgen, auch wenn Sie das nicht unmittelbar bemerken. Männer sprechen in gemischter Runde selten über die Masken, aber wir tun es, wenn wir unter uns sind. Wir machen bei den Frauen, die wir beruflich kennen, eine Bestandsaufnahme und schätzen ab, ob sie eine Maske tragen und wenn ja, welche. Wenn wir diese Inventarliste durchgehen, reden wir über das

Fehlen von Authentizität und dass Frauen, die eine Maske tragen, nicht vertrauenswürdig sind. Denn man weiß nie, welche Maske bei der nächsten Besprechung zum Vorschein kommt.

Maskenträgerinnen sind nicht zuverlässig, und wir Männer können nicht sicher sein, was wir von Frauen erwarten sollen, die nur eine Rolle spielen.

Wir befürchten, dass der Umgang mit einer Maskenträgerin uns schlecht aussehen lässt – als hätten wir nicht die Kontrolle, als würden wir schlechten Umgang pflegen, als würden wir Verlierer unterstützen, oder dass wir die zur Schau getragene Maske verursacht haben bzw. sie rechtfertigen. Ich erinnere mich, dass ich bei einer Gelegenheit eine Subunternehmerin wieder nach Hause geschickt habe, weil ihr Kleid für die Präsentation, die wir im Begriff standen zu geben, völlig unpassend war.

In der Welt des Alpha-Mannes sind Frauen bzw. alle Menschen, die nur eine Rolle spielen, eine völlige Zeit- und Geldverschwendung. Wenn ich bei jemandem, den ich kenne, eine Maske in Erscheinung treten sehe, bin ich enttäuscht. Wenn es jemand ist, den ich nicht kenne, treffe ich in diesem Augenblick die bewusste Entscheidung, ihn oder sie nicht ernst zu nehmen. Ich will mit authentischen Menschen umgehen, so dass ich weiß, woran ich bei ihnen bin. Wenn ich raten muss, mache ich nicht mit.

Masken sind etwas für Halloween und Theateraufführungen, nicht für das Besprechungszimmer.

7
Flaute: Ideen als Fragen formulieren

Haben Sie jemals ...

1. versucht, einen Konsens zu erreichen, indem Sie gesagt haben, dass alle in Ihrem Team eine Idee hatten, die eigentlich nur Sie hatten?
2. gefragt, ob eine Idee gut ist, obwohl Sie wussten, dass sie gut ist?
3. eine Idee gehabt, die von jemandem zunichte gemacht wurde, der nicht alle Details kannte?

Machen Sie einmal dieses kleine Quiz um zu sehen, ob Sie schon einmal Ihre Macht verschenkt haben, indem Sie großartige Ideen in Frageform vorgebracht haben, so dass Alphas Ihre guten Ideen nicht ernst genommen haben:

Das war Ihre Idee	So haben Sie sie vorgebracht
In einen neuen Markt gehen, um eine günstige Gelegenheit auszunutzen.	»Was denken Sie alle davon, ein Büro in San Francisco zu eröffnen?«
Zusätzliches Personal bereitstellen, um den Vertriebsleuten mehr Zeit für Geschäftsabschlüsse zu geben.	»Wäre es eine gute Idee, das Vertriebsteam zu unterstützen?«
Sich um einen Hauptkunden der Konkurrenz bemühen, weil Sie gehört haben, dass er unzufrieden ist.	»Was denken Sie, wäre es ein guter Schachzug, denen ihren Telefonkunden abzuwerben?«
Kostenreduzierung, um eine Abteilung kurzfristig profitabel zu machen, bis die Einnahmen richtig fließen.	»Denken Sie, die Abteilung könnte kurzfristig profitabler werden, wenn wir einige Kosteneinsparungen vornehmen?«
Wenn wir einen Bewirtungsraum bekommen, können wir neue Kunden für das Unternehmen gewinnen.	»Denken Sie, dass wir neue Kunden gewinnen könnten, wenn wir einen Bewirtungsraum bekämen?«

Business Report: Was Männer Frauen nicht erzählen. Christopher V. Flett
Copyright © 2009 WILEY-VCH Verlag GmbH & Co. KGaA, Weinheim
ISBN 978-3-527-50449-7

Sie haben nachgewiesene Informationen darüber, dass es einen Nischenmarkt gibt, der gewinnträchtig erschlossen werden könnte.	»Wäre der italienische Markt in New York es wert, sondiert zu werden? Dort gäbe es vielleicht einige günstige Gelegenheiten.«

Dies ist etwas, worüber sich die meisten Frauen nicht bewusst sind. Sie erkennen nicht, wie oft sie ihre Ideen in Form von Fragen anbieten. Frauen sind von Natur aus eher darauf eingestellt, Einigkeit zu stiften. Es ist eher wahrscheinlich als unwahrscheinlich, dass ihnen die allgemeine Zustimmung der Gruppe wichtig ist und sie sich darauf konzentrieren. Dies ist im Allgemeinen eine ihrer besonderen Stärken im Geschäftsleben. Doch wenn Frauen ihre Ideen in eine Frage verpacken, legen Männer das dahingehend aus, als sei ihnen diese Idee gerade erst gekommen, als hätten sie sich gar nicht richtig auf das Treffen vorbereitet – und lehnen die Idee ab.

Denken Sie darüber nach, wie Sie Ihre Ideen vorbringen wollen. Anstatt zu fragen: »Denken Sie, dass die Fusion eine gute Idee ist?«, sagen Sie lieber: »Ich denke, dass die Fusion eine großartige Idee ist, weil sie die Profitabilität steigern, unseren Markt stabilisieren und unsere Kosten reduzieren wird.« Diese zweite Formulierung erlaubt Ihnen, Ihre Meinung vorzubringen und sie mit den Gründen für Ihre Sichtweise zu unterstützen. Selbst wenn Ihre Kollegen nicht mit Ihnen übereinstimmen, zeigt es, dass Sie Zeit darauf verwendet haben, Ihre Ansicht zu untermauern. Dies wird die Diskussion eröffnen und eine vertiefende Unterredung ermöglichen, die dazu führt, dass Sie und die Sichtweise Ihrer Firma interne Zustimmung erfahren.

Es folgen vier Vorschläge, wie Sie sich vorbereiten und sich wohler dabei fühlen können, Ihre Ideen mit Integrität und Selbstvertrauen vorzubringen.

Seien Sie gut vorbereitet

Wenn Sie Ideen haben, was Sie vorschlagen wollen, sollte der erste Schritt sein, Ihre Meinung durch rationale Argumente zu unterfüttern. Niemand mag es, wenn jemand einfach nur Ideen ausspuckt, es sei denn beim Brainstorming. Ein schneller Weg, Glaubwürdigkeit zu verlieren, besteht darin, Ideen vorzubringen, die nicht gründlich durchdacht sind.

Einige Wochen vor den Bundeswahlen in Kanada aß ich mit einer Freundin zu Abend und fragte sie, wen sie zu unterstützen gedenke. Sie nannte den Namen einer Partei, und als ich fragte, warum sie sich für diese Partei entschieden habe, gab sie zur Antwort, dass deren Wahlprogramm ansprechend sei. Als ich Näheres dazu wissen wollte, wich sie meiner Frage aus, weil sie keinerlei politische Programme gelesen hatte, sondern lediglich Bekannten abgelauscht hatte, was sie wählen würden.

Der beste Weg, in Diskussionen glaubwürdig zu sein, ist die Verbindung von gut durchdachten Ideen mit Leidenschaft und Fachkenntnis. Vielleicht werden die anderen Ihnen nicht zustimmen, aber sie werden Sie dafür respektieren, dass Sie die Fähigkeit haben, Ihre Überzeugungen prägnant und stark darzulegen.

Gehen Sie ein Risiko ein

Manchmal müssen Sie, wenn mehr Informationen ans Licht kommen, das, was Sie ursprünglich gedacht haben, wieder zurücknehmen. Wir treffen Entscheidungen aufgrund unserer Erfahrungswerte, und ich habe Situationen erlebt, in denen ich sehr leidenschaftlich eine Sache vertrat, die sich später als falsch herausstellte. Trotzdem: Es ist nichts Ruhmreiches daran, passiv herumzuhocken und auf den perfekten Moment zu warten, um Ihre Ideen darzulegen. Manchmal müssen Sie die Situation abschätzen, eine Idee entwickeln und sie vorwärtsbringen. Vielleicht haben Sie Recht, vielleicht liegen Sie falsch, aber auf jeden Fall haben Sie bei der Entwicklung von Ideen die Initiative übernommen, und das wird jeder schätzen.

Stellen Sie sich auf kreative Konflikte ein

Immer wenn Sie eine Idee vorbringen, werden die einen sie lieben und die anderen sie hassen. Das ist einfach so, und meiner Erfahrung nach teilt sich das Lager der Befürworter und Gegner etwa fünfzig zu fünfzig auf. Wenn Fachleute respektvoll verschiedener Meinung sind, führt der Konflikt oft zu einer Lösung auf höherer Ebene. Vermeiden Sie den Konflikt nicht; betrachten Sie ihn vielmehr als Entwicklungsinstrument – auch wenn am Ende vielleicht keine Einigung erreicht wird.

Der wichtige Teil beim Vorbringen von Ideen ist, sicherzustellen, dass die Leute das, was Sie sagen, hören, und dass Sie den Äußerungen der anderen zuhören. Zu oft konzentrieren sich die Menschen im Berufsleben nur auf das, was sie selbst als Nächstes sagen wollen, und hören anderen nicht aktiv zu. Versuchen Sie zuerst, die anderen zu verstehen, dann erst, verstanden zu werden. Wenn Sie einfach nur Ihre Ideen durchsetzen wollen und sich dem versperren, was andere zu sagen haben, erweisen Sie sich selbst einen großen Bärendienst.

Seien Sie selbstbewusst, wenn Sie Ihre Ideen vorbringen

Mit Bescheidenheit werden Sie Ihre Ideen nicht zu Gehör bringen können. Denken Sie daran, dass Selbstbewusstsein attraktiv ist. Doch auch wenn Sie es richtig angehen und das Geschäft auf ein neues Niveau bringen, wird es einige Leute geben, die nicht einverstanden damit sind, weil Veränderungen ihrer Ansicht nach nicht gut sind.

Stellen Sie sich vor, Christoph Kolumbus hätte gesagt: »Ich frage mich, ob irgendjemand schon einmal darüber nachgedacht hat, dass die Erde vielleicht gar keine Scheibe ist? Könnte sie vielleicht rund sein? Was denken Sie?«

Stattdessen sagte er: »Die Erde ist rund, und ich werde mich auf den Weg machen, das zu beweisen. Wer schließt sich mir an?« Er hatte genauso viele Kritiker wie Befürworter, aber letzten Endes ist er als Visionär und als selbstbewusster Forschungsreisender in Erinnerung geblieben. Um erfolgreich zu sein, muss man wie ein Surfer zunächst heftig paddeln, bevor man auf die Welle gelangt und auf ihr reitet.

8
Gestrandet: Entschuldigungen machen

Ist Ihnen schon einmal etwas missglückt, und Sie haben mit anderen darüber gesprochen, warum es Ihrer Meinung nach in die Hose ging? Glaubten sie, jemandem eine Erklärung dafür zu schulden, was passiert war? Sobald Sie sich entschuldigen, liefern Sie sich Ihrem Gegenüber aus. Es ist nun an ihm, darüber zu urteilen, ob Ihr Grund anerkennenswert ist.

Männer sehen einander an und verdrehen die Augen, wenn Frauen in Entschuldigungen ausbrechen für etwas, das passiert ist. Weil wir zielorientiert sind, sorgen wir uns nicht darum, was uns unterwegs in die Quere kommt. Entweder hat man etwas getan, oder man hat es nicht getan. Wir kümmern uns nicht darum, warum es nicht geschehen ist; wir interessieren uns dafür, wann es geschehen wird und wie Sie es anstellen werden, es geschehen zu lassen. Hier sind »Chris' Anmerkungen zum Thema Entschuldigungen«:

Vergangenheitsbewältigung ist Zeitvergeudung

Wenn Sie eine Entschuldigung abgeben, sehen Sie selbst das als Anbieten einer Erklärung, was bedeutet, dass Sie den Prozess erläutern. Darum kümmern wir Männer uns aber nicht. Auf uns wirkt es, als wäre es für Sie ganz in Ordnung, noch mehr Zeit zu verschwenden, indem Sie erklären, warum Sie nicht fähig waren, dies oder jenes zu tun. Anstatt Ihre Zeit auf Entschuldigungen zu verwenden, schauen Sie also lieber nach einem Weg zu handeln und handeln Sie. Entschuldigungen sind nur eine weitere Zeitvergeudung.

Business Report: Was Männer Frauen nicht erzählen. Christopher V. Flett
Copyright © 2009 WILEY-VCH Verlag GmbH & Co. KGaA, Weinheim
ISBN 978-3-527-50449-7

Sie geben Ihre Macht auf

Entschuldigungen machen Ihr Handeln angreifbar für Kritik. Die Entschuldigung wird von jedem, der sie hört, analysiert. Und diese anderen Menschen bestimmen, ob Ihr Grund, etwas nicht geschafft oder falsch gemacht zu haben, annehmbar ist. Dies unterminiert Ihre berufliche Machtposition ganz und gar, weil Sie damit anderen erlauben, Ihr Handeln zu bewerten. Es spielt keine Rolle, was die anderen denken. Lassen Sie mich diesen Punkt an einem Beispiel verdeutlichen:

Stacy verspätete sich wegen einer unerwarteten familiären Angelegenheit zur Vorstandssitzung. Sie kam 15 Minuten zu spät, und der Vorsitzende musste wegen dieser Verspätung andere Programmpunkte vorziehen. Sie war eine von drei Frauen in einem aus 15 Personen bestehenden Vorstand. Als sie hereinkam, sagte sie Folgendes: »Hallo zusammen, entschuldigen Sie bitte die Verspätung. Meine Tochter ist letzte Nacht krank geworden und konnte deshalb nicht zur Schule gehen, also musste ich mich mit dem Notfall-Service für Kinderbetreuung herumärgern. Als ich endlich ein Taxi bekam, war es schon 9 Uhr. Es tut mir leid.«

Als Stacy dies darlegte, nickten die anwesenden Frauen. Sie hatten Verständnis für die Problematik, Familie und Beruf unter einen Hut zu bekommen. Die Männer aber dachten:

- »Warum verschwendest du noch mehr Zeit mit dieser dummen Erklärung?«
- »Mir egal. Mir egal. Mir egal. Setz dich doch einfach hin, damit es weitergeht.«
- »Stacy kann man keine Verantwortung übertragen, sie wird alles vermasseln, wenn ihr Kind krank wird!«
- »Warum hast du nicht rechtzeitig genug bei der Kinderbetreuung angemeldet, dass du ihren Service brauchst?«
- »Können wir dann mal weitermachen?«
- »Ach je, wie rührend.«

Stacy hat sich selbst angreifbar gemacht für Kritik an ihrer Fähigkeit beziehungsweise dem Fehlen derselben, ihr privates und berufliches Leben zu managen. Sie glaubt, mit ihrer Entschuldigung Verständnis für ihre Situation zu wecken. In Wirklichkeit führen ihre erklärenden Informationen dazu, dass man ihr Handeln bewertet. Stacy hat ihre Machtposition an die Menschen im Raum abgetreten.

Stacy hätte Folgendes sagen sollen, um zuzugeben, dass sie die Erwartungen ihres Teams nicht erfüllt hat, aber gleichzeitig ihre Machtposition zu behalten: »Ich möchte mich für meine Verspätung entschuldigen. Ich schätze es sehr, Mitglied dieses Vorstandes zu sein, und ich werde jede mögliche Maßnahme ergreifen, um sicherzustellen, dass dies nie wieder passiert.«

Indem sie die Situation auf diese Weise angeht, erkennt sie an, dass sie die Erwartungen nicht erfüllt hat, und verspricht, dafür zu sorgen, dass dies nicht noch einmal passiert. Fertig! Sie sagt nicht, was passiert ist, warum es passiert ist und so weiter. Nichts davon spielt für die Kerle eine Rolle.

Wenn es einen Mann in der Gruppe gibt, der darauf aus ist, sie beruflich zu diskreditieren, wird er versuchen, sie zu einer Entschuldigung zu verleiten, indem er fragt: »Was ist denn passiert?« Oder: »Ich hoffe, es ist alles in Ordnung?« Die beste Reaktion darauf ist, einfach zu sagen, dass es sich um eine persönliche Angelegenheit handelte. Damit lässt sie seinen Vorstoß ins Leere laufen, und alle können wieder zur Tagesordnung zurückkehren. Tappen Sie nicht in die Falle! Sie müssen niemandem gegenüber Rechenschaft ablegen.

Meine Frau, Jacqui, ist eine sehr starke Geschäftsfrau, aber ich ziehe sie immer damit auf, dass sie Entschuldigungen macht. Ich lege oft Köder aus, um zu sehen, ob ich Entschuldigungen aus ihr herausbekomme, und normalerweise blockt sie meine Versuche sehr effektiv ab.

Als sie an der juristischen Fakultät war, arbeitete sie gemeinsam mit einem Professor an einem Forschungsprojekt über die Vereinten Nationen. Eines Morgens fühlte sie sich nicht wohl, und sie sagte mir, sie werde anrufen und sich krank melden. Ich riet ihr, sich dafür dem Professor gegenüber nicht zu entschuldigen, ihm einfach nur zu sagen, wann sie wiederkommen würde. Sie warf mir einen scharfen Blick zu und sagte verächtlich: »Ich mache keinen Entschuldigungen!«

Ich lächelte ihr zu und sagte: »Wir werden ja sehen.« Jacqui setzte ihr entschlossenes Gesicht auf und nahm das Telefon.

Sie rief den Professor an und begann: »Guten Morgen, Dr. Jones, hier ist Jacqueline Flett, und ich werde heute morgen nicht kommen.« Sie hielt inne und sah mich an. Ich muss zugeben, ich war ein wenig perplex, und beinahe hätte ich applaudiert. Doch dann fuhr sie fort: »Ich habe mich den ganzen Morgen schon nicht wohlgefühlt. In der letzten Nacht fing es an, dass ich mich krank fühlte, und ich dachte, dass ich mich bis heute Morgen besser fühlen würde, aber es geht mir nicht besser.«

Ich begann zu grinsen und formte mit dem Mund lautlos die Worte: »Entschuldigung!« Sie starrte mich zornig an und fuhr fort, den Professor mit noch mehr Details ihrer Unpässlichkeit zu füttern. Es folgte eine kurze Pause, woraufhin sie sagte: »Dienstag, elf Uhr«, und einhängte. Als ich fragte, was er gesagt habe, antwortete sie: »Alles was er wissen wollte, war, wann ich wiederkomme.« Ich lachte und sagte zu ihr: »Nette Entschuldigung.« Sie schoss zurück: »Das war keine Entschuldigung. Das war eine Erklärung!«

Frauen sind viel kommunikativere Menschen als Männer und lieben es, das, was sie zu sagen haben, mit Details farbiger zu machen. Dies hat mit der erwähnten Fokussierung auf den Prozess zu tun. Das Problem dabei ist, dass Männer sich nicht so sehr für den Ablauf interessieren, sondern für das Ziel. Alles was Jacquis Professor wissen wollte, war, wann sie wiederkommen würde (Ziel). Als allgemeine Regel gilt, dass Frauen untereinander ihre Informationen ruhig mit Details würzen können, Männer aber mit einer zielorientierten Aufbereitung von Informationen besser zurechtkommen. Folgendes könnte Jacqui gesagt haben, was die Unterredung abgekürzt hätte und für den Professor ansprechender gewesen wäre: »Hallo, Dr. Jones, ich werde heute nicht kommen, aber ich werde Dienstagmorgen wieder da sein. Alles weitere dann bald persönlich.« Das war alles, was er wissen wollte.

Sie zeigen, dass Sie Zustimmung brauchen

Wenn Sie eine Entschuldigung anbieten, ist das, worauf Sie wirklich aus sind, eine Zustimmung, also Anerkennung, Billigung Ihrer Situation. Wenn Sie Zustimmung suchen, geben Sie Ihre Stärke auf. Tun Sie das nicht. Es spielt keine Rolle, was andere denken. Ich weiß, dass es nicht leicht ist, das zu hören und zu glauben, aber letztlich ist alles, was Sie anbieten können, Ihr Bestes zu geben. Es spielt keine Rolle, ob die anderen Ihre Gründe, etwas getan oder gelassen zu haben, gut oder schlecht finden. Sie haben entweder etwas getan oder es nicht getan.

Wenn Sie es getan haben, ist das großartig. Wenn Sie es nicht getan haben, was werden Sie deswegen unternehmen? Seien Sie nicht wie ein Golden Retriever, der sich bei einem Tätscheln über den Kopf kaum beruhigen kann vor Freude. Sie sind eine stolze, starke Geschäftsfrau. Bleiben Sie es, und handeln Sie danach. Sie brauchen niemanden, um Ihre Existenz zu rechtfertigen. Jedes Mal, wenn Sie eine Zustimmung für eine Entschuldigung brauchen, sind Sie wie ein Hund, der über den Kopf getätschelt werden will, und jeder Mann weiß das. Sie bringen sich damit stärkeren Männern gegenüber in eine unterwürfige Hündchen-Rolle. Schlüpfen Sie nicht in diese Rolle.

9
Über die Planke gehen[17]:
Offenen Krieg erklären

Haben/sind Sie jemals ...

1. bei der Arbeit mit einem Freund in Streit geraten?
2. gedacht, dass Ihnen Unrecht getan wurde, und beschlossen, diese Ungerechtigkeit bei der Arbeit öffentlich zu machen?
3. Ihre Stimme gegen etwas erhoben, das jemand getan hat und mit dem Sie nicht einverstanden waren?
4. jemandem vor seinen Kollegen, Vorgesetzen oder Kunden gesagt, dass er Unrecht hatte?

Einer der auffallendsten Unterschiede zwischen Männern und Frauen im Geschäftsleben besteht in der Art und Weise, wie wir einander bekriegen. Frauen rollen die Geschütze in Stellung, bereiten einen Racheplan vor und gehen auf die Matratzen (wenn Sie diesen Begriff nicht kennen, leihen Sie sich den Film *Der Pate* aus).

Männer dagegen greifen wie Haie an. Man sieht sie nicht kommen; man kann den Angriff nicht voraussehen und weiß nicht, wann er passiert. Er kommt einfach aus dem Nichts, und hinterher sammelt man die übrig gebliebenen Stücke ein. Wenn wir angreifen, wollen wir nicht, dass jeder es sieht oder die Spur auf uns zurückverfolgen kann. Frauen aber greifen mit gezücktem Messer an und stechen wild drauflos. Männer, die hiervon Zeuge werden, treten einen Schritt zurück und staunen mit offenem Mund. Es gibt drei Dinge, die Männern auffallen, wenn sie Frauen beobachten, die einen Kollegen oder

---

17) Anm. d. Übers.: Über die Planke zu gehen war eine Hinrichtungsform auf Piratenschiffen. Der Verurteilte wurde an den Händen gefesselt und auf eine Planke gestellt, die vom Schiff auf das Meer hinausragte. Er wurde dann mit einem Speer gezwungen, bis zum Ende der Planke zu gehen, wo er ins Wasser fiel und meist ertrank.

Business Report: Was Männer Frauen nicht erzählen. Christopher V. Flett
Copyright © 2009 WILEY-VCH Verlag GmbH & Co. KGaA, Weinheim
ISBN 978-3-527-50449-7

eine Kollegin angreifen. Doch zuvor eines meiner Lieblingsbeispiele für einen Zickenkrieg:

Direkt nach meiner Universitätszeit arbeitete ich bei einem Energieversorgungsunternehmen mit zwei Frauen zusammen. Der Name der einen war Debbie und der Name der anderen Beth. Sie glichen sich wie ein Ei dem anderen. Die eine war in der Marketingabteilung und die andere in der Abteilung für alles rund um das Branding (die Marke) der Firma. Sie waren die besten Freundinnen. Die eine brachte die Wurst mit, die andere das Brot; die eine brachte Salat, die andere Dressing. Sie lunchten jeden Mittag zusammen und plauderten dabei über Gott und die Welt. Eines Tages stand ich am Fotokopierer, und Debbie kam zu mir. Sie sagte: »Kennst du Beth?« Ich erwiderte: »Ja.« (Was für eine Frage – die beiden liefen jeden Tag wie siamesische Zwillinge herum, die an den Hüften zusammengewachsen waren.) Dann sagte sie: »Tja, Beth ist eine völlige Hure, sie hat mit dem Kopiergeräte-Kerl geschlafen!« Ich sah ihr in die Augen, nahm meine Kopien und ging zurück an meinen Arbeitsplatz. Unglaublich. Wer sagt so etwas zu einem Kollegen, besonders zu einem Alpha? Etwas später am selben Tag kam Beth zu mir und sagte: »Kennst du Debbie? Sie ist echt eine Rabenmutter. Jedes Wochenende geht sie mit mir auf die Rolle und lässt die Kinder bei ihrer Mutter. Was für eine Schlampe!« Es war witzig. Dass Debbie an den Wochenenden ausging, war bis zu dem Zerwürfnis der beiden kein Thema gewesen. Diese beiden berufstätigen Frauen arbeiteten sich durch die ganze Abteilung, um sich gegenseitig niederzumachen. Sie versuchten allen Ernstes, Teams gegeneinander aufzustellen.

Ich hörte, wie eine von ihnen sagte: »Jetzt weißt du, was passiert ist. Denkst du, dass ich überreagiere?« Wenn der oder die Gefragte »Nein« sagte, dann zählte das Mädchen diese Person zu ihrem Team. Wenn die Person die Frage jedoch bejahte, gab sie zurück: »Du hast ja keine Ahnung. Du warst nicht dabei!« und marschierte weiter, wobei sie diese Person aus der Liste ihrer potenziellen Verbündeten strich. Was beide erfolgreich taten, war, jedem Alpha die Unmöglichkeit vor Augen zu führen, den beiden jemals auch nur im Geringsten Vertrauen entgegenzubringen, denn sie hatten eindrucksvoll gezeigt, was passierte, wenn sie sich plötzlich gegen einen wendeten.

Es folgen drei wichtige Beobachtungen zum Verhalten von Frauen, wenn sie sich bekriegen oder sogar wenn sie versuchen, einen Kerl anzugreifen.

Frauen reagieren auf Vertrauensbruch mit Rachsucht

Wenn Frauen jemanden bekriegen, wenden sie sich mit aller Kraft gegen ihn: mit Volldampf voraus, emotional, Dinge sehr persönlich nehmend, gehen sie der- oder demjenigen an die Gurgel. Oft riskieren sie Kopf und Kragen, nur um die Person, die ihnen ihrer Meinung nach Unrecht getan hat, zu zerstören. In ihrer Wut berechnen sie nicht mit ein, dass dies beinahe ein Kamikaze-Unterfangen ist. Frauen vergessen die Umgebung, in der sie sind, und wenn sie es nicht vergessen haben, so ist es ihnen zumindest egal. Sie gleichen angreifenden Kampfhunden.

In Amerika bezeichnen Männer solch einen Zickenkrieg als *Catfight* (Katzenkampf) oder als aufeinander einhackende Hennen. Es ist eine sehr traurige Art für eine Frau, ihre Machtposition aufzugeben. Auslöser eines solchen Kampfes ist fast immer das, was von der Frau als Vertrauensbruch einer Kollegin angesehen wird.

Unterstützung in der Gruppe suchen

Sobald der Angriff passiert ist, geht die Angreiferin im Betrieb herum und sucht nach Unterstützung für ihre weiteren Aktionen. Sie beginnt bei denen, deren Unterstützung am wahrscheinlichsten ist. Obwohl Männer ihr gegenüber zustimmend nicken werden, denken sie sich dabei: »Diese Frau ist eine Psychopathin!«

Man wird von ihr Bemerkungen hören wie

- »Was sollte ich tun, er hat meine Idee gestohlen!«
- »Ich bin nicht diejenige, die damit angefangen hat! Sie hat zuerst zugeschlagen!«
- »Ich war am Rande des Zusammenbruchs. Was hätten Sie an meiner Stelle getan?«

- »Ich kann mir niemand anderen vorstellen, der so etwas getan hätte!«
- »Das bekommt er dafür, dass er mir in die Quere gekommen ist!«
- »Ich habe ihn davor gewarnt, mich herumzukommandieren!«

Nach dem Angriff wird jeder versuchen, ihr aus dem Weg zu gehen. Nicht aus Angst vor ihr; eher weil niemand mehr etwas mit ihr zu tun haben will. Ohne es zu wissen, hat sie sich selbst aus der Gruppe ausgeschlossen. Dies ist etwas, das für sie sehr schwer zu überwinden sein wird, hauptsächlich deshalb, weil niemand ihr sagen wird, dass sie passiv aggressiv aus der Gruppe ausgestoßen ist.

Vertrauen in das untergraben, was geteilt wurde (Geheimnisse verraten)

Dieses Verhalten ist ein Killer. Wenn eine Frau sich gekränkt und abgelehnt fühlt und sich bereit macht, jemandem an die Gurgel zu gehen, beginnt sie, jedes Geheimnis, das sie über die Person weiß, an die große Glocke zu hängen. Die Samthandschuhe sind ausgezogen, Diskretion existiert nicht mehr. Alles, was im Vertrauen erzählt wurde, wird nun zum willkommenen Instrument, den Ruf des Opfers zu zerstören.

Der schnellste Weg, Ihre Integrität zu untergraben und Ihre Machtposition aufzugeben, besteht darin, einem Kollegen oder einer Kollegin offen den Krieg zu erklären. Sie machen sich selbst zum Spektakel, Sie geben jedem in der Umgebung einen guten Grund, Sie loszuwerden, und Sie zeigen, dass Sie absolut keine Kontrolle über Ihre Gefühle haben. Wenn es einen Grund zum Angriff gibt, tun Sie es diskret, aber hinterlassen Sie keine Spuren und weihen Sie niemanden ein.

10
Plappern im Überschwang ist des Schiffes Untergang: Geheimnisse nicht für sich behalten

Haben Sie jemals ...

1. Ihr Wort gegeben, dass Sie ein Geheimnis hüten würden, es dann aber einer Kollegin/einem Kollegen Ihres Vertrauens mitgeteilt?
2. Ihrem Ehepartner oder einem anderen Familienmitglied von einem beruflichen Geheimnis erzählt?
3. über vertrauliche Dinge geredet, nachdem Sie den Job gewechselt hatten?
4. über die Beziehungen zwischen zwei oder mehr Menschen bei der Arbeit geredet?
5. über eine unbehagliche Situation bei der Arbeit, deren Zeuge Sie waren, geplaudert?
6. ein unterhaltsames, saftiges Häppchen Klatsch und Tratsch ausgeplaudert, das Sie über Dritte erfahren hatten?
7. jemals mit Kollegen oder in Ihrem beruflichen Umfeld über eine andere Firma geklatscht?

Wir Männer setzen als gegeben voraus, dass nichts, was wir nicht die ganze Welt wissen lassen wollen, einer Frau erzählt werden sollte. Wir haben den Klatsch sich ausbreiten sehen wie einen Waldbrand bei großer Trockenheit und waren Zeuge der verheerenden Auswirkungen. Die Ausgangsposition jeder Frau ist für mich erst einmal »nicht vertrauenswürdig«, und von dort aus kann sie sich mein Vertrauen verdienen. Männer, auf der anderen Seite, beginnen mit dem vollen Vertrauen, was Informationen angeht, und können es verlieren – mit schwerwiegenden Konsequenzen.

Ich weiß, viele Leute verdrehen jetzt die Augen und denken, dass dies eine super-sexistische Verallgemeinerung ist, aber wie viele von uns haben nicht schon miterlebt, wie Frauen Geschichten erzählt ha-

Business Report: Was Männer Frauen nicht erzählen. Christopher V. Flett
Copyright © 2009 WILEY-VCH Verlag GmbH & Co. KGaA, Weinheim
ISBN 978-3-527-50449-7

ben, die absolut nicht für die Ohren anderer bestimmt waren? Klatschen Kerle? Ja. Klatschen wir über Sachen, die wichtig sind? Nein. Frauen benutzen Informationen, und besonders Insider-Informationen, als Währung, um Intimität mit anderen Frauen zu erzeugen. »Ich sollte dir das eigentlich nicht erzählen, aber ich weiß, dass du ein Geheimnis für dich behalten kannst.« Hat nicht jede Frau schon einmal diesen Satz gesagt? Frauen fangen damit in der Schulzeit an und hören nicht auf. Ich weiß, was viele von Ihnen jetzt denken: Ich rede bei der Arbeit nie über die Leute dort. Okay, aber erzählen Sie Ihrem Partner oder Ihrer Familie, was vor sich geht? Männer nennen dies Brückenklatsch. Jacqui bekommt von mir das wirklich heikle Zeugs nicht zu hören, weil es für sie keinen Nutzen hat, es zu hören, und Männer, anders als Frauen, sind nicht überglücklich, von einem Geheimnis zu wissen und unter dem Siegel der Verschwiegenheit weiterzuerzählen. Es ist für uns mehr eine Belastung. Ich weiß von befreundeten Frauen, wer in ihren jeweiligen Betrieben mit wem schläft, welche neuen Projekte in Planung sind, wer gefeuert und wer von Headhuntern abgeworben wird. Ich arbeite zwar nicht in diesen Firmen, aber ich kenne Leute dort, und jetzt habe ich Informationen, in die ich nicht eingeweiht sein sollte. Diese Informationen funktionieren wahrscheinlich ganz gut zum Aufbau einer harmonischen Beziehung. Noch besser funktionieren sie allerdings zum Abbau von Vertrauenswürdigkeit. Das Ausplaudern von Geheimnissen ist ein schneller Weg, um von einem Alpha-Mann torpediert zu werden.

Männer teilen einen Ehrenkodex, von dem Frauen gehört haben, den sie aber nicht ganz nachvollziehen. Dieser Kodex umfasst Dinge wie die, dass man nicht respektlos über die Familie eines anderen Kerls redet, dass man nicht mit der Schwester des anderen oder einem Mädchen schläft, mit dem er jemals ausgegangen ist, und vor allem, dass man niemanden verrät. Es gibt zwei Arten von Kerlen im Gefängnis, die zu ihrer eigenen Sicherheit in Einzelhaft sind: Kinderschänder und Verräter. In den Augen eines Alpha-Mannes sind beide beinahe gleich schlimm. Ich weiß, dies ist eine sehr umstrittene Aussage, aber Männer müssen fähig sein, anderen zu vertrauen, um Dinge tun zu können. Wenn jemand mir sein Wort gibt und verspricht, etwas geheim zu halten und es nicht tut, will ich Blut sehen. Ich will ihn so schwer bestrafen, dass er glauben wird, die Hand Gottes wäre vom Himmel heruntergefahren und hätte sein Leben vernichtet. Das ist ziemlich brutal, aber tatsächlich ist ein Mann nur so gut wie sein Wort, und wenn er nicht nur mir gegenüber sein Wort bricht, sondern sensible Informationen, die ich ihm gegeben habe, an andere weitergibt, brauche ich Vergeltung. Ich erwarte von ihm Vertraulichkeit. Bei Frauen setze ich dagegen voraus, dass sie alles, über das wir reden, an ihre Freundinnen, Schwestern, Kolleginnen, Ehemänner und jeden anderen, der es interessant finden könnte, weitergeben.

Alpha-Männer legen Frauen herein, um zu sehen, ob sie ein Geheimnis bewahren können. Wir nennen es »einen Testballon steigen lassen«, wenn wir einer Frau eine komplett falsche Geschichte erzählen und sie bitten, sie niemandem weiterzuerzählen. Dann warten wir und sehen, ob uns irgendwelche Restposten der Geschichte von anderer Seite zu Ohren kommen. Es ist normalerweise etwas, von dem ich später leicht sagen kann, dass es falsch ist und dies auch beweisen kann, so dass damit die Person, welche die Geschichte erzählt hat, in Verruf kommt und nicht ich. Sie kann nicht zu mir zurückkommen und mir die Hölle heiß machen, denn sie wusste ja, dass es ein Geheimnis war, und so lasse ich sie da draußen an ihrem Strick baumeln. Wenn sie jedoch das Geheimnis wirklich für sich behält, beginne ich nun, ihr Halbwahrheiten zu erzählen. Wiederum enthalten diese Geschichten so viel Unwahrheiten, um sie, wenn nötig, bei den anderen in Misskredit bringen zu können. Wenn ich mit einer Frau rede und einen Testballon steigen lasse, stelle ich ihr gegenüber klar, dass dies kein allgemeines Wissen ist und dass wir einen Wettbewerbsvorteil dabei haben, die Information für uns zu behalten. Hier ein Beispiel:

Wenn ich kurz davor bin, ein großes Geschäft zum Abschluss zu bringen, erzähle ich ihr vielleicht, dass unsere Firma ein Minus macht und ich überlege, eventuell Leute zu entlassen. Ich bitte sie, davon nichts verlauten zu lassen, weil ich meine letzte Entscheidung noch nicht getroffen habe. Weil wir vor einem großen Geschäftsabschluss stehen, wären Entlassungen das genaue Gegenteil von dem, was jeder Unternehmer tun würde, und ich bin in einer starken Position, falls sie mein Vertrauen missbraucht. Dann lasse ich sie laufen und warte, ob sie mir gegenüber loyal ist oder ob ihre Loyalität eher den Leuten gilt, die für mich arbeiten. Sollte das Gerücht über bevorstehende Entlassungen mir zu Ohren kommen, weise ich es von der Hand, und sie sieht aus wie das Hühnchen *Henny Penny*, das herumläuft und sagt, dass der Himmel einstürzt, und ich lasse sie dort draußen in ihrer selbstgebastelten Schlinge zappeln.[18] Wenn sie zu mir kommt, um darüber zu reden, dass ich ihr doch etwas ganz anderes gesagt hätte, nehme ich sie in die Mangel, warum sie es für wichtig gehalten hat, Informationen weiterzugeben, die ich ihr im Vertrauen gegeben habe. Anschließend torpediere ich sie. Wenn jemand mir sein Wort gibt und es bricht, hat das schwerwiegende Konsequenzen.

Sollte der einigermaßen seltene Fall eintreten, dass ich einer Frau eine Lüge erzähle und sie diese für sich behält, und sie daraufhin auch eine Halbwahrheit nicht weitererzählt, beginne ich, ihr kleine Wahrheiten anzuvertrauen – nichts, was zu großen Schaden anrichten würde, aber Dinge, die ich vielleicht nicht jeden wissen lassen möchte. Wenn sie diese auch für sich behält, lasse ich sie in den inneren Kreis eintreten und spreche offen mit ihr. Dies bringt sie in eine sehr starke Position, weil sie nun alles erfährt, was sehr gefährlich sein kann, wenn sie den Kreis verlassen sollte.

Es gibt einige zentrale Punkte, an die man beim Umgang mit Informationen denken sollte:

1. Die Information gehört Ihnen nicht; sie gehört der Person, die sie Ihnen gab. Respektieren Sie das.
2. Sie haben Ihr Versprechen der Geheimhaltung schon gebrochen, wenn Sie jemandem davon erzählen, der nie mit der Situation in Kontakt kommen wird.
3. Sobald Sie einmal dieses Vertrauen gebrochen haben, wird jeder Mann wissen, dass Ihnen nicht vertraut werden kann, und nach Wegen suchen, Ihre Karriere zu zerstören, um Sie aus dem Weg zu schaffen. Er hat Sorge, dass Sie an irgendwelche nicht-öffentlichen Informationen kommen, die ihn betreffen.
4. Der Geheimnishüter ist die wichtigste und mächtigste Person in jedem Kreis. Werden Sie zu dieser Person, und Sie bringen sich selbst in die Position, irgendwann Gefälligkeiten einzufordern.

18) Anm. d. Übers.: Henny Penny ist ein englisches Märchen: Henny Penny fällt eines Tages etwas auf den Kopf, daraufhin meint sie, der Himmel stürze ein, und macht sich auf den Weg zum König, um es ihm zu sagen. Unterwegs schließt sich weiteres Federvieh an. Sie kommen jedoch nur bis zum Fuchs. Er verspricht der leichtgläubigen Gesellschaft, den richtigen Weg zu weisen, führt die Tiere zu seiner Höhle und beißt eines nach dem anderen tot. Nur Henny Penny kann entkommen, läuft zurück nach Hause und erzählt dem König nie vom einstürzenden Himmel.

5. Jedes Mal, wenn Sie vorhaben, ein Geheimnis weiterzugeben, stellen Sie sich vor, dass Sie jemandem erlauben, anderen Kollegen laut aus Ihrem Tagebuch vorzulesen. Genau das tun Sie damit einem anderen an.

Beim vertraulichen Umgang mit Informationen gibt es zwei Ausnahmen: Wenn die körperliche Sicherheit von jemandem in Gefahr ist oder wenn Verbrechen begangen werden (man denke an Enron). Ich rede nicht davon, wenn jemand seinen Job verlieren wird oder eine Beförderung auf dem Spiel steht. Ich meine ernsthafte Gefahr für jemanden. In solchen Fällen müssen Sie auf Ihr Gewissen horchen und das Richtige tun.

Letztes Jahr ging ich in einen Pub in Vancouver und sah Jacquis Haarstylistin mit einem Jungen, der nicht ihr Freund war, an der Bar sitzen. Ich kenne ihren Freund von Partys, auf denen wir beide waren, und als ich sie lauschig mit einem anderen Kerl zusammensitzen sah, ging ich einfach an ihr vorbei. Sie rief meinen Namen, aber ich ging weiter. Ich war nicht etwa verärgert, weil sie ihren Freund betrog; ich wollte einfach nicht darin einbezogen werden, ein Geheimnis vor ihm zu bewahren. Jacqui besuchte sie ein paar Wochen später, und sie fragte Jacqui, warum ich sie ignoriert habe. Jacqui fragte, was sie meinte, und fand so heraus, dass sie mit ihrem neuen Freund ausgegangen war, da sie und der alte Freund sich einige Monate zuvor getrennt hatten, und dass sie mich gesehen hätten, ich sie aber ignoriert habe. Jacqui meinte dann zu ihr, dass ich wahrscheinlich einer verfänglichen Situation aus dem Weg hatte gehen wollen, um mich der Aussage enthalten zu können, falls ich je danach gefragt worden wäre. Ich hatte noch nicht einmal Jacqui davon erzählt, was ich gesehen hatte, weil es nicht an mir war, diese Geschichte zu erzählen. Im Zweifel sollte man seinen Mund halten. Ein loses Mundwerk führt zu nichts Gutem, besonders nicht im Beruf. Denken Sie daran, dass alle Alphas davon ausgehen, dass Sie jedermann Ihr Herz ausschütten, wenn Sie uns also überraschen und eines Besseren belehren, bekommen Sie einen Erste-Klasse-Sitzplatz im inneren Kreis. Aber wenn Sie unsere Geheimnisse herumerzählen, werden Schwierigkeiten aus allen Richtungen auf Sie zukommen. Ein offenbartes Geheimnis kommt wie ein Bumerang zu Ihnen zurück und schlägt Sie k.o.

11
Verschollen auf hoher See: Persönliche Angelegenheiten mit zur Arbeit bringen

Haben Sie je Folgendes bei der Arbeit getan:

1. Sind Sie nach einer langen Nacht müde zur Arbeit erschienen?
2. Haben Sie über eine Krankheit in Ihrer Familie geredet?
3. Haben Sie über ein Problem diskutiert, das Sie zu Hause haben?
4. Haben Sie über einen Freund oder Ehemann oder irgendwelche privaten Angelegenheiten geredet?
5. Haben Sie über Ängste, Unsicherheiten, Dinge, die Ihnen passiert sind, Ihre Geschichte, Ihre Kindheit und Jugend und so weiter geredet?
6. Haben Sie beschrieben, was Sie am Wochenende gemacht haben oder was Sie für den Urlaub planen?

Der Arbeitsplatz sollte der Arbeit vorbehalten sein. Es ist kein Ort, um Trost und Stärkung für Ihr Privatleben zu tanken, es ist kein Ort, an dem man sich Unterstützung suchen sollte, wenn das Leben hart wird, und es ist kein Ort, an dem Sie mit Ihren Kollegen Aspekte Ihres persönlichen Lebens bereden sollten. Sie werden dafür bezahlt, an diesem Ort etwas zu entwickeln, zu managen oder zu schaffen. Aber weil Berufstätige so viel Zeit bei der Arbeit verbringen wie nie zuvor, verschwimmt die Grenze zwischen Privat- und Berufsleben.

Viele Leute verbringen mit ihren Kollegen in der Woche mehr Zeit als mit ihrer Familie. Nichtsdestoweniger ist es wichtig für Sie, zwei Seiten zu haben und die Berufsperson von der Privatperson zu trennen. Beide sollten miteinander harmonieren, aber sie sollten sich auch nicht in die Quere kommen. Persönliche Angelegenheiten mit zur Arbeit zu bringen, ist ein Weg, sich selbst gegenüber Ihren männlichen Kollegen in Misskredit zu bringen.

Business Report: Was Männer Frauen nicht erzählen. Christopher V. Flett
Copyright © 2009 WILEY-VCH Verlag GmbH & Co. KGaA, Weinheim
ISBN 978-3-527-50449-7

Das Einbeziehen persönlicher Angelegenheiten hat im Wesentlichen vier Konsequenzen:

1. Es ist unprofessionell.
2. Es lädt Einmischer ein.
3. Es untergräbt den Glauben der anderen an Ihre Arbeitseffizienz.
4. Es führt dazu, dass andere sich unbehaglich fühlen.

Es ist unprofessionell

In einem professionellen Umfeld gibt es die Erwartung an Sie, professionell zu sein. Ich bin kein Befürworter traditioneller Verhaltensregeln im Berufsleben, aber meine Regel lautet, niemals meine Gelassenheit zu verlieren oder Emotionen vor denjenigen zu zeigen, die mir nicht nahestehen. Das ist etwas, von dem ich denke, es geht professionelle Kontakte nichts an. Wenn ich bei der Arbeit bin, konzentriere ich mich auf die Arbeit. Ob ich mit dem linken Bein zuerst aufgestanden bin, ob ich am Tag zuvor bis spät in die Nacht gefeiert habe oder eine stressige Zeit hinter mir habe, ich behalte all diese Dinge für mich. Es geht niemanden außer mir etwas an. Wenn Sie Ihr Privatleben öffentlich machen, öffnen Sie sich den Urteilen von außen. Ob Sie mit Ihrem Ehepartner Streit haben, ob Ihre Kinder gerade von der Schule geflogen sind oder Ihre Mutter krank ist, all diese Informationen sind privat und sollten es auch bleiben.

Es lädt Einmischer ein

In jeder Berufsgruppe gibt es Individuen, die nur nach Gründen suchen, jemandem zu Hilfe zu eilen. Die meisten dieser Leute haben gute Absichten, andere suchen nur nach Brennstoff zum Anheizen der Gerüchteküche. Wenn Sie private Informationen preisgeben, könnten Sie genauso gut direkt Einladungen an diese Einmischer abschicken, damit sie mit ihren Patentrezepten kommen, um sich Ihres Problems anzunehmen. Warum sollten Sie sich in diese Lage bringen? Es gibt absolut keinen Grund, berufliche Kontakte zur Lösung irgendeines privaten Problems zu nutzen, es sei denn, Sie suchen Aufmerksamkeit. Halten Sie Ihr Privatleben privat.

Es untergräbt den Glauben der anderen an Ihre Arbeitseffizienz

Ob Ihre privaten Angelegenheiten wirklich Auswirkungen auf Ihre Produktivität haben oder nicht, jeder wird annehmen, dass sie Ihr Arbeitspensum beeinflussen. Im Beruf sollten Sie Dinge tun, mit denen Sie Ihre Stärke als Profi zeigen können und nicht die Probleme beleuchten, denen Sie gegenüberstehen. Auch hier gilt wieder: Das Mitteilen privater Informationen zerstört Ihren guten Ruf. Bei der Arbeit sollten Sie Ihr Image als Profi pflegen, nicht als jemand, der den Tag damit verbringt, sich gemütlich über Dinge zu unterhalten, die nichts mit der Arbeit zu tun haben.

Es führt dazu, dass andere sich unbehaglich fühlen

Das Letzte, was irgendjemand bei der Arbeit hören will, ist, wie Ihr Vater einen Herzanfall bekam, dass Ihre Ehe nicht funktioniert oder dass Sie denken, Ihr Kind rauche Haschisch. Selbst wenn es Sie innerlich zerreißt, behalten Sie es für sich. Wenn Sie andere an diesen Informationen teilhaben lassen, besonders Männer, geht ihnen Folgendes durch den Kopf: »Was geht mich das an?« Ich weiß, das klingt hart, aber wir alle haben unsere eigenen Probleme. Wie kommen Sie darauf, dass wir uns um die Probleme der anderen scheren? Wir scheren uns um Ihre Fähigkeit, Ihren Verantwortungen nachzukommen, so dass wir nicht damit belastet werden. Männer reagieren Kolleginnen gegenüber völlig verlogen, wenn Angelegenheiten wie diese auftauchen. Hier ein Beispiel:

Sie: »Es ist hart momentan. Mein Vater hatte gerade einen Herzanfall, und ich versuche an den Wochenenden, meiner Mutter zu helfen, die sich um ihn kümmert.«

Ich: »Das ist wirklich schlimm. Ich weiß, das ist bestimmt eine Menge Arbeit. Ich hoffe, Ihrem Vater geht es bald wieder besser.«

Aber was ich eigentlich sagen will, wäre in etwa: »Könnten wir vielleicht mal weiter über das Projekt sprechen? Wenn Sie dieses Projekt nicht abschließen können, lassen Sie es mich wissen, und ich werde jemanden finden, der das kann. Mein Gott, ich bin es leid, diesen Müll anzuhören. Als mein Vater Krebs hatte, haben Sie mich auch nicht herumlaufen und um Mitleid winseln sehen! Ich wünschte, wir könnten den Smalltalk hinter uns lassen und zum Geschäft kommen.«

Ich kann aber nicht sagen, was ich denke, weil mich das zu einem kaltherzigen Mistkerl machen würde. Frauen bringen Männer mit solchen Unterhaltungen dazu, sich unbehaglich zu fühlen. Wir interessieren uns nicht für Ihr Privatleben, wir interessieren uns nicht für Ihren Vater, und wir interessieren uns nicht wirklich dafür, ob er wieder gesund wird oder nicht.

Alles wofür wir uns interessieren, ist, inwiefern Ihr Privatleben Sie im beruflichen Umfeld beeinträchtigt und welche Auswirkungen das wiederum auf uns selbst haben wird. Ihre persönlichen Probleme sind Ihre persönlichen Probleme. Wenn Sie aus irgendwelchen Gründen nicht effektiv arbeiten können, sollten Sie nicht zur Arbeit kommen.

Hier ist ein kleines Geheimnis: Auch wir Männer haben Tage, an denen wir nicht gut aus dem Bett kommen und wissen, dass wir es nicht fertigbringen, den Kollegen eine überzeugende Show zu bieten. Doch statt andere Leute in unserem Leben herumschnüffeln zu lassen und genau hinterfragt zu werden, fangen wir uns sofort eine Grippe ein und nehmen uns ein paar Tage Auszeit, um die Situation wieder in den Griff zu bekommen. Die Fähigkeit, Berufs- und Privatleben zu trennen, ist ein starkes Instrument, das Berufstätigen zur Verfügung steht. Es ist ein bisschen ein Verteidigungsmechanismus. Ich erinnere mich daran, als bei meinem Vater Krebs diagnostiziert wurde. Es war hart für mich, aber ich habe es niemandem erzählt. Es gibt wenige Leute in meinem beruflichen Umfeld, die irgendetwas über mein Privatleben wissen. Ich muss Berufs- und Privatleben voneinander trennen, um das Gute von beiden zu bewahren.

12
Winken und ertrinken: Das Streben nach Bestätigung von außen

Haben Sie jemals ...

1. einen Alpha-Boss um ein Feedback gebeten?
2. einen männlichen Kollegen nach seiner Meinung zu Ihrer Arbeit gefragt?
3. einen männlichen Kollegen gebeten, Ihre Arbeit zu überprüfen, um sicherzugehen, dass Sie es richtig gemacht haben?
4. ein objektives Feedback erbeten, wie Sie Ihren Job machen?

Das Bedürfnis nach Zustimmung von außen ist etwas, das jeder im Beruf anstrebt, aber Männer sind Experten darin, dies zu verbergen. Einfach ausgedrückt ist Bestätigung von außen das Bedürfnis nach einer anderen Meinung, welche die eigenen Handlungen würdigt. Wenn wir Männer hören, dass eine Frau auf Komplimente aus ist, halten wir sie für sehr schwach. Offensichtlich braucht sie unser zustimmendes Nicken, um sich besser zu fühlen.

Männer streben auf andere Weise nach Bestätigung. Zunächst vergleichen wir unser Handeln mit dem der Menschen um uns herum und legen fest, auf welchem Platz der Hackordnung wir uns befinden. Hieraus beziehen wir – wenn wir stärker als die anderen sind – unsere Bestätigung. Wenn wir es offensichtlich nicht sind, halten wir weiter Ausschau nach einem Gebiet, in dem wir stärker als jeder andere sind und behalten dies im Kopf. Wir haben eine »Du-kannst-mich-mal«-Haltung, wenn es darum geht, wie die anderen uns sehen. Es ist eine ausgeklügelte geistige Haltung, die wir einnehmen, um uns vor Kritik zu schützen. Frauen scheinen an diesen Sicherheitsmechanismus nicht angeschlossen zu sein und streben nach Bestätigung durch äußere Quellen.

Business Report: Was Männer Frauen nicht erzählen. Christopher V. Flett
Copyright © 2009 WILEY-VCH Verlag GmbH & Co. KGaA, Weinheim
ISBN 978-3-527-50449-7

Die meisten Männer haben ein Problem mit Frauen, die nach Bestätigung von außen suchen: Unserer Überzeugung nach sollte man, wenn man gut ist, niemanden brauchen, der es einem sagt. Der Schwächste in einer Gruppe muss typischerweise am meisten gehätschelt werden. Für uns ist das Streben nach Bestätigung dasselbe wie Schwäche zuzugeben. Wir Männer hassen Schwäche nicht nur, wir versuchen auch, uns davon so weit wie möglich zu distanzieren. Haben Sie jemals einen Mann bei einer weinenden Frau gesehen? Er entfernt sich von ihr, so weit es eben geht. Abgesehen davon, dass wir Männer Sie, wenn Sie nach Bestätigung streben, für schwach halten, denken wir auch, dass Sie es aus einer Reihe anderer Gründe tun, dass Sie zum Beispiel uns dazu bringen wollen, Ihnen etwas zu glauben, dass Sie nach jemandem suchen, der etwas für Sie beantwortet und Ihre Arbeit macht, oder dass Sie nach einem Verbündeten suchen für den Fall, dass etwas schiefläuft. All diese unterstellten Motive stellen Ihre berufliche Professionalität in Frage.

Nachprüfen, ob eine Idee gut ist

Wenn Sie uns fragen, was wir von Ihrer Idee, von Ihrem Projekt oder Ihrem Handeln halten, denken wir, dass Sie uns dazu bringen wollen zu sagen, ob Sie auf dem richtigen Weg sind oder nicht. Wenn Sie etwas sagen wie: »Ich will mit dem Regionalleiter über eine Beförderung reden. Denken Sie, dass das Timing richtig ist?«, dann hören wir: »Ich werde ihn um einen Aufstieg bitten. Denken Sie, dass ich es wert bin?« Wir werden Ihnen sagen: »Natürlich!«, denken aber: »Wenn Sie es wert wären, würden Sie mich nicht fragen!«

Andere Ihre Fragen beantworten lassen wollen

Manchmal, wenn Sie nach Bestätigung von außen streben, glauben wir, dass Sie uns dazu bringen wollen, dass wir etwas von Ihrer Arbeit machen.

Wenn Sie sagen: »Glauben Sie, dass die Bemühung um den Anderson-Etat eine Priorität für meine Abteilung haben sollte, statt sich auf den Smith-Etat zu fokussieren?«, hören wir: »Hallo, ich weiß

nicht, wie ich meinen Job machen soll, und ich brauche Mikroma-
nagement. Können Sie das für mich tun und mich in die richtige
Richtung drehen?« Eine bessere Herangehensweise, wenn Sie diese
Frage besonnen stellen wollen, wäre etwa: »Ich habe die Chancen des
Anderson-Etats untersucht, und ich tendiere dazu, hier mehr Energie
zu investieren. Da ich sehr nah dran bin, würde es nicht schaden, eine zweite Meinung zu hören, die objektiv ist. Fällt Ihnen dazu spon-
tan etwas ein?«

Was Sie damit tun, ist, den Kerl wissen zu lassen, dass Sie Ihre
Hausaufgaben sehr wohl gemacht haben und dass Sie wollen, dass
jemand von außen einen schnellen, unverstellten Blick darauf
wirft.

Nach Bündnissen Ausschau halten

Wie zuvor erwähnt, suchen Frauen, wenn sie andere am Arbeitsplatz angreifen, oft nach Leuten, die ihren Standpunkt teilen und ihr
Handeln rechtfertigen. Wenn Sie sich mit irgendeiner Angelegenheit
an einen Mann wenden, um seine Meinung dazu herauszufinden,
wird er lächeln und nicken, dabei aber gleichzeitig für sich beschließen, dass Sie gefährlich sind, und den Prozess Ihrer beruflichen Ver-
nichtung in Gang setzen. Hier sind einige Beispiele von Frauen, die
Männer dazu bringen, sie zu torpedieren:

- »Ich bin es so leid, dass unser Chef mit unseren Job-Bewertungen
  nicht fertig wird. Denken Sie, wir sollten dem Regionalleiter etwas sagen?«
- »Jerry ist ein völliger Dummkopf. Ich überlege, ob ich dem Manager einen anonymen Brief schreiben sollte. Denken Sie, ich sollte
  das tun?«
- »Denke nur ich so, oder würde alles viel besser laufen, wenn wir
  Debbie bei diesem Projekt loswerden würden?«
- »Ich bin es leid, hier zu sein. Ich denke, ich werde ohne Kündigung gehen. Denken Sie, das ist eine gute Idee?«

Wenn wir Bemerkungen wie diese hören, wissen wir, dass Sie nach einem Komplizen suchen, so dass Sie uns mit reinziehen können,

wenn die Kacke am Dampfen ist, da wir Ihrem Handeln zugestimmt haben. Wir mögen es nicht, in die Kämpfe anderer Leute hineingezogen zu werden; wir ziehen es vor, unsere eigenen Schlachten zu schlagen.

13
Wer verdient einen Platz im Rettungsboot?
Fairness im Geschäftsleben erwarten

Haben Sie jemals ...

1. kritisch hinterfragt, warum Sie nicht befördert werden?
2. Untergebene zu Vorgesetzten ausgebildet?
3. vergeblich darauf gewartet, dass jemand Ihre Leistung bemerkt?
4. aus dem Gefühl heraus, dass man Sie von allein gerecht entlohnen würde, nicht um eine Beförderung gebeten?
5. gewusst, dass Sie genau die Richtige für ein bestimmtes Projekt waren, sind jedoch dabei übergangen worden?
6. überlegt, warum Sie bei einem Ausschuss nicht eingebunden wurden?
7. in gemischter Gesellschaft gesagt, dass Sie etwas für unfair hielten?
8. auf Ungerechtigkeiten am Arbeitsplatz hingewiesen?
9. die Begriffe »fair« und »gleichberechtigt« am Arbeitsplatz benutzt?

In meiner ganzen beruflichen Karriere ist die beunruhigendste Tatsache, die ich erfahren habe, dass es Menschen in ihrem beruflichen Handeln an Integrität fehlt. Ich habe viel mehr Leute getroffen, die darauf aus waren, schnelles Geld zu machen als solche, die wirklich daran interessiert waren, langfristig im Markt zu bestehen und einen großartigen Service oder ein außergewöhnliches Produkt anzubieten. Das Geschäftsleben ist ein reines Modell von Verpflichtungen, das von Personen verdorben wird. In seiner einfachsten Form ist ein Geschäft eine Transaktion, an der zwei oder mehr Parteien beteiligt sind und bei der eine etwas von Wert für etwas anderes von vergleichbarem Wert erhandelt.

Business Report: Was Männer Frauen nicht erzählen. Christopher V. Flett
Copyright © 2009 WILEY-VCH Verlag GmbH & Co. KGaA, Weinheim
ISBN 978-3-527-50449-7

Probleme kommen mit dem Austausch dieser Wertgegenstände auf. Geschäfte sind nicht von sich aus fair, und eine gute Mehrheit von jenen, die Sie im Geschäftsleben antreffen, wird nach einem Vorteil für sich selbst streben, wo immer er zu bekommen ist. Auch Sie lesen dieses Buch, weil Sie sich davon einen Vorteil anderen gegenüber versprechen.

Das Geschäftsleben basiert auf Egoismus. Wenn Sie dies einmal verstanden und akzeptiert haben, können Sie die idealistische Betrachtungsweise, dass das Geschäftsleben fair sei, überwinden. Jeder, der Ihnen etwas anderes erzählt, lügt oder weiß es nicht besser.

Es gibt drei Hauptüberzeugungen, die Frauen in die Lage bringen, von jemandem verheizt zu werden, weil sie nicht akzeptiert haben, dass das Geschäftsleben nicht immer fair ist. Hier die für Frauen problematischen Überzeugungen:

Die Annahme, dass alle nach denselben Regeln spielen

Die Individuen, mit denen Sie beruflich zu tun haben, seien es Chefs, Partner, Kollegen, Kunden, Lieferanten oder andere, werden gelernt haben, auf ihre eigene Art und Weise Geschäfte zu machen, und sie werden dies verknüpft haben mit ihrer Integrität, ihrem Glaubenssystem und anderen Faktoren, welche das Handeln beeinflussen.

Worauf ich hinauswill, ist, dass niemand von uns auf dieselbe Weise beruflich agiert. Einige werden die Dinge sehr ähnlich anpacken wie Sie, während andere kaum unterschiedlicher zu Ihnen sein könnten. Dies bedeutet, dass die Regeln, an die Sie selbst sich halten, nicht notwendigerweise die Regeln sind, an denen sich die anderen orientieren.

Als ich im Geschäftsleben startete, gehörte ich der Fraktion an, die es aufregend findet, Konkurrenten aus dem Feld zu stoßen. Hier ist die Rede davon, die anderen buchstäblich zu ruinieren. Weil ich einige Wandlungen durchlaufen habe, kann ich meine damalige Denkweise heute kaum noch begreifen. Inzwischen sehe ich alle Konkurrenten als Kollegen an, weil es genug Kunden für jeden gibt und wir alle die Dinge unterschiedlich machen. Was man selbst für richtig hält, wird von anderen für falsch gehalten und umgekehrt; es mag sich auch entwickeln und verändern im Verlauf Ihrer Karriere. Akzeptieren Sie dies und erkennen Sie an, dass dies die Wahrheit ist. Sie können nicht von anderen erwarten, Ihren Regeln zu folgen, es sei denn, Sie sagen den anderen, an welche Regeln Sie sich halten, und sie stimmen Ihnen zu.

Die Annahme, dass jeder auf jeden aufpasst

Niemand passt außer Ihnen selbst auf Sie auf. Freunde mögen einander im Geschäftsleben gegenseitig über Wasser halten, aber niemand wird so interessiert daran sein, Gefahren aus dem Wege zu gehen, wie Sie selbst es sind. Denken Sie an eine Situation, in der Personal gekürzt werden soll. Leute werden rücksichtslos beseitigt, und jeder redet zu jedem darüber, wie wertvoll alle für das Team sind.

Das ist alles nur Show, in Wirklichkeit denkt jeder über jeden: »Ich würde sie/ihn feuern, sie/er tut sowieso nichts!« Wir alle denken im Innersten nur an unsere eigenen Interessen, und doch geben wir vor, selbstlose Märtyrer zu sein, die sich umeinander kümmern. Denken Sie daran, Sie sind (oder sollten es sein) Ihr eigener größter Fan. Erwarten Sie von niemandem anderes, sicherzustellen, dass Sie einen Platz am Essenstisch bekommen.

Wenn Sie auf andere zählen, um Ihre Interessen zu schützen, werden Sie bitter enttäuscht werden. Fairness gibt es nur, so lange sie andere Personen nicht in Gefahr bringt. Ihre Freunde werden Sie verraten und verkaufen, wenn es ‚die oder wir' heißt. Es klingt hart, und Sie werden vielleicht denken, dass dies nicht für die Freundschaften gilt, die Sie haben, aber glauben Sie mir, es ist äußerst wichtig, tendenziell lieber etwas zu vorsichtig zu sein als zu vertrauensselig.

Die Annahme, dass jeder dieselbe Leidenschaft für das Projekt hat

Wenn Sie an einem Projekt arbeiten, für das Sie Feuer und Flamme sind, erwarten Sie nicht von jedem anderen, Ihren Enthusiasmus zu teilen. Wenn Berufstätige in ein Projekt involviert werden (sei es

durch ihre eigene Initiative oder infolge fachlicher Verantwortlich-
keit), denken sie darüber nach, wie das Projekt ihnen nutzen kann.
Könnte es nützliche Kontakte mit sich bringen? Könnte das Projekt
zu einer Beförderung führen? Oder ist es etwa reine Zeitverschwendung?

Wir alle stellen uns diese Fragen, wenn wir in ein Projekt eingebunden sind, aber Männer widmen dem strategischen Nutzen ihres
Mitwirkens besondere Aufmerksamkeit. Wenn wir nicht sehen können, inwiefern es uns nützt, werden wir zwar mitspielen, aber Sie
werden es schwer haben, uns zu begeisterten Mitspielern zu machen.
Kommen Sie darüber hinweg. Wenn wir keinen persönlichen Gewinn
sehen, werden Sie uns wahrscheinlich nicht von den Vorzügen des
Projektes überzeugen können. Wir werden höchstwahrscheinlich
nicht unseren gerechten Anteil an der Arbeit tun, also planen Sie das
ein.

Sie können sich ein wenig vor diesen unfairen Situationen schützen, indem Sie sicherstellen, dass Regeln durchgesprochen werden,
bevor die Notwendigkeit entsteht, sie durchzusetzen. Männer nennen
diese Vereinbarungen »Verbindlichkeitsregeln«. Ich möchte Ihnen
mitteilen, dass es unter Männern bestimmte anerzogene Regeln gibt.
Wir verärgern eine Frau zehnmal schneller als einen Mann, weil Frau-
en im Gegensatz zu Männern selten und äußerst schwach zurück-
schlagen.

Hier sind einige der Regeln, an die sich Männer halten, ohne darüber diskutiert zu haben. Ich befolge diese Regeln bei jedem Mann,
den ich kenne, ohne darüber jemals mit irgendeinem von ihnen gesprochen zu haben.

1. Ich werde dich im beruflichen Umfeld nicht bekriegen, es sei
   denn, ich bin darauf vorbereitet, mir ein Kopf-an-Kopf-Rennen
   mit dir bis in den Tod zu liefern (übermäßig dramatisch, aber
   zutreffend).
2. Wenn du mich in eine peinliche Lage bringst, so versteht es
   sich, dass ich dir über die Schulter werde sehen müssen, solange wir in derselben Marktnische sind.
3. Es versteht sich, dass, wenn ich dir einen von deinen Kunden
   nehme, du bis ans Ende der Zeit nach Wegen suchen wirst, mir
   all meine Kunden wegzunehmen und mich zu diskreditieren.

4. Wir sind gemeinsam stärker, als wir es allein wären, also werden wir unser gemeinsames Unterfangen respektieren und gemeinsam auf die Jagd gehen.

5. Du wirst es nicht wagen, mir gegenüber respektlos zu sein, denn du weißt, dass ich ein Macher bin und dass ich irgendwann noch ein Wörtchen mit dir reden würde.

6. Ich werde mein Wort dir gegenüber halten, da ich weiß, dass du mich allein an meiner Fähigkeit bemessen wirst, Wort zu halten. Ich will, dass mein Wort dir etwas gilt, so wie ich will, dass dein Wort mir etwas gilt.

7. Ich werde dich unterstützen und dein Vorankommen fördern, solange es nicht darum geht, dass du mich überholst.

8. Ich arbeite nicht für dich; ich arbeite mit dir.

9. Solltest du irgendwann denken, dass ich kein Macher/Jäger/Sieger bin, so weiß ich, dass du dich still von mir zurückziehen würdest. Ich würde dasselbe bei dir machen.

10. Wenn Fehler bekannt werden, die auf dein Konto gehen, werde ich dich insoweit beschützen, als ich selbst von den Konsequenzen betroffen bin, dann werde ich das Rettungsseil durchschneiden.

Männer und Frauen unterhalten sich nur selten darüber, doch wir sollten es wirklich tun. Wenn wir auf derselben Wellenlänge sind, werden wir vor der jeweiligen Haltung des anderen Respekt haben. Mit all meinen Kunden gehe ich gleich zu Anfang die Regeln durch, an die sie sich halten müssen, wenn sie mit mir zusammenarbeiten wollen.

Grenzen zu ziehen, das heißt im Grunde nichts anderes als die anderen wissen zu lassen, welche Regeln des Miteinanders respektiert werden müssen. Das führt uns zu einem interessanten Punkt: Sie können das Handeln der Menschen oder die Regeln, die diese für sich selbst aufgestellt haben, nicht kontrollieren, wohl aber, auf welche Weise andere Menschen mit Ihnen interagieren. Indem Sie andere Menschen wissen lassen, welches Ihre Grenzen sind, erlangen diese Klarheit darüber, welches Ihre Erwartungen sind und welche Dinge Sie nicht tolerieren werden. Sie können diese Dinge tun, nur eben nicht im Umgang mit Ihnen.

Beispiele für Verbindlichkeitsregeln

1. Handys müssen bei Besprechungen ausgeschaltet sein. Wenn Sie einen Anruf nicht verpassen wollen, kommen Sie nicht zur Besprechung. Wenn Sie Ihr Telefon nicht abstellen können, kann ich keine Zeit für Sie erübrigen.
2. Andere Fachleute werden mir gegenüber nicht schlecht gemacht. Ich will nicht in Kontakt mit Leuten stehen, die ihre Wettbewerber heruntermachen.
3. Sie sagen mir die Wahrheit. Wenn ich herausfinde, dass Sie mich angelogen haben, ist unsere Geschäftsbeziehung beendet. Sie können lügen, aber nicht mir gegenüber.
4. Sie erscheinen pünktlich zu Besprechungen. Es macht mir nichts aus, wenn Sie zu irgendetwas anderem unpünktlich kommen, aber wenn Sie sich bei mir verspäten, werde ich mich nicht mehr mit Ihnen treffen.

Sie sollten eine Liste aller Regeln aufstellen, die Sie für sich selbst haben, und dann eine Liste von Grenzen anfertigen, die sich daraus für andere Menschen ergeben. Dazu zwei Beispiele:

Regel:	Grenze:
»Ich bin immer pünktlich.«	»Wenn sich jemand mit mir treffen will, muss er pünktlich sein.«
»Ich sage die Wahrheit.«	»Wer Geschäfte mit mir machen will, muss immer die Wahrheit sagen.«

Versuchen Sie, sich so viele Regeln wie möglich zu vergegenwärtigen, und wenn Sie Geschäfte mit jemandem machen, teilen Sie ihm Ihre Erwartungen mit und fragen Sie ihn nach seinen. Ich würde nicht sagen: »Hier sind meine Regeln, befolgen Sie sie, oder wir kommen nicht ins Geschäft.« Eher würde ich es folgendermaßen formulieren: »Ich möchte sichergehen, dass Sie und ich, was unsere Erwartungen angeht, auf derselben Wellenlänge liegen. Was sind Ihre Anforderungen an Menschen, mit denen Sie Geschäfte machen?« Sobald der andere die Gelegenheit hatte, Ihnen seine Erwartungen mitzuteilen, können Sie diejenigen Erwartungen von Ihnen hinzufügen, die der andere nicht erwähnt hat.

Bei Verhandlungen entfaltet diese Vorgehensweise ihre stärkste Wirkung. Stellen Sie sich vor, wie Ihre Verhandlungen aussähen, wenn Sie Folgendes sagten:

»Bevor wir beginnen, lassen Sie uns übereinkommen, dass dieser Prozess mit einer Win-win-Situation enden wird, ansonsten wäre eine Zusammenarbeit schlicht unmöglich. Ich möchte, dass keiner von uns den kürzeren Strohhalm zieht, also lassen Sie uns sicherstellen, dass dieser Deal für uns beide funktioniert. Ich würde lieber gar kein Geschäft mit Ihnen machen, als dass einer von uns das Gefühl hätte, nicht das zu bekommen, was er will. Stimmen Sie mir zu?«

Sobald Sie Ihre Grenzen ziehen, haben sich alle Dominanz-Strategien, welche die andere Partei vielleicht im Kopf hatte, in Luft aufgelöst. Sie haben Ihre Erwartungen klar geäußert, und die Gegenseite weiß, dass Sie das Ganze lieber sein lassen, als einen schlechten Handel einzugehen. Beide Parteien werden jetzt schauen, wie sie einen guten Deal hinbekommen, bei dem jeder eingeschlossen ist, statt sich nur darauf zu konzentrieren, selbst nicht aufs Kreuz gelegt zu werden.

14
Das Schiff verlassen:
Schlechte Behandlung akzeptieren

Ist es je passiert, dass ...

1. Sie nach einem Tag harter Arbeit zu Hause das Gefühl hatten, unfair behandelt worden zu sein?
2. Sie für eine Disziplinierung ausgewählt wurden?
3. man respektlos mit Ihnen gesprochen hat?
4. Sie in aller Öffentlichkeit schwer getadelt wurden?
5. Sie von jemandem schlecht behandelt wurden, und haben Sie daraufhin nach Entschuldigungen dafür gesucht?
6. Sie das Gefühl hatten, dass Ihnen kein Gehör geschenkt wurde in einer Besprechung oder dass Sie verbal abgekanzelt wurden?
7. Sie erfahren haben, dass Ihre Ideen abgeschmettert wurden?

Eines der größten Probleme für Frauen ist, wie sie am Arbeitsplatz mit männlichen Kollegen umgehen sollen, die sie schlecht behandeln. Ich rede nicht über Beleidigungen, obwohl verbale Angriffe dazugehören. Letztlich rede ich darüber, wie ein Schädling behandelt zu werden, wie ein Kind oder ein Untergebener, mit dem man in herablassendem, wertendem und respektlosen Ton spricht.

Wenn eine Frau schlechte Behandlung als Preis dafür ansieht, ihren Job zu haben (was ich schon mehr als einmal gehört habe), erweist sie nicht nur sich selbst einen großen Bärendienst, sondern legt auch den Maßstab für das fest, was akzeptabel ist. Und das auch für andere Kolleginnen und alle, die in Ihre Fußstapfen treten.

Bevor Sie dieses Thema angehen können, müssen Sie begreifen, dass Sie, als erwachsener Mensch und qualifizierte Fachfrau, die Fähigkeit haben zu reagieren: Sie können und müssen die Verantwortung dafür übernehmen, was vor sich geht und was in Zukunft passieren wird. Folgende Argumentation höre ich am häufigsten, wenn

Business Report: Was Männer Frauen nicht erzählen. Christopher V. Flett
Copyright © 2009 WILEY-VCH Verlag GmbH & Co. KGaA, Weinheim
ISBN 978-3-527-50449-7

Frauen mir von einem respektlosen Kollegen erzählen und warum er sich ihrer Meinung nach so benimmt. Berufstätige Frauen sind Expertinnen darin geworden, vernunftgemäß zu erklären, warum Männer die Dinge tun, die sie tun. Fast immer liegen sie mit ihren Vermutungen falsch und gestatten es dem anderen grundlos, sie schlecht zu behandeln. Hier sind vier häufige Reaktionen auf schlechte Behandlung, die ich bei berufstätigen Frauen beobachtet habe.

Eine Entschuldigung dafür suchen, warum Leute Ärger machen

Wenn ein Kollege sich respektlos gegenüber einer Frau verhält, wird sie, wenn sie sich nicht gleich mit ihm anlegt, den mühsamen (und unnötigen) Prozess anstoßen, zu ermitteln, warum sich diese Person so benommen haben könnte. Sie kramt in der Vergangenheit herum und sucht nach einer Entschuldigung. Nicht selten fällt ihr auch etwas ein, womit sie selbst vielleicht dazu beigetragen haben könnte, dass er nun Ärger macht.

Kommt Ihnen irgendeine von diesen Reaktionen bekannt vor?

- »Er macht gerade eine Scheidung durch und ist einfach gestresst.«
- »Ich denke, dass er Probleme zu Hause mit seinen Kindern hat.«
- »Er wurde bei dieser Beförderung übergangen.«
- »Er ist frustriert darüber, wie das Projekt läuft.«
- »Er hat zu viele Überstunden gemacht.«

Wenn Sie das Handeln anderer Leute entschuldigen, dulden Sie es stillschweigend. *Tun Sie das nicht!* Wie ich zuvor schon sagte, sollten persönliche Angelegenheiten niemals berufliche Angelegenheiten beeinflussen. Es gibt keine Entschuldigungen dafür, andere am Arbeitsplatz schlecht zu behandeln, also suchen Sie auch nicht danach.

Es als isolierten Vorfall betrachten

Auch wenn die Person, die sich schlecht Ihnen gegenüber verhalten hat, keine entsprechende Vorgeschichte hat: Betrachten Sie es nicht als Einzelfall, wenn Sie die volle Wucht schlechter Behandlung abbekommen. Sagen Sie keinesfalls einfach »Schwamm drüber«. Es ist wichtig, jedem zu zeigen, dass Sie kein Prellbock sind, dass sie niemand sind, an dem sich wer auch immer verbal abreagieren kann. Selbst wenn Sie nur ein Mal schlecht behandelt wurden, ist das ein Mal zu viel. Handeln Sie umgehend.

Alles nicht noch schlimmer machen wollen

Die meisten Frauen mögen keine Konflikte. Die meisten Männer, auf der anderen Seite, lieben Konflikte, und hin und wieder suchen wir passiv oder aktiv danach. Ungeachtet Ihrer Haltung Konflikten gegenüber sollten Sie wissen, dass Sie nicht notwendigerweise mehr Konflikte schaffen, wenn Sie die Angelegenheit ansprechen. Es geht nicht darum, dass er im Unrecht ist und Sie im Recht. Es geht darum, das Geschehene anzusprechen und sicherzustellen, dass es nicht noch einmal passiert.

Annehmen, man müsse es einfach akzeptieren, um weiterzukommen

Lassen Sie mich hier ganz klar sagen: Schlechte Behandlung ist nichts, womit man umzugehen lernen muss, um vorwärts zu kommen. Sie müssen keine Schläge einstecken können, um zu zeigen, dass Sie stark sind. Sie haben eine Wahl. Sie können die schlechte Behandlung hinnehmen, deswegen schmollen, zulassen, dass sie Ihr Arbeitsumfeld beeinflusst, Ihnen mit nach Hause folgt und Sie sich insgesamt scheußlich fühlen. Oder Sie können die Situation ansprechen und sicherstellen, dass anderen sehr klar wird, wo bei Ihnen die Grenzen sind.

An diesem Punkt denken Sie vermutlich: »Ja, ich weiß, dass ich es ansprechen sollte, aber wie mache ich das, ohne torpediert zu werden und mich noch mehr in Schwierigkeiten zu bringen?« Meine Empfehlung ist, die Angelegenheit sofort und auf der Stelle kurz, klar und professionell zur Sprache zu bringen. Die Sache muss genau bestimmt werden, ohne sie persönlich zu nehmen, und es müssen Grenzen aufgezeigt werden. Dazu ein Beispiel:

Tina arbeitet für eine Werbeagentur in Boston. Während einer strategischen Konferenz bringt Tina eine Angelegenheit vor, die keinen direkten Bezug zur Diskussion hat, von der sie jedoch glaubt, dass sie sich auf das Ziel auswirkt. Die Konferenz dauert schon drei Stunden, und die Nerven liegen ein wenig blank. Ihr Teamleiter wendet sich ihr zu und sagt: »Um Himmels willen, Tina, können Sie bitte beim Thema bleiben? Hier spielt die Musik, machen Sie mit, oder gehen Sie und beschäftigen sich mit etwas anderem.« Dies ist eine ziemlich grobe Äußerung und eine Überreaktion. Tinas Teamleiter reagiert seinen eigenen Frust durch einen Verbalangriff auf Tina ab. Die Konferenzteilnehmer sind schockiert und wenden sich schnell wieder den Aufgaben zu, um die Peinlichkeit der Situation zu überspielen.

Tina hat nun verschiedene Handlungsoptionen. Sie kann darüber hinweggehen und sich sagen, dass seine Nerven einfach überstrapaziert waren und es ihrerseits kein gutes Timing war. Sie kann so tun, als sei nichts passiert. Sie kann es einfach durchgehen lassen. Sie kann direkt hier vor der Gruppe zum Gegenangriff ansetzen und ihm sagen, er verhalte sich unprofessionell. Oder sie kann sich dafür entscheiden, sein Verhalten direkt nach der Konferenz anzusprechen. Meine Empfehlung ist Letzteres.

Direkt im Anschluss an die Konferenz sollte sie auf ihn zugehen und sagen: »Wir brauchen ein persönliches Gespräch, sofort.« Das wird ihn aufhorchen lassen, und er wird entweder der Unterredung zustimmen oder, weil er weiß, was kommt, versuchen, sich davor zu drücken. Wie er sich auch verhält, sie hat gerade ihre Machtposition zurückerobert. Wenn er sich vor dem Treffen drückt, sollte sie ihn aufsuchen und feststellen: »Wir müssen für heute einen Termin zum Reden vereinbaren. Sagen Sie mir bis Mittag Bescheid.« Wenn sie dann mit ihm spricht, ist es wichtig, sehr deutlich zu werden, ohne ihn ins Unrecht zu setzen.

Tina sollte sagen: »Ich muss Ihnen das ganz deutlich sagen. Egal, in welcher Situation, so geht man mit mir nicht um. Ich bin jemand, der mit Respekt behandelt wird. Das muss in Zukunft klar zwischen uns sein.«

Dann kann sie gehen. Sie braucht seine Entschuldigungen oder Stellungnahmen nicht zu hören. Er hat nun die Informationen, die er haben muss. Sie sollte dies nicht per E-Mail oder am Telefon tun. Es muss persönlich gemacht werden. E-Mail und Telefon gestatten es der anderen Partei, sich von der Situation zu distanzieren.

Sie haben eine Verantwortung sich selbst und allen weiblichen Kollegen gegenüber, dafür zu sorgen, dass Ihre Grenzen klar abgesteckt sind, so dass männliche Kollegen wissen, dass weibliche Kollegen mit demselben Respekt und in derselben Art zu behandeln sind wie ihre männlichen Kollegen.

Denken Sie daran: Es ist niemals in Ordnung, schlechte Behandlung zu akzeptieren! Eine Frau, die schlechte Behandlung akzeptiert und sie nicht thematisiert, ist genauso schuldig wie der Mann, der die Ungerechtigkeit begeht. Wenn Sie erlauben, dass es passiert, oder es entschuldigen, sagen Sie damit jeder anderen Frau, dass das einfach der Preis dafür ist, den eine Frau im Berufsleben zu zahlen hat. Das ist totaler Schwachsinn. Sprechen Sie es an, ohne den Kerl ins Unrecht zu setzen, und tun Sie es unter vier Augen. Denken Sie daran, er muss nicht Unrecht haben, damit Sie Recht haben. Sie müssen Ihre Grenzen deutlich machen und tun dies damit auch im Namen anderer Frauen in Ihrem Unternehmen.

15
›Lasst mich das Rudern übernehmen‹: Versuchen, beliebt und selbstlos zu sein

Haben Sie jemals ...

1. etwas nur getan, weil Sie dachten, dass Leute Sie dann mögen würden?
2. über Themen gesprochen, für die Sie sich nicht interessierten, aber wussten, dass die andere Person sie mag?
3. anderen bei deren Arbeit geholfen, um zu zeigen, dass Sie Teamgeist haben?
4. kurzfristig die Aufgaben anderer übernommen?
5. einem Kollegen Hilfe angeboten beim Umziehen, bei der Beantwortung von Anrufen, bei Recherchen oder anderen sinnvollen Dingen?
6. langweilige, unangenehme Routinearbeiten oder Aufgaben übernommen, für die Sie nicht verantwortlich waren, um jemandem auszuhelfen?

Im Berufsleben ist das Erste, was Sie von jedem anderen erwarten können, Respekt. Viele Frauen konzentrieren sich darauf, ein gutes Verhältnis zu ihren Kollegen und Kunden aufzubauen, was wichtig ist, aber es ist nicht das Wichtigste. Müsste ich wählen, respektiert oder gemocht zu werden, ich würde ganz klar den Respekt wählen. Die Herausforderung, vor der Frauen im Berufsleben stehen, ist, die Klischees über Frauen im Berufsleben aufzubrechen. Von Frauen wird erwartet, dass sie freundlich und hilfsbereit sind. Die meisten Frauen entsprechen dieser Rollenerwartung. Diejenigen, die diese Rolle für sich ablehnen, überkompensieren dies oft durch Bissigkeit. Weder das eine noch das andere ist besonders nützlich.

Frauen sollten egoistischen Selbstschutz praktizieren. Sie sollten eine Liste von allem aufstellen, was Sie brauchen, fordern und haben

Business Report: Was Männer Frauen nicht erzählen. Christopher V. Flett
Copyright © 2009 WILEY-VCH Verlag GmbH & Co. KGaA, Weinheim
ISBN 978-3-527-50449-7

müssen, und diese dann den anderen offen und konsequent übergeben. Doch meist machen Frauen genau das Gegenteil: Sie praktizieren selbstlose Selbst-Sabotage. Dies bedeutet, dass sie sich zuerst um jeden anderen kümmern und dann erst versuchen, Zeit zu finden für das, was sie selbst tun müssen. Klingt das vertraut? Lassen Sie mich Ihnen ein Beispiel für die beiden verschiedenen Herangehensweisen geben.

Selbstlose Selbst-Sabotage

Kollege: »Lisa, ich brauche echt Hilfe bei diesem Bericht, der für morgen fertig sein muss. Ich habe den ganzen Tag Besprechungen, und ich brauche Hilfe, um die Sache in trockene Tücher zu bekommen. Könnten Sie vielleicht eben zur Bücherei rübergehen und schon mal die Dokumente für mich holen? Das wäre wirklich eine große Hilfe.«

Lisa: »Ich hab zwar wirklich alle Hände voll zu tun, aber na ja, ich denke, ich kann mal schnell rüberlaufen, um Ihnen auszuhelfen. Ist das alles, was Sie brauchen, um den Bericht fertigstellen zu können?«

Lisa denkt, dass sie Teamgeist zeigt, indem sie hilft, das Ziel des Projektes zu erreichen. Was sie dabei vergisst, ist, dass sie ebenfalls Verantwortlichkeiten hat, die bis zum nächsten Tag fällig sind. Aber da sie von den anderen positiv eingeschätzt werden will, denkt sie, dass sie »ja« sagen muss, um von ihrem Kollegen respektiert und gemocht zu werden. Außerdem ist sie sicher, dass er ihr später irgendwann einmal, wenn sie in der Klemme steckt, ebenfalls helfen wird (falsch!).

Sie stellt die Bedürfnisse anderer über ihre eigenen: Dies wird sie mehr kosten als nur Zeit. Es wird ihre Arbeitsbelastung erhöhen. Weil sie dadurch später nach Hause kommen wird, opfert sie auch etwas von ihrer Freizeit. Und sollte sie das, was sie übernommen hat, nicht schaffen, hat sie sich soeben selbst zum Sündenbock für das Projekt gemacht.

Egoistischer Selbstschutz

Kollege: »Lisa, ich brauche echt Hilfe bei diesem Bericht, der für morgen fertig sein muss. Ich habe den ganzen Tag Besprechungen, und ich brauche Hilfe, um diese Sache in trockene Tücher zu bekommen. Könnten Sie vielleicht eben zur Bücherei rübergehen und schon mal die Dokumente für mich holen? Das wäre wirklich eine große Hilfe.«

Lisa: »Tim, es tut mir leid, aber ich kann Ihnen im Moment nicht helfen. Ich habe Berichte hier, die auch bis morgen fertig sein müssen. Wie wäre es, wenn Sie Tom oder Tina fragten, Ihnen behilflich zu sein? Nächstes Mal, wenn Sie mir ein bisschen früher Bescheid sagen, helfe ich gern, wenn die Zeit es zulässt.«

Sie hat sich selbst an die erste Stelle gesetzt und ihn wissen lassen, dass er nicht in letzter Minute Arbeit auf sie abladen kann. Auch teilt sie ihm durch den Hinweis auf ihre eigenen Verantwortlichkeiten mit, dass sie diese ernst nimmt. Er wird jetzt gelernt haben, dass sie kein Packesel für Arbeiten ist, für die er selbst keine Zeit hat.

Nette Leute sind für Alpha-Männer attraktiv, weil sie es sind, auf die wir unsere Arbeit abladen, besonders das Zeug, das wir nicht tun wollen oder das wir bis zur letzten Minute haben liegen lassen. Wir wissen, dass es netten Leuten schwerfällt, unsere Bitten abzuschlagen. Wenn Sie zu diesen netten Leuten gehören, werden Sie vermutlich bemerken, dass dieselbe Person Ihnen nicht nur mehr und mehr Dinge übertragen wird, um ihr zu helfen, sondern dass auch mehr und mehr Leute Ihre Hilfe in Anspruch nehmen wollen. Der Grund dafür ist, dass wir anderen Alphas davon erzählen, wenn wir jemanden gefunden haben, der uns Arbeit abnimmt.

Beispiel einer Unterhaltung zwischen Alpha-Männern über nette weibliche Kollegen:

Alpha #1: »Ich habe dieses verdammte Projekt bis zur letzten Minute liegen gelassen, und ich muss damit fertig werden, um diesen Deal in trockene Tücher zu bekommen.«

Alpha #2: »Bitten Sie doch einfach mal Jennifer, Ihnen zu helfen. Sie kann alles vorbereiten, und Sie müssen am Ende nur noch einmal drüberschauen.«

So unterhalten wir uns untereinander. Wir sagen nicht: »Drücken Sie es Jennifer aufs Auge, sie wird nicht nein sagen, weil sie jemand ist, der es allen recht machen möchte.« Wir drücken uns immer so aus, dass man uns nichts anhaben kann. Sollte diese Bemerkung jemals auf den Alpha-Mann zurückgeführt werden, könnte er sich ganz leicht verteidigen, indem er sagt: »Ja, ich sagte, er solle Jennifer bitten. Ich fand immer, dass sie sehr effektiv ausgeholfen hat, wenn ich in der Klemme war.« Es ist nicht wertend, und es hört sich objektiv nicht schlecht an, aber wenn zwei Alpha-Männer miteinander über nette Leute reden, ist das stillschweigende Verständnis tiefer als die offensichtliche Bedeutung der Worte.

Nett zu sein macht sich nicht bezahlt: Leute, die es allen recht machen wollen, zahlen drauf.

16
>Hier, nehmen Sie den letzten Rettungsring<: Das fordern, was Sie wollen

Haben sie jemals ...

1. darüber nachgedacht, was Sie wollten, es aber für unrealistisch gehalten?
2. etwas wirklich gewollt, waren aber nicht sicher, wie Sie es fordern sollten?
3. gedacht, dass Sie eine Gehaltserhöhung verdienten, scheuten aber vor der unangenehmen Situation zurück?
4. um eine Beförderung gebeten, weil Sie loyal waren?
5. auf den Preis von etwas geschaut, das Sie beruflich brauchten, und sich für etwas Billigeres entschieden?
6. in einer Position gearbeitet und dabei gewusst, dass ein männlicher Kollege mit gleicher Erfahrung mehr verdiente als Sie?

Männer fordern mehr, als sie verdienen; Frauen fordern das, was sie für vernünftig halten. Die meisten Frauen, denen ich begegnet bin, haben eine innere Stimme, die ihnen zuflüstert, was sie wert sind. Diese kritische Stimme hält eine Frau davon ab, das zu fordern, was sie will. Wenn ein Mann und eine Frau in gleicher Position arbeiten und 50 000 Euro im Jahr verdienen, wird der Kerl bei der nächsten Gehaltsverhandlung 90 000 Euro fordern und erzählen, warum er das wert ist. Die Frau wird 55 000 Euro fordern, weil sie denkt, dass dies eine vernünftige Forderung ist und nicht dazu führen wird, dass die andere Seite sich unbehaglich fühlt.

Frauen müssen sich klar darüber sein, was sie wollen, nicht so sehr, was sie ihrer Meinung nach bekommen können. Wenn wir Löhne als Beispiel nehmen: Ich habe noch nie einen Alpha-Mann getroffen, der für ein Unternehmen arbeitet und sich nicht auf den letzten Dollar klar ist darüber, wie viel er seinem Unternehmen einbringt. Er hat sei-

Business Report: Was Männer Frauen nicht erzählen. Christopher V. Flett
Copyright © 2009 WILEY-VCH Verlag GmbH & Co. KGaA, Weinheim
ISBN 978-3-527-50449-7

ne Rechenaufgaben gemacht und weiß, in welchem Verhältnis sein Gehalt zu den Geschäften steht, die er einbringt. Wir tun das nicht nur, um uns mit den Kollegen messen zu können, sondern auch, um bei Gehaltsverhandlungen ein As im Ärmel zu haben. Frauen scheinen dies nicht im selben Maße zu tun. Sie wollen vernünftig, fair und unprätentiös sein. Sie wollen sich nicht aufspielen und prahlen oder gierig scheinen. Wenn das Unternehmen eine Menge Geld mit Ihnen verdient, sollten Sie gut bezahlt werden, weil Sie ein Posten auf der Aktivseite sind.

Ich habe eine Kundin, die vier Jahre lang für eine ziemlich große Anwaltskanzlei in Los Angeles gearbeitet hat. Sie beschloss, Unternehmensentwicklung zu einem ihrer Spezialgebiete zu machen, und ist die einzige Mitarbeiterin, die regelmäßig neue Klienten gewinnt. Sie hat in einem Zeitraum von zwei Jahren durchweg mindestens drei neue Klienten pro Monat gewonnen. Die einzigen anderen Personen, die mit vergleichbarer Stetigkeit neue Akten anlegen, sind Senior-Partner (also *Finder*). Wenn die Mitarbeiter ihre jährliche Besprechung haben, werden sie von den Partnern gebeten, einen Vorschlag zu unterbreiten, wie hoch ihrer Meinung nach ihr Bonus ausfallen sollte. Meine Kundin war die einzige Frau, die dies tat, weil die anderen weiblichen Mitarbeiter lieber die Partner darüber entscheiden ließen, welche Summe angemessen war. Meine Kundin erhielt einen Bonus, der viermal höher war als der jedes anderen Mitarbeiters, weil sie um eine bestimmte Summe bat und dies damit rechtfertigte, dass es sich hierbei nur um einen kleinen Prozentsatz des Gewinns handele, den sie der Firma einbringe, abgesehen davon, dass sie ihre Sollvorgaben, sowohl was die Arbeitsstunden als auch was ihren Umsatz betraf, voll erfüllt oder sogar übertroffen hatte. Wenn ihre weiblichen Kolleginnen dasselbe getan hätten, selbst ohne die Unternehmensentwicklung als Spezialgebiet, hätten sie ihre Bonuszahlungen wahrscheinlich zumindest verdoppeln können.

Was Lohnforderungen betrifft, fordert der Alpha mehr, als er verdient, und kämpft darum, während die Frau eine bescheidene Summe nennt und sie immer bekommt. Dies ist ein Beispiel aus dem realen Leben. Lassen Sie mich Ihnen zeigen, wie es ausging, und behalten wir dabei im Sinn, dass beide im Wesentlichen dieselbe Menge Arbeit leisteten.

| Mann | verdient 50 000 Dollar | fordert 90 000 Dollar | erhält 68 000 Dollar |
| Frau | verdient 50 000 Dollar | fordert 55 000 Dollar | erhält 55 000 Dollar |

Dies ist der Grund für die Geschlechterunterschiede beim Einkommen. Männer fordern mehr und bekommen es. Es ist kein Geheimnis, einfach das zu fordern, was man haben will. Ich kenne zwei Handelskammern in British-Columbia. Beide Institutionen sind etwa gleich groß, haben etwa gleich viele Mitglieder und ein beinahe identisches Budget. Die eine Handelskammer wird von einer Frau geleitet, die andere von einem Mann. Der Mann verdient 70 000 Dollar, die Frau nur 53 000 Dollar jährlich. Der Einkommensunterschied resultiert daraus, dass der Kammerpräsident bei dem Mann davon ausgeht, dass er den Job für 53 000 Dollar nicht machen würde, während man bei der Frau weiß, dass sie es tut. Es ist eine angebotsorientierte Dynamik. Wenn Frauen nicht bereit wären, für weniger zu arbeiten, bräuchten sie es auch nicht zu tun. Frauen müssen ihren egoistischen Selbstschutz ausbauen, sich wirklich klar machen, was sie wollen, nicht was sie denken, bekommen zu können, und es einfordern!

17
›Rettungsboote an Bord‹: Einen Plan B entwickeln

Haben Sie jemals ...

1. erlebt, dass Sie gefeuert wurden und keine Jobalternative hatten?
2. erlebt, dass Sie in einer Situation feststeckten, weil Sie keine anderen Wahlmöglichkeiten hatten?
3. das Gefühl gehabt, einfach die Zeit auszusitzen und darauf zu warten, dass wieder bessere Tage kommen?
4. sich davor gegraust, zur Arbeit zu gehen oder einen problematischen Kunden zu treffen?

Plan B – wir Männer verwenden diesen Begriff für unsere Alternativpläne. Wir verbringen einen großen Teil des Tages damit, uns Möglichkeiten der Schadensbegrenzung zu überlegen, für den Fall, dass die Dinge sich nicht in unserem Sinne entwickeln. Als ich heiratete, dachte ich darüber nach, was ich im Fall einer Scheidung tun würde. Wenn ich einen Großkunden habe, denke ich darüber nach, wie ich ihn ersetzen kann, wenn er nicht zahlt. Wenn ich einen Assistenten einstelle, überlege ich gleichzeitig, wie ich ihn oder sie ersetzen kann, wenn ich ihn/sie wieder entlasse. Es gibt versteckte Auto- und Hausschlüssel für den Fall, dass ich mich einmal selbst ausschließe. Wir Männer verbringen eine Menge Zeit damit, das Beste zu hoffen und uns auf das Schlimmste vorzubereiten. So haben wir immer Alternativen. Wenn wir wissen, dass ein Kunde vielleicht abspringt, beginnen wir, mit dessen Wettbewerbern Kontakt aufzunehmen, so dass wir im Fall des Falles versuchen können, einen Coup bei der Konkurrenz zu landen und ohne Verzögerung die Einnahmen zu ersetzen. Wenn wir einen beschissenen Boss haben, beginnen wir in unserem Netzwerk die Fühler auszustrecken und nach Chancen für einen Jobwechsel zu suchen. Dadurch dass wir einen Plan B haben, stellen wir sicher, dass

Business Report: Was Männer Frauen nicht erzählen. Christopher V. Flett
Copyright © 2009 WILEY-VCH Verlag GmbH & Co. KGaA, Weinheim
ISBN 978-3-527-50449-7

wir niemandes Hündchen sind. Wir werden die Dinge auf unsere Art tun oder gehen. Frauen dagegen sind viel zu beschäftigt damit, sich um ihre Ehemänner, ihre Familien, ihre Kollegen, Freunde und desgleichen zu kümmern, um einen Plan B auszuhecken. Wenn die Kacke dann am Dampfen ist, erwischt es sie kalt.

Bei meinen Vorträgen veranschauliche ich dies oft scherzhaft mit dem Bild eines untergehenden Schiffes: Nachdem die Ratten das Schiff verlassen haben und die Mannschaft längst in den Rettungsbooten hockt, hilft die Frau erst noch dem Kapitän in seine Jacke, damit er es auf der Reise auch schön warm hat. Glauben Sie, Alphas würden das für Sie tun? Nein! Wir kürzen Ihre Stelle, feuern, ersetzen, sabotieren oder torpedieren Sie, wann immer es unseren egoistischen Interessen dient. Wenn Sie keinen Ersatzplan haben, kein As im Ärmel, geben Sie uns damit zusätzliche Macht über Sie. Wir können Ihnen mit Ihrem Job drohen, besonders, wenn Sie die Brotverdienerin sind, denn wir wissen, wie schwierig es für Sie ist, von jetzt auf gleich einen neuen Job zu finden. Dazu zwei Beispiele:

Option 1 – Frau ohne Plan B

Chef: »Brenda, ich habe mir unsere Verkaufsprovisionen angesehen und beschlossen, sie zu ändern. Ab nächsten Montag werde ich sie von 20 Prozent auf 10 Prozent kürzen.«
Brenda: »Okay, aber es wird dann sehr schwer für mich, meine monatlichen Ausgaben zu decken, haben Sie vielleicht einen Vorschlag, wie ich meine Verkäufe steigern könnte?«

Brenda ist ihrem Chef ausgeliefert. Sie wird es akzeptieren und vielleicht beginnen, sich nach einem anderen Job umzusehen, aber wahrscheinlich wird sie zuerst darüber nachdenken, wie sie es schaffen könnte, mehr zu verkaufen, um ihre Provisionen wieder zu steigern. Im Grunde muss sie eine Möglichkeit finden, doppelt so viel zu verkaufen, nur um zum Ausgangspunkt zurückzugelangen. An diesem Punkt ihrer Überlegungen angelangt, wird Brenda sich wahrscheinlich verbittert fragen, was sie falsch gemacht hat, und ihren beruflichen Wert in Frage stellen.

Lassen Sie uns jetzt annehmen, dass Brenda sich ein Personen-Netzwerk aufgebaut und sichtbar, glaubwürdig und profitabel darin agiert hat. Sie wird beginnen, Job-Angebote zu bekommen oder, das ist das Allermindeste, von anderen Unternehmen hören, die sie gern an Bord hätten. Brendas Plan B ist eine Kontaktperson in einem anderen Unternehmen, die zu ihr gesagt hat: »Wir werden Ihnen eine höhere Provision zahlen als Ihr altes Unternehmen, um Sie an Bord zu bekommen. Wann immer Sie wollen, haben Sie bei uns einen Job.«

Alternative 2 – Frau mit einem Plan B

Wenn Brendas Chef ihr jetzt erzählt, dass ihre Provision halbiert werden wird, kann sie folgendermaßen reagieren:

Chef: »Brenda, ich habe mir unsere Verkaufsprovisionen angesehen und beschlossen, sie zu ändern. Ab nächsten Montag werde ich sie von 20 Prozent auf 10 Prozent kürzen.«
Brenda: »Es tut mir leid, aber das entspricht nicht meinen Vorstellungen. Als Leistungsträgerin dieses Unternehmens muss im Gegenteil meine Provision auf 30 Prozent angehoben werden, außerdem brauche ich einen Dienstwagen, andernfalls werde ich ein anderes Angebot annehmen, das mir gemacht wurde. Bitte überdenken Sie es bis Montag. Sollte es nicht möglich sein, betrachten Sie meine Kündigung als eingereicht. Meine Kündigungsfrist beträgt zwei Wochen, es sei denn, Sie wünschen, dass es weniger ist.«

Brenda sitzt am Steuer. Sie ist niemandes Hündchen. Wenn ihr das Spiel nicht passt, ändert sie einfach die Art, es zu spielen. Sie kann das effektiv tun, weil sie einen Plan B hat, der ihr einen seitlichen Schachzug erlaubt. Ein Plan B ist eine Versicherung. Sie arbeiten für eine großartige Firma oder Sie haben großartige Kunden, aber wenn etwas schief läuft, das außerhalb Ihrer Kontrolle ist, haben Sie direkt verfügbare Alternativen. Es ist gut investierte Zeit, einen Plan B zu entwickeln.

Meine Kunden entwickeln mithilfe eines Schritt-für-Schritt-Plans ihren Plan B:

- die Situation genau bestimmen (Job, Kunde, Beziehung, was auch immer);
- Worst-case-Szenario entwerfen;
- entscheiden, welche Schritte man unternehmen würde, wenn morgen dieser schlimmste Fall einträte;
- eine Liste der Schritte aufstellen, mit denen man sich schon jetzt auf den schlimmsten Fall vorbereiten kann.
- Was müsste geschehen, um das Gefühl zu haben, gegenüber Gefahren gut abgeschirmt zu sein?

Hier ist ein konkretes Beispiel für die Entwicklung eines Plan B:

Situation: Wir haben einen Kunden im Öl- und Gasgeschäft, dem wir jährlich 300 000 Dollar für Marketing-Dienstleistungen in Rechnung stellen.

- Schlimmster Fall: Wir verlieren den Kunden aufgrund von Insolvenz, Managementwechsel, Umsatteln auf hausinterne Berater.
- Wenn dies passierte, würde ich Folgendes tun: Ich würde eine Liste von allen anderen Unternehmen vergleichbarer Größe und in ähnlichem Marktsegment aufstellen und beginnen, mit ihnen zu reden und unsere Dienstleistungen und unsere Erfahrung präsentieren.
- Schritte, die ich heute unternehmen kann: Ich kann eine Liste von diesen Unternehmen und ihrer Kontaktleute aufstellen, Nachforschungen über diese Kontaktleute und ihren Hintergrund anstellen, die Marketing-Möglichkeiten dieser Unternehmen recherchieren und herausfinden, was ich anders oder kosteneffizienter machen würde. Ich kann zu Branchenveranstaltungen gehen und mit den entsprechenden Kontaktleuten warm werden.
- Ich weiß, dass ich mich gegenüber Gefahren abgeschottet habe, wenn Folgendes geschieht: Einer oder mehrere von diesen Leuten fragen mich, ob wir neue Kunden annehmen oder ob wir Zeit hätten, uns zu einem Strategiegespräch zusammenzusetzen.

Machen Sie sich dieses Vorgehen zu eigen, und auch Sie werden einen Plan haben, den Sie hoffentlich nicht benötigen werden. Doch wenn Sie ihn brauchen, werden Sie vorbereitet sein!

18
›Willkommen an Bord‹:
Geschäftliche Unterstützung verstehen

Haben Sie jemals ...

1. versucht, Empfehlungen von einem Kollegen zu bekommen?
2. Empfehlungen einem anderen Unternehmen gegenüber gemacht?
3. Kunden gehabt, die auf Empfehlung zu Ihnen kamen und nur Ihre Zeit verschwendeten?
4. eine Enttäuschung erlebt bei jemandem, den man Ihnen empfohlen hatte?
5. sich gefragt, warum Sie viele Empfehlungen bekommen, aber nur wenige davon wirklich nützlich sind?
6. erlebt, dass potenzielle Neukunden hereinkommen, nur um zu erkennen, dass sie nicht zu Ihnen passten oder dass sie kein Geld hatten?

Beenden wir diesen Teil des Buches doch mit einer umstrittenen These: Empfehlungen sind Dreck! Sie sind eine bloße Anregung, keine Unterstützung, und ich habe viele Profis erlebt, die ihre Zeit damit verschwendeten, sich mit Leuten zu treffen, die absolut nicht zu ihrem Unternehmen passten. Alphas haben eine Redewendung: *Earners are building networks while boat anchors are networking* (Verdiener bauen Netzwerke auf, während Schiffsanker netzwerken). Eine Empfehlung ist ein Vorschlag, eine Anregung, ähnlich wie ein Fernseh-Werbespot oder eine Anzeige in den Gelben Seiten. Eine Unterstützung (im Englischen: endorsement) ist der *big daddy* der Empfehlung. Wenn man sich wichtige Alphas anschaut, wie die Figur von Tony Soprano in der Serie *Die Sopranos*[19], so empfehlen diese Alphas ande-

19) Anm. d. Übers.: *Die Sopranos* ist eine US-amerikanische Fernsehserie um eine italo-amerikanische Mafiafamilie.

Business Report: Was Männer Frauen nicht erzählen. Christopher V. Flett
Copyright © 2009 WILEY-VCH Verlag GmbH & Co. KGaA, Weinheim
ISBN 978-3-527-50449-7

ren Leuten nicht, zusammenzuarbeiten, sondern sie spielen quasi den Ehestifter. Sie setzen auch die Regeln fest, so dass es für jedermann fair zugeht und alle glücklich sind. Wenn dann alles gutgeht, steht der Alpha glänzend da. Wenn nicht, nimmt er die Dinge selbst in die Hand.

Frauen gehen zu Netzwerksveranstaltungen, um sich wieder mit denselben Leuten wie letzten Monat zu unterhalten. Besonders abenteuerlustige unter ihnen werden neue Leute treffen und entweder 1) versuchen, neue Freundschaften zu schließen oder 2) ihre Dienstleistung anzupreisen. Wir haben alle schon einmal gesehen, wie ein weiblicher Schiffsanker bei einem jener Abendessen herumgeht und auf jeden Teller oder Sitz ein kleines Werbegeschenk legt. Die Frau benimmt sich genau wie der Idiot, der vor dem Einkaufszentrum den Pizza-Werbeflyer hinter den Scheibenwischer meines Autos klemmt. Er wandert ungelesen bei nächster Gelegenheit in den Müll. Die Frau mit den Werbegeschenken ist darauf aus, weiterempfohlen zu werden, aber wir Alphas treffen innerhalb einer Minute die Entscheidung, genau das nicht zu tun. Denn sonst würden wir genauso idiotisch wie sie dastehen. Denken Sie immer daran, es dreht sich alles um Sichtbarkeit, Glaubwürdigkeit, Profitabilität. Diese drei Elemente begründen eine fundamentale Tatsache: Alphas setzen sich für Leute ein, die sie gut aussehen lassen und die ihnen Geld einbringen. Wenn wir jemanden unterstützen, stecken Strategie, Methode und Eigennutz dahinter. Wir sorgen dafür, dass Geschäfte zwischen anderen zustande kommen; wir machen nicht nur einfach einen Vorschlag. Vorschläge (Empfehlungen) sind etwas für Anfänger. Lassen Sie mich ein Beispiel geben von einer Empfehlung als auch von einer Unterstützung, so dass Sie sehen können, welche Macht Letzteres hat.

Die Situation:

Sagen wir, dass eine gute Bekannte von mir, Fiona, Vertriebscoach ist und einem anderen guten Bekannten, Robbie, ein Online-Unternehmen gehört. Robbie braucht eine Vertriebsschulung für das geplante Wachstum der Firma.

Die Empfehlung:

Robbie: »Chris, kennen Sie irgendwelche guten Vertriebs-Schulungsleiter? Ich brauche einen für mein Vertriebsteam.«

Chris: »Ja, Sie sollten sich mal Fiona Walsh anschauen. Sie ist eine Vertriebs-Schulungsleiterin, die ich kenne. Schicken Sie mir eine E-Mail, ich sende Ihnen dann ihre Kontaktdaten.«

Ich wette, dass viele von Ihnen sich jetzt sagen: »Das hört sich doch ziemlich gut an. Von diesen Empfehlungen würde ich so viele nehmen, wie ich kriegen kann.« Aber was Sie nicht erkennen, ist, dass von 100 solcher Empfehlungen 90 für die Katz sind (unqualifizierte Auftraggeber, die nur Ihre Zeit verschwenden).

Wenn ein Alpha stattdessen eine geschäftliche Unterstützung vornimmt, hat er seine Hausaufgaben gemacht, und das in beiderlei Hinsicht (vor allem dem Leistungsanbieter gegenüber). Er weiß genau, wer die Beteiligten sind (Sichtbarkeit), er weiß, dass beide Leistungsträger sind (Glaubwürdigkeit, was bedeutet, dass der Käufer Geld zum Ausgeben hat und der Leistungsanbieter die Erwartungen erfüllen kann), und er weiß, dass die Beziehung für beide Seiten nutzbringend sein kann (Profitabilität, was bedeutet, dass der Kunde das bekommt, was er will, und der Anbieter hierdurch Geld verdient).

In derselben Situation passiert also bei einer geschäftlichen Unterstützung Folgendes:

Robbie: »Chris, kennen Sie irgendwelche guten Vertriebs-Schulungsleiter? Ich brauche einen für mein Vertriebsteam.«
Chris: »Ja, es gibt da jemanden Bestimmtes, den ich in meinem *inner circle* empfehle. Sie hat keine Zeit für einen *Piker* (vorsichtigen Spieler, Möchtegern-Alpha), also muss es Ihnen ernst sein, wenn Sie mit ihr arbeiten wollen.«
Robbie: »Erzählen Sie mir von ihr.«
Chris: »Sie hat Unternehmen von Null auf 15 Millionen innerhalb eines Zeitraums von zwölf Monaten geführt. Sie ist außergewöhnlich, sowohl als Schulungsleiterin als auch als Coach, und ihre Kunden machen nach der Implementierung ihrer Instrumente einen Arsch voll Geld.«
Robbie: »Das hört sich toll an, können Sie mich mit ihr bekannt machen?«
Chris: »Ihr Honorar liegt bei 1 500 Dollar am Tag. Haben Sie das Budget dafür?«

Robbie: »Wenn Sie sagen, dass sie es wert ist, werde ich das Geld bereitstellen.«

Chris: »Okay, ich werde Sie miteinander bekannt machen. Verschwenden Sie ihre Zeit nicht und zahlen Sie pünktlich die Rechnung. Wenn Sie Scheiße bauen, wirft das ein schlechtes Licht auf mich. Okay? Ich werde sehen, ob sie sich freimachen kann, um Sie zu treffen. Wenn Sie irgendein Problem haben, rufen Sie zuerst mich an, ich werde mich darum kümmern.«

Robbie: »Klingt gut. Danke für die Vermittlung.«

Jetzt, da ich den Käufer vorbereitet und ihn mit Hintergrundinformationen über Fiona versorgt habe, ist er bereit für den Deal. Jetzt gehe ich zu ihr und führe folgendes Gespräch:

Chris: »Fiona, ich habe einen Kunden für Sie. Er ist ein guter Bekannter von mir und ein Wal (Großverdiener) von einem Geschäftsmann. Sein Vertriebsteam braucht eine Schulung. Ich habe ihm gesagt, dass Sie die Beste sind, und er möchte Sie gern treffen.«

Fiona: »Danke, Chris, wann möchten Sie, dass ich ihn treffe?«

Chris: »So bald wie möglich. Er ist bereit für den Deal. Ich möchte, dass Sie ihn wie Ihren einzigen Kunden behandeln, wie jemanden, der denselben Familiennamen hat wie Sie. Ich will, dass er denkt, er sei aus Gold. Und ich will, dass er Gott jedes Mal dafür dankt, bei dem Gedanken daran, dass ich diesen Kontakt vermittelt habe. Ihr Auftritt und Ihre Leistung müssen ihn dermaßen beeindrucken, dass er mit den Ohren schlackert. Wenn Sie das tun, was ich glaube, das Sie tun werden, wird noch viel mehr für uns beide abfallen. Ich habe ihm gesagt, dass Ihr Honorar 1500 Dollar täglich beträgt, und er ist darauf eingestellt, es zu zahlen. Sorgen Sie dafür, mich und sich selbst in ein gutes Licht zu setzen. Wenn diese Sache aus irgendeinem Grund schiefläuft, wird das für unsere Beziehung nicht gut sein, also stellen Sie sicher, dass Sie den Erwartungen entsprechen. Wenn Sie irgendein Problem haben, rufen Sie zuerst mich an, und ich werde mich darum kümmern.«

Ich weiß, das hört sich an, als sei ich eine Art Mafioso, aber was ich tue, ist, mit meiner Glaubwürdigkeit jeweils für die Glaubwürdigkeit beider Parteien zu bürgen. Ich sage, dass sie sich keine Sorgen zu machen brauchen, weil ich beide mit angemessener Sorgfalt überprüft habe. Wenn es ein Problem gibt, werde ich einbezogen, und niemand will, dass der Kerl, der einem die Deals einbringt, unglücklich ist. In diesem Modell muss kein Angebot gemacht werden, keine Projektpräsentation, nichts von dem, was man durchläuft, wenn man auf üblichem Weg einfach nur »empfohlen« wurde. Es werden keine zusätzlichen Referenzen gebraucht, denn wenn der Kunde mir vertraut, weiß er, dass ich keinen Dreck vertrete. Und weil ich den Kontakt vermittelt habe, werde ich die Verantwortung übernehmen, wenn etwas aus dem Ruder läuft.

Dies ist der Grund, warum Männer so schnell Geschäfte aufbauen – manche nennen es »Bürgschaft«, aber eigentlich ist es Unterstützung. Die Kehrseite der Medaille ist, wenn man eine Empfehlung ausgesprochen hat (z. B. jemanden für etwas vorgeschlagen hat) und der Empfohlene Scheiße ist, dann wird die Person, der ich denjenigen vorgeschlagen habe, lächeln und sich dafür bedanken, aber von den Leuten, mit denen ich zu tun habe, auf mich schließen und denken, dass ich genauso Scheiße bin. Männer haben Redensarten wie: »Aus Scheiße kann man kein Gold machen«, was bedeutet, man soll keinem Geschäft hinterherjagen, das nicht da ist. Beginnen Sie, eine Geschäftsmethode aufzubauen mit hereinkommender und herausgehender Unterstützung, und stellen Sie sicher, dass Sichtbarkeit, Glaubwürdigkeit und Profitabilität diesen Aktionen zugrunde liegen. Die Basis sollte immer Eigennutz sein: Sie werden durch den Deal gut dastehen, wechselseitig ins Geschäft kommen und vielleicht etwas Geld dabei verdienen. Denken Sie daran, Empfehlungen sind für Verlierer; Unterstützungen sind für Verdiener. Wenn Sie das nächste Mal eine Netzwerksveranstaltung besuchen, halten Sie Ausschau, wer das große Rad dreht und Geschäfte aufbaut. Geschäfte mit Alphas aufzubauen bedeutet, zu unterstützen und unterstützt zu werden.

Teil III
Häufig gestellte Fragen von Frauen

(Falls Sie alle Seiten bis hierhin überschlagen haben, verstehe ich das.)

Business Report: Was Männer Frauen nicht erzählen. Christopher V. Flett
Copyright © 2009 WILEY-VCH Verlag GmbH & Co. KGaA, Weinheim
ISBN 978-3-527-50449-7

Fragen über ...

Männer: Was macht einen starken Seemann aus?

Warum hören alle Männer am Wasserspender auf zu reden, wenn ich dazukomme?

Zunächst einmal sollte festgestellt werden, dass diese Männer weder über Sie geredet noch versucht haben, Sie auszugrenzen. Sie haben einfach versucht, sich gut zu amüsieren und dazuzugehören. Männer sorgen untereinander oft für Verbundenheit, indem sie unverschämte, anstößige Sachen sagen, die politisch nicht ganz korrekt sind. Höchstwahrscheinlich sind sie bei Ihrem Auftritt verstummt, weil sie gerade über etwas geredet haben, das für die Ohren von Frauen ungeeignet war. Wegen des zunehmenden Bewusstseins sexueller Belästigung am Arbeitsplatz sind Männer übermäßig vorsichtig geworden, um nichts zu sagen, das von Kolleginnen oder Kundinnen falsch aufgefasst werden könnte. Wenn also Männer plötzlich aufhören zu reden, schien ihnen das Gesprächsthema für die gemischte Gesellschaft unpassend. Sie könnten natürlich zu uns sagen: »Hallo Jungs, ich liebe solche Scherze, weiht mich ruhig ein.« Trotzdem würden wir das aber lieber bleiben lassen, denn dieser Scherz könnte uns schlappe 50 000 Dollar (ca. 37 000 Euro) kosten, und es gibt nichts, das lustig genug wäre, um diesen Preis zu rechtfertigen.

Warum wollen Männer immer die Führungsposition haben?

Leadership ist ein sehr wichtiger Begriff für die Karriere eines Alpha-Mannes. Wir müssen nicht nur zeigen, dass wir die Unterstützung dafür bekommen, in der Führungsposition zu sein, sondern in dieser Position auch beweisen, dass wir den Erwartungen voll und ganz entsprechen. Alpha-Männer mögen es nicht, gesagt zu bekommen, was zu tun ist. Wenn wir in der Führungsposition sind, sagen

Business Report: Was Männer Frauen nicht erzählen. Christopher V. Flett
Copyright © 2009 WILEY-VCH Verlag GmbH & Co. KGaA, Weinheim
ISBN 978-3-527-50449-7

wir anderen, was zu tun ist, und das ist etwas, das uns so richtig Spaß macht. Wer nicht der Rudelführer ist, hat dem Willen eines anderen zu folgen. Das ist keine Position, in der wir stecken wollen. Deshalb kommt es bei einem Team mit einem Teamleiter zu folgendem Kuriosum: Ein Alpha hat die Gesamtleitung, während der Rest der Alphas in dem Team danach strebt, die Führungsrolle in einem der untergeordneten Bereiche zu übernehmen.

Hier ein Beispiel dafür, wie Alphas Führung aufteilen:

- Bob ist der Alpha-Mann, der mit seinem Team für die Vertriebspräsentation als Ganzes verantwortlich ist.
- Jon übernimmt die Verantwortung für die Überwachung der Recherchen.
- Bill übernimmt die Verantwortung dafür, dass Veranstaltungsort und -management stimmen.
- Tom übernimmt das Management der Präsentationsentwicklung.

Keiner der Männer in Bobs Team würde von sich sagen, dass er in Bobs Bereich oder gar »für Bob« arbeitet. Stattdessen sagen alle, dass sie jeweils die Verantwortung oder das Management für einen Bereich übernehmen, womit die Führung in diesem jeweiligen Bereich beansprucht wird. Es ist ein kleines Spiel, das wir untereinander spielen, damit unser Ego besser damit zurechtkommt, das zu tun, was uns gesagt wird. Oft tun wir etwas freiwillig sofort, damit uns keiner die Anweisung dazu geben kann. Für einen Alpha-Mann gilt: Wenn du nicht der Anführer bist, bist du das Hündchen von jemandem.

Warum sind Männer Workaholics?

Erlauben Sie mir eine Verallgemeinerung, die ich gleich näher erläutern werde. Frauen werden in der westlichen Gesellschaft danach beurteilt, wie sie aussehen. In unserer Welt hat eine Frau, die schlank und attraktiv ist, einen Vorteil gegenüber Frauen, die es nicht sind. Man muss nur im Fernsehen und in der Musikszene schauen und Zeitschriften durchblättern, um zu sehen, dass wir immer noch diese archaische Vorstellung haben, es gebe für Frauen nur einen Weg, attraktiv zu sein.

Unsere Gesellschaft unterstützt diese Vorstellung unglücklicherweise auf jede mögliche Weise. Und auch die Rolle der Männer wird in unserer Kultur konserviert. Männer sind die Jäger. Wir bringen das Essen für alle nach Hause. Die besten Jäger stehen im höchsten Ansehen, während diejenigen, die nicht gut jagen, bestraft und verspottet werden. Bei Männern spielt das Aussehen keine so große Rolle wie ihre Fähigkeit, Geld zu verdienen (modernes Jagen). Ein Mann kann mehr als 300 Kilo auf die Waage bringen und einen gigantischen Leberflecken, der sich über seinen Schädel ergießt, doch wenn er Milliardär ist, will jedes Supermodel ihn haben, jeder Kerl will sein Freund sein, und er bekommt Einladungen zu allen Partys. Männer werden von unserer Gesellschaft einzig nach ihrer Fähigkeit bewertet, Geld zu verdienen.

Es reicht uns nicht, einfach nur Geld zu verdienen: Wir müssen auch mehr Geld verdienen als jeder andere, den wir kennen. Wir wollen nicht nur einfach für unsere Familien sorgen. Wir wollen besser für unsere Familien sorgen als jeder andere Mann, den wir kennen. Wir Männer legen ständig die Hackordnung fest, und andauernd vergleichen wir unsere Position darin mit der aller anderen Männer, die wir kennen. Wir sind nicht Workaholics, weil wir unsere Arbeit lieben (obwohl dies bei vielen Männern der Fall ist), sondern wir lieben es, dass unsere Arbeit uns Geld einbringt. Das erlaubt uns, für eine bessere Lebensqualität unserer Familien zu sorgen, was wiederum unsere Position in der Hackordnung verbessert.

Ich kenne einen Mann, der zuhause bei seiner Tochter bleibt, während seine Frau arbeiten geht. Dieser Faulpelz hat beschlossen, dass er daheim die gemeinsame Tochter erzieht, während seine Frau die Brötchen verdient. Bevor Sie jetzt vor Wut kochen, lassen Sie mich ein paar Dinge erläutern:
Ich glaube, dass jede Frau, wenn sie sich dafür entscheidet, einen Beruf haben sollte. Ich glaube, dass Frauen viel Geld verdienen sollten bei dem, was sie tun, und ich habe keine Probleme mit Frauen, die mehr Geld verdienen als ihre Ehemänner. Ich weiß, dass die Erziehung eines Kindes eine unglaublich große und anstrengende Aufgabe ist und dass der Elternteil, der die hauptsächliche Erziehungsarbeit leistet, oftmals einen viel härteren Job hat als der Partner, der außerhalb des Hauses arbeitet.

Wie auch immer, der Typ, auf den ich mich beziehe, befindet sich für mich auf der absolut untersten Stufe der Nahrungskette. Es widert mich an, dass er zuhause bleibt und von seiner Frau erwartet, ihn zu unterstützen. Würde ich dasselbe denken, wenn seine Frau zuhause bliebe und er arbeiten würde? Nein, würde ich nicht. Aber die Überzeugung, dass gesunde Männer das Geld für ihre Familien verdienen sollten, ist so fest in meiner Psyche verankert, dass ich sie nicht überwinden kann. Rein verstandesmäßig weiß ich, dass meine Gefühle bei diesem Thema altmodisch und chauvinistisch sind. Und doch fühle ich Abscheu gegenüber einem Mann, der sich dafür entscheidet, nicht finanziell für seine Familie zu sorgen.

Warum ziehen Männer im Berufsleben den Umgang untereinander dem mit Frauen vor?

Es gibt kein Drama. Der eine sagt zum anderen, er solle sich verpissen, und es gibt keine Tränen. Im allerschlimmsten Fall gehen wir nach draußen, prügeln uns gegenseitig grün und blau, reden ein Jahr lang nicht mehr miteinander, laden uns dann irgendwann gegenseitig auf ein Bier ein und gehen wieder dazu über, gemeinsam Geld zu verdienen. Wenn ich einen männlichen Kollegen bei einem Handel zurückweise und er Schwäche zeigt, weiß er, dass er meinen Respekt verliert und jeden zukünftigen Handel, den ich jemals mit ihm gemacht hätte. Die Mehrzahl meiner Kunden ist weiblich, und wenn ich will, dass eine Frau bessere Leistung bringt, sage ich: »Ich weiß, dass Sie es besser können, weil ich schon gesehen habe, wie Sie es besser gemacht haben. Was müssen wir tun, um es eine Stufe besser hinzubekommen?« Ich lasse sie wissen, was meine Erwartungen an sie sind, und biete dann eine gemeinsame Fehlersuche an. Bei männlichen Kunden gehe ich anders vor. Ein bestimmter Kunde gab mir vorab ein Angebot, das er machen wollte, zur Bewertung. Meine Reaktion darauf war: »Das ist ein totales Stück Scheiße. Die werden Ihnen nicht nur den Vertrag nicht geben, sondern sie werden danach auch bei jeder zukünftigen Arbeit im ganzen Land gegen Sie stimmen. Bringen Sie das in Ordnung, dann zeigen Sie es mir noch mal. Wenn Sie selbst denken, dass es Scheiße ist, senden Sie es erst gar nicht an mich.« Jetzt werden viele von Ihnen, die dies lesen, mich für ein ziemliches Arschloch halten, aber ein Alpha will wissen, was zum Teufel er tun muss, um den entscheidenden Schlag zu landen. Er sorgt sich nicht darum, was nicht funktioniert. Er sorgt sich darum, etwas zu tun, das ihn gut aussehen lässt und ihm Geld einbringt. Ich sage ihm, dass der Mist, den er eingereicht hat, seinen Ruf zerstören und ihn Geld kosten wird. Ich habe irgendwo gelesen, dass Freunde einen aufziehen, um einen vor dem Gespött der Gesellschaft zu bewahren. Ich gehe mit anderen Alpha-Männern härter um, weil ich weiß, dass sie das vertragen können und auch davon profitieren. Ich will, dass sie beweisen, dass ich Unrecht habe.

Wenn Frauen ein ehrliches Feedback von uns haben wollen, fühlen wir Männer uns unbehaglich, weil wir nicht glauben, dass sie wirklich wissen wollen, was wir denken. Fiona Walsh, eine der Top-Trainerinnen in meinem Unternehmen (als »Ghost GEO Coach« bezeichnet), ist spezialisiert auf Coaching für den Vertrieb. Sie und ich hatten bei einer Strategieberatung eine heiße Diskussion. Sie fragte mich, was ich dächte, und ich lächelte. Sie sagte: »Kommen Sie schon, Flett, raus damit, ich weiß, Sie halten etwas zurück!« Also legte ich los, rücksichtslos und ohne Punkt und Komma – alles, was ich nicht an der Idee mochte, an der Vortragsart, an der Strategie, an dem Profitmodell und an der Implementierung. Sie saß da und hörte sich alles an, und ich bereitete mich innerlich auf das zu erwartende Drama vor. Aber es gab kein Drama. Sie hörte sich an, was ich zu sagen hatte, nahm alles auf und machte es am Ende doch auf ihre eigene Art. Sie bewies mir, dass sie Recht hatte, aber was noch wichtiger war, ich konnte von da an authentische Gespräche mit ihr führen.

Warum geben Männer mit ihren Errungenschaften an?

Die schnelle Antwort ist, dass wir es tun, weil es uns selbst guttut, nicht weil jemand anderes im Raum davon einen Nutzen hätte. Männer werden danach bewertet, was sie zu tun fähig sind, und wenn wir angeben, sind wir eigentlich auf innere Inspiration aus, uns weiterhin als ein Champion zu sehen, der Leistung bringen kann, wenn er gefordert wird. Eine Tatsache, die viele Männer nicht zugeben, ist diese: Je mehr wir angeben, desto unsicherer fühlen wir uns. Männer geben auf viele verschiedene Arten an, was das Reden über unsere Mitgliedschaften, Häuser, Urlaube, Autos, Verbindungen und so weiter einschließt. Immer gibt es einen kleinen Prozentsatz von Blödsinn in unserer Angeberei, aber normalerweise achten wir sehr darauf, nicht zu sehr zu übertreiben. Es wäre peinlich, wenn wir entlarvt würden und wie Trottel dastünden. Angeberei gehört zu unserem Umgang miteinander.

Warum zeigen Männer ihre Gefühle nicht?
Weil uns beigebracht wurde, dass es schwach ist, das zu tun. Männer weinen nicht! Oder wenn wir es tun, werden wir es selten zugeben. In Wahrheit werden auch wir emotional; wir zeigen es nur nicht. Unsere Väter nehmen uns beiseite und sagen uns, wir sollen zwei Gesichter haben – ein privates Gesicht, das der Öffentlichkeit verborgen ist, und ein öffentliches Gesicht, das keine Schwäche zeigt.

Warum gehen männliche Kollegen einfach bei einer Besprechung über meinen Beitrag hinweg oder fallen mir ins Wort?
Eine Besprechung gehört zu den frustrierendsten Dingen für einen Alpha-Mann. Diese Frustration steigert sich, je mehr über Details geredet wird. Wenn Männer sich gegenseitig oder Frauen ins Wort fallen, sagen sie eigentlich dies: »Ich bin frustriert und will eigentlich gar nicht hier sein. Sie verschwenden meine Zeit, weil Sie nicht auf den Punkt kommen und sich auf Details konzentrieren!« Alphas werden versuchen, durch das Meeting zu hasten, weil sie grundsätzlich keinen Wert in einer Besprechung sehen, die länger als fünf Minuten dauert. Alpha-Männer denken: »Sagen Sie mir innerhalb von 30 Sekunden, was ich wissen muss, und dann lassen Sie mich hier raus!«

Beispiel A: Die Frau, der man nicht richtig zuhört, würde sagen:
»Ich halte es für wichtig, darüber zu reden, wen wir als Lieferanten wählen werden. Wir müssen die Region, die Reichweite, den Ruf, die Preisgestaltung und Details der genauen Formulierung unseres Vertrages bedenken. Dann sollten wir darüber entscheiden, wie wir das Programm auf den Markt bringen, wer was tun wird und wie wir unsere Verantwortung behalten und welche Meilensteine wir uns setzen.«

Beispiel B: Die Frau, welcher die Aufmerksamkeit der Gruppe gehört, würde sagen:
»Wir dürften uns alle darüber einig sein, dass wir letztlich diejenigen sein werden, die die Produktion anführen. Um diesen herausragenden Platz im Markt einzunehmen und zu behalten, müssen wir wichtige Entscheidungen treffen, um sicherzustellen, dass wir bei jedem Schritt erfolgreich sind. Dies sind die Entscheidungen, die wir treffen müssen und bei denen es »Alles oder Nichts« heißt: welche Zuliefe-

rer wir verwenden wollen, das heißt, wen wir auswählen, der mit uns an die Spitze hochsteigt, welche Vereinbarung getroffen wird, um sicherzustellen, dass er das hält, was er verspricht, und wie wir das Programm entfalten werden, um sicherzustellen, dass wir alle im Kreis der Sieger sind, und das so schnell wie möglich. Sollen wir jetzt über die zielbezogenen Details sprechen?«

Wenn Männer Ihnen ins Wort fallen, sind sie frustriert und wollen am liebsten gehen, zumindest aber die Konferenz abkürzen. Reden Sie deshalb möglichst themenbezogen, ziel- und erfolgsorientiert.

Warum brechen Männer Entscheidungen übers Knie, ohne alle Details durchdacht zu haben?

Wir sind zielorientiert. Der Rest, das Drumherum, das sind für uns nur Störgeräusche. Wir zielen, machen uns bereit für den Schuss und drücken ab. Wir sehen als Kinder Cowboyfilme und begreifen schnell, dass der Kerl, der seinen Revolver am schnellsten zieht, gewinnt. Das Problem dabei ist natürlich, dass wir oft danebenschießen (obwohl wir das nicht zugeben würden), der Vorteil andererseits, dass wir oft zum Schuss kommen, weil wir die schnellsten waren. Ich glaube, dass Alpha-Männer die bestmöglichen Entscheidungen treffen mit den Informationen, die sie haben. Hätten sie mehr Informationen gehabt, wäre der Kurs vielleicht ein anderer geworden, aber sie sind nicht diejenigen, die herumsitzen und warten, wie sich die Dinge entwickeln.

Frauen, auf der anderen Seite, schaffen es beinahe immer, den entscheidenden Treffer zu landen – das heißt, wenn das Spiel noch läuft, wenn sie endlich zum Ende ihrer Überlegungen gekommen sind. Ich hatte Kundinnen, die sich vorbereiteten, wieder vorbereiteten und noch einmal vorbereiteten auf einen potenziellen Geschäftsabschluss, nur um zu hören, dass der Vertrag schon längst unter Dach und Fach war – mit jemand anderem, versteht sich. Denken Sie daran, die Großen nehmen es den Kleinen weg und die Schnellen nehmen es den Großen weg. Wenn ein Kerl herumsitzt und darauf wartet, bis alles ordentlich und übersichtlich ist, wird er als schwach angesehen und verliert den Respekt der anderen Männer im Raum. Auf Frauen wirkt es, als würden wir Hals über Kopf vorwärts stürmen.

Wir betrachten es als Ergreifen von Maßnahmen, wenn unsere Führung gefragt ist.

Befördert werden: Den Befehl über Ihr eigenes Schiff bekommen

Wie überwinde ich ein Gefühl der Machtlosigkeit in meiner beruflichen Karriere?

Beginnen Sie zu planen. Jede Frau sollte einen Plan A und einen Plan B haben. So handhaben Männer ihre Karrieren. Unser Plan A ist der Pfad, dem wir folgen. Unsere Erwartungen sind gespickt mit Eckdaten und Meilensteinen, so dass wir unterwegs wissen, ob wir noch auf dem richtigen Weg sind. Dann haben wir einen Plan B dafür, dass alles drunter und drüber geht und ein radikaler Schritt nötig wird.

Hier ist ein Beispiel dafür, wie bei einer Wirtschaftsprüferin ein Plan A und ein Plan B aussehen könnten.

Plan A:

»Ich werde in meiner Firma hart arbeiten und so viel wie möglich über Buchhaltung lernen. Ich werde Extra-Kurse belegen, so viele verschiedene Akten bearbeiten, wie ich kann, ein Netzwerk von Menschen in meinem Fachgebiet aufbauen, die auf mich verweisen, meine Kunden außergewöhnlich gut behandeln und darauf aus sein, Bündnisse mit anderen Fachleuten im Finanzdienstleistungssektor zu schließen. Nach drei Jahren werde ich einen starken Kundenstamm entwickelt haben, und ich will, dass meine jährlichen Abrechnungen im Verhältnis 3:1 zu meinem Gehalt stehen. Im fünften Jahr werde ich den Partnern in meiner Firma einen Antrag auf Partnerschaft unterbreiten und damit meine Karriere auf die nächste Stufe bringen. Sobald ich zum Partner gemacht worden bin, werde ich eine Familie gründen, meine Berufstätigkeit weiter ausbauen und jedes Jahr zwei Monate Auszeit nehmen, um die Biografie meines Großvaters zu schreiben.«

Plan B:

»Wenn sich die Dinge in meiner Firma nicht gut entwickeln und ich nicht denke, dass es dort eine Möglichkeit für mich gibt, Partner zu

werden, werde ich anfangen, mich nach anderen Firmen umzuschauen, die für mich besser geeignet wären. Das Netzwerk, das ich
aufbauen werde, wird nützlich dafür sein. Im dritten Jahr werde ich
eine Entscheidung darüber treffen, welcher Schritt als Nächstes zu
tun ist. Wie ich es sehe, habe ich im Wesentlichen drei Alternativen:
bei dieser Firma zu bleiben, zu einer anderen Firma zu wechseln oder
möglicherweise mein eigenes Büro zu gründen. Mein Hauptaugen-
merk soll darin bestehen, einen Kundenstamm zu entwickeln und
Kontakte zu knüpfen, um auf Nummer sicher zu gehen, egal was passiert. Ich werde auch beginnen, viel über das Führen von mittelstän-
dischen Unternehmen zu lernen, so dass ich weiß, was zu tun ist,
wenn ich meine eigene Firma gründe.«

Wie bitte ich meinen Chef darum, mir mehr Verantwortung zu übertragen?

Als Erstes sollten Sie sich selbst fragen, ob Sie in der Vergangenheit
erfolgreich Verantwortung übernommen und gezeigt haben, dass sie
fähig sind, Arbeit erledigt zu bekommen. Dann fragen Sie sich selbst,
ob Sie mit zusätzlicher Arbeitsbelastung umgehen können. Wenn
dies alles gut aussieht, machen Sie einen Termin mit Ihrem Chef aus
und sagen Sie ihm, dass Sie mehr Verantwortung haben wollen.

Beispiel:
»Bob, die Arbeit, für die ich in diesem Jahr verantwortlich war, hat
mich angeregt, und ich habe alle Projekte unter Kontrolle, keines
überschreitet den Etat, alle sind im Zeitplan. Ich bin an einer Herausforderung interessiert und würde gern mehr Verantwortung übernehmen. In welche Projekte könnte ich mich einbringen, um meine
Arbeitsleistung auf die nächsthöhere Ebene zu bringen?«

Sie sollten ihn zuallererst wissen lassen, dass Sie in all Ihren Verant-
wortungsbereichen erfolgreich waren (was Ihre Leistungsfähigkeit
zeigt) und dass Sie außerdem willens sind, noch mehr zu leisten (was
zeigt, dass Sie zielorientiert sind). Dann stellen Sie ihm eine offene
Frage, damit er weiß, dass sie jetzt ein Feedback brauchen und nicht
wollen, dass er irgendwann später auf Sie zurückkommt. Wenn Sie etwas wollen, sollten Sie ein Nein als Antwort nicht akzeptieren. Er wird
vielleicht versuchen, Ihr Ansinnen zu ignorieren oder zurückzuwei-

sen, um zu sehen, ob es Ihnen ernst ist. Alpha-Männer lieben Leute, die hartnäckig und ausdauernd sind, um zu bekommen, was sie wollen.

Warum machen Männer eher Männer zu Partnern als Frauen?

Dies ist die simple und umstrittene Antwort: Männer sind im beruflichen Umfeld meist besser darin, Deals hereinzubringen. Obwohl Frauen im Allgemeinen über besser ausgebildete Fähigkeiten verfügen, die dazu nötig sind, einen Handel zustande kommen zu lassen, nehmen sie oft eine untergeordnete Position einem dominanten Mann gegenüber ein. Männer sind zielorientiert, und letztlich hat die Person, welche die Deals hereinbringt, die Kontrolle. Mein Vater weist in diesem Zusammenhang auf die unterschiedliche Auslegung der »goldenen Regel« von Männern und Frauen hin. Die Definition der Frauen lautet: »Behandle andere so, wie du selbst von ihnen behandelt werden willst.« Die Definition der Männer lautet: »Wer das Geld hat, bestimmt die Musik.«

Um es völlig unverblümt zu sagen: Sie werden aus einem von zwei Gründen zum Partner gemacht: Sie sind ein Haupt-Profiterzeuger für die Firma, und Ihr Weggang würde eine negative Auswirkung auf den Endgewinn des Unternehmens haben, oder Sie sind eine starke Botschafterin für das Unternehmen, und Ihr Weggang würde eine negative Auswirkung haben.

Als Mann wird einem beigebracht, dass jemand, der einen anderen unterstützt, so etwas wie der Sklave desjenigen ist. Man ist entweder an der Spitze der Nahrungskette, oder man wartet auf jemand anderen, der einem den Suppentopf füllt. Ein Mann, der es nicht zum Partner bringt, dient den anderen Männern als Lastesel. Wir wissen dies, deshalb versuchen wir, gewaltige Deals zustande zu bringen, um uns einen sicheren Platz am Tisch zu verschaffen. Frauen denken, dass ihr Engagement daran deutlich würde, dass sie gute, flexible und stressresistente Teamspielerinnen sind, welche die Initiativen des Teams unterstützen, und dass ihnen deshalb zur Belohnung die Partnerschaft angeboten werden sollte.

Hier ist eine Gleichung, um zu bestimmen, ob Sie für eine Partnerschaft in Frage kommen:

Nehmen Sie Ihr Jahresgehalt. Fügen Sie unterstützendes Personal hinzu (Assistenten etc.), die an Ihren Akten arbeiten. Dann kalkulieren Sie die Sachkosten Ihrer Arbeitsstelle mit ein (Büroraum, Computer, Telefone, Dienstwagen etc.). Rechnen Sie all diese Posten zusammen, und dann ziehen sie diese Zahl von dem ab, was Sie der Firma an Gewinn eingebracht haben. Sie werden sehen, was übrig bleibt. Entscheiden Sie, ob Sie denken, dass diese Zahl es wert ist, einen Anteil an den Profiten zu erhalten.

Eine Kundin, mit der ich zusammenarbeitete, ist eine Anwältin bei einer großen Kanzlei in New York City. Sie war seit zwölf Jahren bei dieser Kanzlei, und nie war ihr eine Partnerschaft angeboten worden. Es gab männliche Kollegen, denen nach sechs Jahren eine Partnerschaft angeboten wurde. Wir sahen uns gemeinsam ihre Zahlen an:

Ihr Gehalt	**160 000 Dollar**
Das Gehalt ihrer Assistentin	**60 000 Dollar**
Ihre Bürokosten (geschätzt)	**12 000 Dollar**
Ihre Ausgaben (Aufwandskonto/Auto/Reisen)	**25 000 Dollar**
Ihre Fakturierung	**360 000 Dollar**
Profit für die Firma	**103 000 Dollar**

Sie brachte ihrer Firma 103 000 Dollar im Jahr an Reingewinn, oder 8 583 Dollar pro Monat, was eine Menge Geld zu sein scheint, aber ihre Rentabilität betrug nur 29 Prozent ihrer Fakturierung.

Im Geschäftsleben wird es gern gesehen, dass Angestellte der Firma dreimal so viel Geld einbringen wie ihr Gehalt. Das bedeutete im Fall meiner Kundin, dass die Kanzlei durch ihre Arbeit 480 000 Dollar jährlich ihren Klienten hätte in Rechnung stellen können. Es fehlten dazu also 120 000 Dollar pro Jahr. Das hieß nicht etwa, dass sie nicht hart gearbeitet hätte. Es bedeutete aber, dass es aus männlicher Sicht keinen Grund gab, ihr einen Anteil an den Profiten der Firma als Partnerin zu geben, wenn sie so wenig Gewinn einbrachte. Ein weiteres wichtiges Faktum war, dass sie zwar außergewöhnlich gut darin war, Kunden zu betreuen, aber dass sie in zwölf Jahren keinen einzigen neuen Kunden hereingebracht hat. Sie war fleißig damit beschäftigt, die Akten von Partnern und Kollegen zu übernehmen.

Lassen Sie mich ein Beispiel geben von den Zahlen eines Partners:

Sein Gehalt	600 000 Dollar
Die Gehälter seiner Assistenten (3)	180 000 Dollar
Seine Bürokosten (geschätzt)	30 000 Dollar
Seine Ausgaben (Aufwandskonto/Auto/Reisen)	120 000 Dollar
Seine Fakturierung	2 600 000 Dollar
Profit für die Firma	1 670 000 Dollar

Es ist offensichtlich, dass sein Gehalt beinahe viermal so hoch ist wie ihres und dass seine Ausgaben exponentiell größer sind. Das kommt daher, dass er eine Menge Zeit damit verbringt, neue Klienten einzubringen, Netzwerke aufzubauen und Beziehungen zu entwickeln, die mehr und mehr Arbeit einbringen. Seine Fakturierung entsteht durch die Arbeit, die er hereinbringt und die er an Mitarbeiter wie meine Klientin weitergibt. Seine Rentabilität liegt bei 63 Prozent und ist damit doppelt so hoch wie ihre. Wenn er mit diesen Klienten abwandern würde, würde das eine bedeutende finanzielle Auswirkung auf die Firma haben. Im Unterschied zu ihrer Profiterzeugung von 8 583 Dollar pro Monat hat er jeden Monat einen Gewinn von 136 166 Dollar eingebracht. Er hat dem Unternehmen beinahe 15 mal so viel Geld eingebracht wie sie. Wenn sie der Kanzlei dermaßen viel Geld einbringen würde, wäre sie schon längst Partner.

Ungeachtet dessen, ob Ihre Firma grundsätzlich ein Laden voller Chauvinisten ist: Wenn Sie Ihre Rentabilität auf einen Punkt steigern können, an dem die Firma beginnt, die Auswirkungen Ihrer Bemühungen zu spüren, wird auch Ihnen die Partnerschaft angeboten werden: Entweder weil anerkannt wird, dass Sie eine Jägerin sind und Arbeit hereinholen können, oder weil man befürchtet, dass Sie all Ihre neuen Klienten mitnehmen, wenn Sie die Firma verlassen und Ihre eigene Kanzlei eröffnen. In jedem Fall haben Sie die Macht.

Warum bilde ich meine Untergebenen immer zu meinen Vorgesetzten aus?

Sie sind als unterstützender Spieler identifiziert worden, und wir Männer sind außergewöhnlich gut darin, Leute zu finden, die uns dabei helfen, das aufzubauen, was wir aufbauen wollen, und den Beitrag dieser Leute zu maximieren. Die erste Frage, die ich an Sie habe, lautet: Haben Sie sich auf höhere Stellen beworben, oder warten Sie darauf, dass man Sie bemerkt und darum bittet, sich zu bewerben? Wenn Sie sich nicht von sich aus beworben haben, worauf warten Sie? Wenn Sie sich beworben haben und übergangen wurden, kann es eine Reihe von Gründen dafür geben:

- Sie wurden torpediert.
- Die Mächtigen oben hegen keinerlei Befürchtung, dass Sie gehen könnten.
- Sie haben das Risiko einkalkuliert, dass Sie gehen könnten, und sie sind deswegen nicht besorgt. Sie wurden nicht als Spieler positioniert und kommen deshalb nicht in Betracht.
- Wenn Sie eine gute Ausbilderin sind (die schwer zu finden ist, und Ihre Chefs haben auch keine Ahnung, wie man ausbildet), warum sollten sie Sie befördern, wenn sie es nicht müssten? Wenn sie es tun, müssten sie jemanden finden, der Ihren Job genauso gut machen kann wie Sie, was mehr Arbeit für sie bedeuten würde. Von zusätzlicher Arbeit halten sie aber gar nicht viel.

Eine einfache Art, die Lage zu bereinigen, wäre, sich mit Ihren Vorgesetzten an einen Tisch zu setzen und sie zu fragen, was nötig wäre, damit Sie befördert würden. Dann sagen Sie ihnen, dass Sie sich nicht nur dazu an ihre Vorgaben halten wollen, sondern dass Sie auch Ihr Schulungssystem an denjenigen, der Sie ersetzen soll, weitergeben.

Jetzt kommt das Wichtige: Geben Sie ihnen Ihr Schulungssystem erst, wenn Sie befördert wurden. Wenn nämlich Ihre Vorgesetzten Sie loswerden wollen, geben Sie vielleicht das einzige Argument aus der Hand, Sie zu behalten. Wenn Sie denken, dass dies der Fall ist, beginnen Sie an Ihrem Plan B zu arbeiten.

Wie muss eine Frau sein, um im Berufsleben als ebenbürtig angesehen zu werden?

Das Wichtigste ist zunächst einmal, sich selbst zu achten und anderen Leuten den Umgang mit Ihnen nur in respektvoller Art und Weise zu erlauben. Zweitens sollten Sie jemand werden, der Geschäfte einfädelt. Trachten Sie danach, Ihrer Firma gegenüber die Fähigkeit unter Beweis zu stellen, Geschäfte aufzubauen. Keiner von uns wird mit diesem Talent geboren (obwohl ich mir keinen Alpha-Mann vorstellen kann, der mir darin zustimmen würde), also halten

Sie nach Mentoren Ausschau, die Sie in den Prozess einweihen, Geschäfte zusammenzufügen. Der dritte Punkt ist, professionell zu handeln. Wenn Sie ein Sieger sein wollen, handeln Sie wie ein Sieger. Viertens sollten Sie sehr darauf achten, mit wem Sie Ihre Zeit verbringen. Mein Vater sagt: »Wenn du mit Adlern fliegen willst, renne nicht mit Truthähnen herum.« Sie werden die Charakteristika der Menschen annehmen, mit denen Sie Zeit verbringen.

Denken Sie daran, wie Männer die Goldene Regel definieren. Letzten Endes werden Sie nach Ihrer Fähigkeit bewertet werden, in Ihrem Beruf erfolgreich zu sein. Fünftens lässt sich sagen, dass Sieger tun, was Verlierer nicht tun. Als Alpha-Mann will ich Zeit mit Kollegen (ungeachtet des Geschlechts) verbringen, die es verstehen, ihren Job zu machen.

Familie kontra Karriere oder Familie und Karriere: Mit oder ohne Mannschaft

Wird es sich negativ auswirken, wenn ich nicht an den Wochenenden arbeite?

Ich denke, dass Arbeitswochenenden überschätzt werden, es sei denn, Sie bauen Ihre eigene Firma auf. Es gibt keinen Grund, warum Sie Ihre Arbeit nicht während der Woche geschafft bekommen sollten. Es wird Ausnahmen geben, etwa dass Sie einen Kunden am Wochenende treffen müssen oder in die Firma gehen, um einen Vertrag abzuschließen, aber im Allgemeinen werden Sie uns Männer nicht beeindrucken, wenn Sie am Wochenende arbeiten; wir denken eher, dass Sie ineffizient vorgehen und am Wochenende kommen müssen, um aufzuholen.

Warum müssen sich Frauen zwischen einer erfolgreichen Karriere und Familie entscheiden?

In der Vergangenheit wurden Frauen gezwungen (durch öffentlichen Druck), sich zwischen Karriere und Familie zu entscheiden. Wenn sie versuchten, beides zu haben, wurden sie als Rabenmütter angesehen oder als Frauen, die ihren häuslichen Aufgaben nicht gerecht wurden. Heute liegen die Dinge anders.

Frauen stehen heutzutage mehr Hilfsmittel zur Verfügung, die ihre Neuorientierung unterstützen, und die öffentliche Meinung achtet inzwischen eine Frau, die beides will. Wenn Sie sich für beides entscheiden, und zwar ohne dass das eine unter dem anderen leidet, dann können Sie das heutzutage.

Ich denke, der größte Fehler, den ich Frauen machen sehe, ist, dass sie Karriere und Kinder wollen, ohne einen Plan dafür gemacht zu haben. In unserem Freundeskreis sagen Frauen oft: »Ich denke, wir werden eine Familie gründen.« Ich frage dann: »Was wirst du mit deiner Arbeit machen?« Und als übereinstimmende Antwort kommt: »Na, ich gehe in Mutterschutz, und wenn ich zurückkomme, werde ich weitermachen.«

Dies ist ein gewaltiger Fehler. Mit dieser Einstellung geben Frauen ihre Kontrolle über die Situation auf. Sie beschließen, einfach abzuwarten und zu sehen, was auf sie zukommt. Soll das ein Scherz sein? Allen Frauen, die ich kenne, rate ich dringend, dass sie planen, wie sie ihre Karriere während ihrer Schwangerschaft und nach der Geburt ihrer Kinder weiter fortführen. Das eine braucht für das andere nicht zu pausieren.

Eine Freundin von mir ist Steuerberaterin, und eines Tages, als wir über ihre Schwangerschaft sprachen, sagte sie, dass sie beginnen würde, kürzer zu treten, da sie in ein paar Monaten eh in Mutterschutz gehe und es keinen Sinn mache, Neukunden zu gewinnen. Es war April, als wir darüber sprachen, und sie hatte gerade eine sehr geschäftige Steuersaison abgeschlossen.

Ich sagte ihr, dass sie verrückt sei. Genau jetzt sei die beste Zeit, neue Akten anzulegen. Sie könne die Beziehung zu den neuen Kunden aufbauen, bevor sie gehe, und rechtzeitig wieder zurück sein, um ihre Steuerplanung für das folgende Jahr zu machen. Ich konnte an ihren Augen ablesen, dass sie darüber noch nicht nachgedacht hatte. Später sagte ich ihr, sie solle sich einmal die Krabbelgruppe näher anschauen, die sie besuchte und in der es 30 Frauen gab. Ich fragte sie: »Was tun die Frauen, die in deiner Gruppe sind?« Sie antwortete: »Ich bin nicht sicher, ich denke, sie sind einfach Mamas.« Ich sagte zu ihr: »Was denken die anderen, was du machst?« Sie sagte: »Na ja, vermutlich denken sie auch, dass ich einfach Mutter bin.«

Wie sich bei näherer Betrachtung herausstellte, gab es in dieser Gruppe drei Leiterinnen der Finanzabteilung, eine Vertriebschefin für Nordamerika, drei Anwältinnen sowie die Besitzerin einer wohlbekannten Nahrungsmittelfirma.

All diese Frauen waren ein wenig bedrückt, weil sie das Gefühl hatten, aus dem Beruf raus zu sein. Sobald sie erkannten, dass sie abgesehen von ihren Kindern noch etwas gemeinsam hatten, fingen sie an, sich darüber zu unterhalten, wie sie nach ihrer Rückkehr miteinander Geschäfte machen könnten. Meine Freundin kehrte nach sieben Monaten auf ihre alte Position zurück und brachte dabei neue Aufträge im Wert von 325 000 Dollar aus ihren neuen Krabbelgruppen-Kontakten mit. Betrachten Sie eine Familie nicht als Auszeit vom Berufsleben. Richten Sie Ihren Blick auf die Chancen, die sich aus Ihrer neuen Position als Mutter ergeben.

Wird es sich negativ auf meine Position im Unternehmen auswirken, wenn ich Erziehungszeit nehme?

Ja und nein. Welche Auswirkungen es haben wird, hängt davon ab, wie Sie damit umgehen. Nach dem ersten Schwangerschaftsdrittel sagen die meisten Frauen ihrem Chef, dass sie schwanger sind und teilen ihm den voraussichtlichen Entbindungstermin mit. Dann verkünden sie noch, wie lange sie in Erziehungszeit zu gehen gedenken, und das war's.

Wenn Sie so mit Ihrem Chef umgehen, sagen Sie im Grunde: »Ich bin schwanger. Ich werde in vier Monaten gehen. Sie müssen herausfinden, was Sie mit meinen Pflichten machen, wenn ich weg bin. Finden Sie jemanden, der bereit ist, mich während meiner Mutterschutz- und Erziehungszeit mit einem Zeitvertrag zu ersetzen. Dann müssen Sie den, der meinen Job machen soll, natürlich auch noch entsprechend qualifizieren. Und Sie müssen hoffen, dass derjenige nicht mittendrin kündigt, um einen festen Job irgendwo anders anzunehmen. Sollte das passieren, müssten Sie eine weitere befristete Arbeitskraft ausbilden.« Und so weiter. Die Schwangerschaft ist kein freudiges Ereignis, sondern einfach eine weitere Sache, die er vom Tisch bekommen muss. Ist es ein Wunder, dass der Chef nicht glücklich darüber ist? Aus genau diesem Grund reagierte der Chef einer Freundin mit: »Herzlichen Glückwunsch. Scheiße. Scheiße. Scheiße.« Wenn Männer sich nicht freuen, dass Mitarbeiterinnen in Mutterschutz gehen, so ist der Grund ganz einfach: Es macht uns eine Menge Arbeit.

Meine Empfehlung lautet, dass Sie für Ihren Chef einen Plan bezüglich Ihrer Abwesenheit ausarbeiten. Hier ist das, was eine meiner Kundinnen tat, als sie beschloss, es ihrem Chef zu sagen. Nach dem ersten Schwangerschaftsdrittel berechnete sie mit ihrem Gynäkologen und ihrem Ehemann die Zeiten, in denen sie nicht arbeiten würde. Dann machte sie mit ihrem Chef einen Termin aus, um sich mit ihm zusammenzusetzen und über ihre Schwangerschaft zu reden.

Sie sagte ihm, dass sie in vier Monaten in Mutterschutz gehen würde (es sei denn, es würden Komplikationen auftreten, die ein früheres Ausscheiden nötig machten). Sie sagte, dass sie einen Kollegen im Sinn habe, den sie beginnen würde, in ihre Akten einzuarbeiten und zu instruieren, was bei jedem Klienten getan werden müsse. Bevor sie in Mutterschutz gehe, werde sie für diesen Kollegen jederzeit verfügbar sein, sollten irgendwelche Fragen rund um einen Vorgang auftreten. Dann, nach der Geburt ihres Babys, wolle sie nach vier Monaten langsam wieder an die Arbeit zurückkehren. Sie werde mit einem Tag in der Woche beginnen und Akten mit nach Hause nehmen, um sie zu bearbeiten, wenn ihre Kraft es zulasse. Sie plane, einen Laptop für zuhause zu kaufen, und hatte mit der IT-Abteilung bereits über die Möglichkeit gesprochen, die Firmen-Software auf diesen Laptop zu überspielen und eine Verbindung zum Unternehmens-Netzwerk zu schaffen, damit ihr via Internet Akten nach Hause geschickt werden könnten. Sie werde ihre Klienten wissen lassen, dass sie in Mutterschutz gehe, und sie mit der Person bekannt machen, die ihre Akten so lange übernehmen werde. Für den Fall, dass ein Klient zu irgendeiner Zeit direkt mit ihr sprechen wolle, werde sie zweimal die Woche ihre E-Mails abrufen und ihre Voicemail mindestens einmal. Außerdem könne ihre Ersatzperson sie zuhause montags bis freitags zwischen 9 Uhr und 16 Uhr erreichen.

Ihr Chef sah sie an und sagte: »Danke, und herzlichen Glückwunsch!« Sie hatte sich nicht einfach von ihren Verantwortlichkeiten frei gemacht und ihm die ganze Arbeit vor die Füße geschmissen, sondern war mit einem maßgeschneiderten Plan zu ihm gekommen. Sie hatte eine Lösung ausgearbeitet, und obwohl sie nicht physisch anwesend sein würde, würde sie immer noch verfügbar sein, falls irgendwelche Probleme auftauchten.

Wenn mehr Frauen dies tun würden, gäbe es nicht so viel Negativität rund um Mutterschutz- und Erziehungszeiten. Sie können Ihre beruflichen Pflichten nicht einfach aufgeben, wenn Sie schwanger sind, und gleichzeitig weiterhin ernst genommen werden. Wenn Sie sich die Zeit nehmen, einen Plan auszuarbeiten, können Sie Ihre Schwangerschaft und Ihre Karriere genießen, ohne das eine oder das andere zu gefährden.

Wann ist der beste Zeitpunkt, eine Familie zu gründen?

Ich denke, die beste Zeit für Sie, eine Familie zu gründen und gleichzeitig Ihre Karriere weiter fortzuführen, ist, wenn Sie Ihre Rentabilität bewiesen haben. Wenn Sie beginnen, Kunden hereinzuholen, fette Deals unter Dach und Fach zu bringen oder große Bündnisse für Ihre Firma zu gestalten, dann ist dies die günstigste Zeit für Sie, mit der Gründung einer Familie zu beginnen. Ihr Wert für die Firma wird am höchsten sein, wenn Sie Ihre Fähigkeit gezeigt haben, etwas zum Abschluss zu bringen. Wenn Sie sich eine Auszeit nehmen zur Familiengründung und nur Papiere hin- und herschieben, werden alle Sie als jemanden ansehen, der das System ausnutzt und ein Kostenfaktor für die Firma ist.

Wenn Sie Arbeit hereingebracht haben, ändert sich diese Wahrnehmung, und die Leute werden sagen: »Sie nimmt sich eine Auszeit, aber sie verdient es. Sie hat gerade diesen großen Auftrag reingeholt.«

Nehmen Sie nicht die Haltung ein, dass Sie jetzt Ihre Familie gründen und dann später, wenn die Kinder in der Schule sind, Ihre Karriere wieder ernsthaft vorantreiben. Es wird so nicht funktionieren. Wenn Sie anfangen, die Dinge drastisch zu verändern, nachdem Sie Kinder haben, werden Ihre Kollegen immer fürchten, dass Ihre Familie Ihnen beim Abschließen von Geschäften im Weg sein wird. Zeigen Sie sich selbst, was es heißt, jemand zu sein, der Geschäfte machen kann, und zeigen Sie dem Rest Ihrer Firma, dass Sie es bringen. Die Frage, ob Sie als berufstätige Mutter Geschäfte zum Abschluss bringen können, stellt sich dann gar nicht mehr. Sie sollten als erfolgreiche Geschäftsfrau gesehen werden, die eine Familie hat, nicht als Mutter, die vorsichtig zwischen ihren beruflichen und familiären Verpflichtungen balanciert. Natürlich ist es ein schwieriger Balanceakt, aber es geht niemanden etwas an, wie Sie ihn bewältigen. Alles, was die anderen wissen müssen, ist, dass Sie die Erwartungen erfüllen.

Ist es okay, über die Familie zu sprechen, wenn ein Arbeitskollege das Thema anschneidet?

Ich mache es nicht. Obwohl ich manchmal Geschichten von Jacqui erzähle (mit ihrer Erlaubnis), kann ich an den Fingern einer Hand abzählen, wie oft ich einen Kollegen oder Kunden bei mir zu Hause hatte. Ich bin überzeugt, dass das Privatleben privat bleiben soll. Ich teile anderen Leuten nicht mit, wann mein Geburtstag ist, wann mein Hochzeitstag ist, wann ein Familienmitglied krank war, und so weiter. Ich nehme zweierlei an:

1. Niemand interessiert sich für mein Leben außer mir.
2. Es geht niemanden außer mir etwas an.

Ich erlebe, dass Kundinnen und Kollegen mir alles über ihr Leben, ihre Freunde, ihren Hintergrund, ihre Beziehungen und so weiter erzählen. Von den Kunden, die ich coache, muss ich das wissen, aber ich bin oft schockiert, wie viele Kolleginnen mir von ihrem Privatleben erzählen.

Ich hatte eine Assistentin, die in Kamloops mit mir zusammengearbeitet hat, und ich wusste alles über ihr Leben: mit wem sie ausging, die Höhepunkte ihrer Schulzeit, ihre besten Freunde, die Beziehungen ihrer besten Freunde, alles. Eines Tages sprach ich sie darauf an und fragte sie: »Warum erzählst du jedem deine persönlichen Details?« Sie sagte: »Das tust du doch auch!«

Ich befragte sie: »Wie lang bin ich mit Jacqui zusammen? Wie heißt mein Vater? Wann ist mein Geburtstag?« Sie schaute mich nur an. Dann sagte ich: »Deine letzten vier Freunde hießen Ted, John, Ben und Josh. Der Name deines Vaters ist Kevin. Dein Geburtstag ist der 18. Juli.«

Weil Frauen außergewöhnlich gut kommunizieren können, mögen sie es, sich mit anderen zu unterhalten. Im Umgang mit Männern entstehen daraus in zweifacher Hinsicht Probleme. Erstens wurde uns beigebracht, uns nicht zu sehr in die Karten sehen zu lassen und nicht mehr Informationen preiszugeben als unbedingt nötig. Zweitens verstehen Männer nicht, warum man über persönliche Dinge redet, wenn man eigentlich über berufliche Dinge reden sollte. Dies sind die beiden Punkte, die wir den Frauen durchaus auch mitteilen, aber hier ist ein dritter, den wir nicht zur Sprache bringen: Je mehr

Sie uns von sich erzählen, desto schwieriger wird es für uns, Entscheidungen zu fällen, die vielleicht gut für das Geschäft sind, aber schlecht für Sie.

Wir müssen objektiv sein, wenn wir geschäftliche Entscheidungen treffen, und wir wollen, dass andere Leute objektiv sind, wenn sie Entscheidungen über uns treffen. Ich würde lieber gefeuert werden, als dass jemand sagte: »Lassen wir Chris in der Firma bleiben. Er hat Familie.« Jeder Mann will dabei sein, weil er es verdient, nicht weil jemand Mitleid mit ihm hat.

Sie sollten, ohne frostig zu sein, versuchen, einen Kurs abseits vom Austausch persönlicher Informationen zu fahren. Andere Menschen können Ihnen alles erzählen, was sie wollen, aber lassen Sie sich nicht in die Karten schauen, wenn es nicht sein muss.

Bürobeziehungen: Vom Kurs abkommen

Muss ich nach der Arbeit auf einen Umtrunk mitgehen, und wenn ja, wie viel sollte ich trinken?

Mein wichtigster Ratschlag für Sie lautet, dass Sie nicht jedes Mal mitgehen müssen, wenn Kollegen sich nach Feierabend auf einen gemeinsamen Umtrunk treffen, aber Sie sollten manchmal mitgehen. Sollten männliche Kollegen Sie bitten, mit ihnen auf ein Bier zu kommen, ist dies meist eine Einladung in den vertrauteren Kreis der Gruppe.

Männer haben ein paar Regeln bezüglich des Trinkens. Erstens, wir trinken nur mit Leuten, die wir mögen. Zweitens, wir schauen uns immer nach einer Möglichkeit um, nicht zu zahlen. Drittens, wenn wir Sie auf einen Umtrunk einladen, wollen wir testen, ob Sie in die Gruppe passen, und sehen, wie Sie sich in geselliger Runde verhalten.

Es ist fast immer positiv, eingeladen zu werden, aber Sie sollten keine Gewohnheit daraus machen.

Gruppen von Männern gehen oft nach einem großen Geschäftsabschluss gemeinsam trinken, an Freitagen, um das Wochenende willkommen zu heißen, um den Geburtstag von jemandem zu feiern oder weil die Zeiten gerade hart sind und sie ein bisschen Dampf ablassen wollen.

Meine Empfehlung lautet, gehen Sie mit, um Geschäftsabschlüsse zu feiern und um Dampf abzulassen. Vergessen Sie die Tradition, Freitage zu begießen, und wenn jemand Geburtstag hat, machen Sie nur einen fünfzehnminütigen Höflichkeitsbesuch und gehen danach.

Wenn Sie mit einer Gruppe von Kollegen gemeinsam etwas trinken, lautet die Regel: nicht mehr als zwei alkoholische Getränke trinken. Fügen Sie ein weiteres Getränk hinzu, wenn Sie eine starke Konstitution haben, und ziehen Sie eines ab, wenn Sie keinen Alkohol vertragen. Nichts wird Ihre Karriere schneller zerstören, als wenn Ihre männlichen Kollegen Sie betrunken erleben, selbst wenn sie ebenfalls einen über den Durst getrunken haben. Sie wollen sicherlich nicht zum Hauptgesprächsthema rund um den Wasserspender werden. Ich habe oft gesehen, dass Karrieren auf diese Weise zerstört wurden, und die Frauen wussten meist noch nicht einmal, dass ihre Betrunkenheit fatale Folgen hatte.

Nun kann es wegen des Gruppendrucks schwierig sein, nach zwei, drei alkoholischen Getränken aufzuhören. Mein Trick (ich nehme nie mehr als drei Getränke innerhalb von 24 Stunden zu mir, und ich wiege über 100 Kilo!) besteht darin, mich nach der ersten Runde kurz zu entschuldigen, den Kellner zu suchen und ihm zu sagen, dass ich keinen Alkohol mehr trinke und er mir stattdessen ein nicht-alkoholisches Getränk bringen soll, das so aussieht wie das, was ich zuvor hatte, und dass er mir ruhig dasselbe dafür berechnen kann wie für das alkoholische Getränk. Das ist keine Betrügerei, es ist keine Lüge oder irgendetwas Negatives. Stattdessen erlaubt es Ihnen, Ihre Stärke im beruflichen Umfeld zu behalten, ohne innerhalb der Gruppe spröde zu wirken.

Wenn ich denke, dass ein Kollege unfair behandelt wird, sollte ich mich einmischen?

Ich denke, es gibt bestimmte Momente, in denen Sie eingreifen sollten, besonders wenn die Menschenrechte von jemandem verletzt werden. Stellen Sie jedoch, wenn Sie eingreifen, sicher, dass Sie auf das, was kommt, vorbereitet sind, und ziehen Sie die Sache durch. Man kann nicht nur ein bisschen eingreifen. Wenn Sie eingreifen, machen Sie keinen Rückzieher! Sie müssen voll dahinter stehen.

Ich habe Kollegen beobachtet, die anderen zur Seite sprangen, wenn sie dachten, etwas sei ungerecht. Es endete gewöhnlich damit, dass sie ebenfalls zum Angriffsziel wurden und schließlich von der Person, der sie zu helfen versuchten, mit heruntergezogen wurden. In den meisten Fällen erfordert die Situation keine Einmischung von jemandem. Wenn jemand Ärger bekommt, weil er etwas nicht getan hat, sollten Sie nicht mit hereingezogen werden. Wenn jemand für seine Handlungen bestraft wird, sollten Sie nicht involviert sein. Wenn jemand mental, physisch oder emotional missbraucht wird, sollten Sie eingreifen, ohne sich selbst in Gefahr zu bringen. Wenden Sie sich an ein Mitglied der Personalabteilung und bitten Sie um Vertraulichkeit, was Sie betrifft. In dem Fall, dass es keine Personalabteilung gibt, an die Sie sich wenden könnten, nehmen Sie die missbrauchte Person beiseite und bieten Sie ihr Alternativen. Lassen Sie sich von Ihrer Integrität leiten, aber retten Sie nicht jemanden, nur um ihn zu retten. Bringen Sie sich nur ein, wenn jemand sich nicht selbst verteidigen kann und die Behandlung nicht verdient ist.

Welche Rolle spielt die Firmenpolitik für den beruflichen Erfolg?

Die Firmenpolitik ist ein gefährlicher Strudel. Sie übt starken Einfluss auf das aus, was uns im Job passiert. Es ist ein großer Fehler, sich in die Firmenpolitik hineinziehen zu lassen. Ich glaube, dass es wichtig ist zu wissen, was vorgeht, aber Sie müssen sich dafür nicht einmischen. Seien Sie eher Beobachter als Teilnehmer, und Sie sollten gut klarkommen. Denken sie daran, wenn die eine Gruppe in der Firmenpolitik gewinnt, muss eine andere verlieren. Ich mag einfach die Gewinnchancen nicht.

Was sollte ich tun, wenn ich gezwungen werde, bei einer Streitfrage Stellung zu beziehen?

Hier kommt die Diskussion über Firmenpolitik ins Spiel. Jeder Beteiligte wird wissen wollen, wo Sie stehen, und wenn Sie Partei ergreifen, werden Sie der einen Gruppierung gefallen und die andere verprellen. Ich denke, dies ist der perfekte Zeitpunkt, um sich auf eine moralisch höhere Ebene zu stellen und sich herauszuhalten. Wenn Sie aber sagen: »Ich halte mich da lieber raus«, stehen Sie wie ein Schwächling da, der nicht Stellung beziehen will.

Stattdessen war es immer meine Strategie zu sagen: »Während Sie alle darüber streiten, wer Recht und wer Unrecht hat, werde ich mich auf das Projekt konzentrieren, so dass diese kleine Kluft uns nicht alle in die Tiefe zieht.« Auf diese Weise schelten Sie die anderen nicht direkt, lassen sie aber wissen, dass sie sich Ihrer Meinung nach wie kleine Kinder verhalten und dass Sie hingegen Ihren Fokus lieber weiter auf die Arbeit richten, die getan werden muss.

Was sollte ich tun, wenn ich mich zu einem Kollegen hingezogen fühle?

Wir Männer lernen sehr früh in unserer Karriere eine Lektion: Tauche deine Feder nicht in Unternehmenstinte. Dies ist ein geschmackloses Bild, aber es illustriert etwas Wahres: Eine Büroromanze funktioniert selten. Und es ist immer die Frau, die deswegen den meisten Spott abbekommt.

Wir arbeiteten mit einem Bürgermeister zusammen, der beschloss, ein Verhältnis mit einer Sekretärin anzufangen, die ihr Interesse an ihm signalisiert hatte. Die beiden hatten eine Beziehung, und innerhalb von ein paar kurzen Monaten tauschte sie ihre Tätigkeit im Vorzimmer mit der einer leitenden Angestellten für Wirtschaftsförderung. Er sagte, dass er ihr diese Stellung gegeben habe, weil sie intelligent und talentiert sei und er wisse, dass sie den Job gut machen würde. Nachdem ich sie getroffen hatte, kann ich Ihnen sagen, dass er Recht hatte.

Aber vom Tag ihrer Beförderung an war sie zum Gespött all ihrer Kollegen und sogar von Leuten in anderen Städten geworden. Sie war nicht die Leiterin für Wirtschaftsförderung in dieser Stadt; sie war die Geliebte des Bürgermeisters, die einen Job bekommen hatte, um sie aus Schwierigkeiten herauszuhalten und damit er ein Auge auf sie haben konnte. Ihr berufliches Leben hatte von diesem Moment an keinen Wert mehr. Sie beendeten die Beziehung, und sie verließ die Stadt.

Sie bewarb sich bei über 100 Stadtgemeinden um eine Stellung, aber weil sie als die Schlampe bekannt war, die sich hochgeschlafen hatte, wurde sie noch nicht einmal zum Vorstellungsgespräch eingeladen. Das Traurige bei dieser Geschichte ist, dass es niemanden etwas anging, dass sie und der Bürgermeister eine Liebesbeziehung hatten, und dass sie ihren Job als Wirtschafsförderin sehr gut gemacht hatte. Doch alles, woran die Leute dachten, war, dass sie mit dem Bürgermeister geschlafen hat. Das Letzte, was ich gehört habe, war, dass sie an die andere Seite des Landes gezogen ist, um dort Arbeit zu suchen.

Weil Frauen in der Vergangenheit ihre Sexualität im Geschäftsleben eingesetzt haben, denkt man von Frauen, die Beziehungen am Arbeitsplatz haben, häufig, dass sie unfähig seien und ihren Wert anderweitig unter Beweis stellen müssten. Frauen können auf dieses zusätzliche Problem in ihrer Karriere gut verzichten. Es gibt eine Menge großartiger potenzieller Partner da draußen. Schauen Sie außerhalb Ihres Büros und sogar außerhalb Ihrer Branche nach jemandem, der nicht mit Ihrem Beruf in Konflikt steht und dessen Beziehung mit Ihnen Ihre beruflichen Fähigkeiten nicht in Frage stellen wird.

Wenn ein Kollege persönliche Probleme hat, wie kann ich ihm respektvoll meine Hilfe anbieten?

Tun Sie es nicht. Es geht Sie nichts an. Wenn Sie sich auf das Privatleben von Kollegen einlassen, werden Sie nicht mehr fähig sein, mit ihnen auf beruflicher Ebene objektiv und professionell umzugehen. Überschreiten Sie die Grenze nicht! Im Zweifel kümmern Sie sich um Ihre eigenen Angelegenheiten. Sie brauchen bei der Arbeit keine Freunde zu haben. Ihre Freunde treffen Sie nach der Arbeit und am Wochenende. Frauen vermasseln oft berufliche Beziehungen, indem sie versuchen, mit Kollegen dick befreundet zu sein. Ich sage nicht, dass es keine gegenseitige Sympathie am Arbeitsplatz geben kann, aber weder Sie noch die anderen sollten ein fest begründetes Interesse am Leben des anderen haben. Halten Sie Abstand.

Ich habe schon eine Beziehung zu jemandem in meinem Büro. Wie sollte ich damit umgehen?

Wenn es noch nichts Ernstes ist, machen Sie Schluss. Wenn es ernst ist, sollte einer von Ihnen überlegen, das Unternehmen zu verlassen und eine andere Stellung anzunehmen. Sie denken vielleicht, das ist extrem, aber Ihre Liebesbeziehung wird sich sehr stark auf Ihren Ruf auswirken. Er wird ebenfalls negative Auswirkungen spüren, aber Sie werden die Hauptwucht abbekommen. Wenn Sie können, steigen Sie aus und verpflichten Sie ihn zur Geheimhaltung. Wenn er Ihr Chef ist, beenden Sie es jetzt (die Leute werden denken, dass Sie sich nach oben schlafen wollen). Wenn er ein Untergebener ist, beenden Sie es jetzt (die Leute werden denken, dass Sie Ihre Macht missbrauchen). Bürobeziehungen bedeuten Ärger.

Wenn Sie mir nicht zustimmen und denken, dass alles prima laufen wird, möchte ich, dass Sie ein Eselsohr in diese Seite machen und sie in einem Monat noch einmal aufschlagen. Sie werden die Dinge anders sehen. Vertrauen Sie mir, eine Romanze am Arbeitsplatz ist ein Todeskuss.

Sollte ich meinen Chef oder Kollegen zu mir nach Hause zum Abendessen einladen?

Ich denke nicht, dass Sie jemals die Linie zwischen Ihren beruflichen Beziehungen und Ihrem privaten Rückzugsraum überschreiten sollten. Wenn Sie beim gemeinsamen Essen geschäftliche Angelegenheiten besprechen wollen, laden Sie den oder die anderen in deren Lieblingsrestaurant ein. Ich hatte Chefs, die sagten: »Oh, ich würde Jacqui sehr gern kennenlernen. Wir sollten uns einmal alle zusammen zum Dinner treffen.« Ich habe in solchen Fällen gelächelt und gesagt: »Das wäre nett«, aber ich wusste, dass es nie passieren wird.

Wenn Sie Kollegen, Kunden oder Chefs bei sich zuhause haben, so hat diese Medaille nicht eine gute und eine schlechte Seite, sondern nur zwei schlechte. Je weniger Ihre beruflichen Kontaktpersonen über Ihr Privatleben wissen, desto besser. Als Selbstständiger kann man Kunden zum Essen ins Restaurant einladen oder in ein Wochenendhaus, aber selbst hier verschwimmen die Grenzen zwischen Freundschaft und Geschäft. Laden Sie berufliche Kontaktpersonen nur in Ihren Privatraum ein, wenn eine Absicht dahintersteckt und Sie auf ein negatives Ergebnis vorbereitet sind. Gehen Sie auf Nummer sicher und treffen Sie sich auf neutralem Boden.

Sollte ich einen Kollegen zu meinem Geburtstag einladen?

Ich würde es nicht tun. Versuchen Sie, Privat- und Berufsleben zu trennen, besonders wenn Alkohol im Spiel ist. Ich würde vorschlagen, dass Sie Ihren Geburtstag für sich behalten und das Feiern den privaten Kontakten vorbehalten. Auch hier sollten Berufskollegen von Ihren privaten Freunden getrennt gehalten werden.

Sollte ich meinem Chef ein Weihnachtsgeschenk geben?

Nein, es sei denn, Sie haben eine Beförderung oder einen dicken Weihnachtsbonus bekommen. Wenn das der Fall war, überreichen Sie ihm eine Flasche 15 Jahre alten Scotch. Damit liegen Sie immer richtig, es sei denn natürlich, er wäre Alkoholiker, dann hätten Sie ein Problem. Wenn Sie ein Geschenk machen, nur um ein Geschenk zu machen, wirken Sie wie ein Arschkriecher. Alle hassen Arschkriecher, sogar der Chef. Wenn Sie dem Unternehmen Geld einbringen oder Chancen eröffnen, so ist das Geschenk genug für den Chef, denn er wird hinter geschlossenen Türen die Lorbeeren dafür einheimsen.

Warum sind Frauen im Geschäftsleben untereinander so boshaft?

Ich denke, Frauen greifen einander an, weil jede von ihnen versucht, Zugang zum Männerclub zu bekommen. Was sie nicht registrieren, ist, dass die Anzahl von Plätzen, um mit Männern ins Geschäft zu kommen, nicht begrenzt ist. Wenn Sie Leistung bringen und die Erwartungen erfüllen, haben Sie einen Platz bei uns. Frauen scheinen zu denken, dass sie anderen Frauen ein Bein stellen und sich gegenseitig ausschalten müssten, um mit den großen Jungs zu spielen. Aber es ist nichts Rühmliches daran, einer Kollegin an die Gurgel zu gehen, und es imponiert uns auch nicht, besonders wenn Frauen sich, für jeden sichtbar, einen Zweikampf liefern.

Ein großartiges Beispiel von Frauen, die sich gegenseitig demontieren, lieferte die Fernsehshow *The Apprentice* (Der Auszubildende). In der ersten Staffel wurden die Teams in Männer und Frauen unterteilt. Die Frauen schlugen die Männer Woche für Woche vernichtend in den Wettbewerben (da sie sich auf den Prozess konzentrierten). Alle lachten, feierten und genossen die Früchte ihrer gemeinsamen Anstrengungen.

Da so viele Männer ausscheiden mussten, waren die Verantwortlichen irgendwann gezwungen, die Teams neu zu strukturieren. Plötzlich war der schwesterliche Zusammenhalt der Frauen verflogen, und sie taten nun alles, um von den Männern akzeptiert zu werden. Sie begannen, einander verbal anzugreifen, während die Männer sich einfach heraushielten und zusahen, wie die Frauen sich gegenseitig fertigmachten. Die beiden letzten Kandidaten waren Männer.

Am Arbeitsplatz sind die schlimmsten Feinde von Frauen andere Frauen. Männer halten sich da heraus und lassen sie ihren Catfight[20] austragen, und das hat durchaus Methode. Frauen, die sich gegenseitig bekriegen, unterminieren ihre Integrität und ihren Ruf im Geschäftsleben, und darüber hinaus erweisen sie allen berufstätigen Frauen einen großen Bärendienst. Denken Sie daran, Sie konkurrieren nicht um den letzten freien Stuhl am Tisch. Wir stellen für jeden einen Stuhl dazu, der Leistung bringt.

Umgang mit Gefühlen: Hereinbrechende Flut

Was, wenn ich merke, dass mir die Tränen kommen?

Erst einmal sollten Sie sich entschuldigen und zur Toilette gehen. Wenn Sie dann weinen müssen, weinen Sie. Am Arbeitsplatz Gefühle zu zeigen ist nicht falsch, aber abhängig von der Situation werden einige Leute denken, dass Sie sich nicht gut im Griff haben. Wenn Frauen plötzlich aufstehen und sich entschuldigen, denken Männer, es sei eine »Frauensache« und gehen darüber hinweg, als sei nichts passiert. Wenn die Tränen Ihrem Abgang zuvorkommen, entschuldigen Sie sich nicht dafür! Sie müssen niemandem irgendetwas erklären. Sagen Sie einfach, dass die anderen Sie kurz entschuldigen sollen und dass Sie bald wieder da sein werden.

Ich habe auch Männer bei Besprechungen schon so aufgebracht erlebt, dass ihnen beinahe die Tränen kamen. Der Grund dafür, von Gefühlen überwältigt zu werden, besteht in beinahe jedem Fall (bei Männern und Frauen) darin, dass etwas persönlich genommen wurde. Wenn Sie das Gefühl haben, den Tränen nahe zu sein, treten Sie im Geiste einen Schritt zurück und überlegen: »Wenn ich meine Karriere als Ganzes betrachte, ist dies hier etwas, das ihr wirklich schadet?« Wenn das der Fall ist, dann entschuldigen Sie sich und lassen den Tränen freien Lauf.

Meist aber, denke ich, ist das Geschehen nur momentan mit starken Gefühlen verbunden, aber für die gesamte Karriere nicht weiter wichtig. Und sprechen Sie mir nach: Nimm es nicht persönlich! Es ist

---

20) Anm. d. Übers.: Der Begriff Catfight – wörtlich Katzenkampf – ist im anglo-amerikanischen Sprachraum die Bezeich- nung für einen Streit zwischen Frauen, der unter Einsatz aller möglichen fairen und unfairen Mittel ausgetragen wird.

nichts Persönliches; es ist das Geschäft. Und wenn Sie weinen, dann ist das halt so. Bleiben Sie nicht daran haften. So etwas passiert, also weiter im Text.

Welche Ängste haben Männer im Berufsleben?

Ich denke, dass Männer im Berufsleben genauso viele Ängste haben wie Frauen, wenn nicht noch mehr. Hier sind die zwölf häufigsten Befürchtungen, die wir haben, die wir aber nicht zugeben:

1. Als schwaches Glied in der Kette angesehen zu werden.
2. Dass Gleichrangige denken, dass wir unseren Job nicht packen.
3. Als Schwindler betrachtet zu werden.
4. Unsere Mentoren zu enttäuschen.
5. Arm zu sein.
6. Gefeuert zu werden.
7. Als Tyrann angesehen zu werden oder als Mann, der Frauen sexuell belästigt.
8. Unsere Väter und Ehefrauen zu blamieren.
9. Keine Kontrolle über das Ergebnis zu haben.
10. Leute, die sich hinter unserem Rücken lustig machen über uns.
11. Dass andere herausfinden, dass unser Selbstbewusstsein manchmal nur vorgetäuscht ist.
12. Unsere Zeit auf unwichtige Dinge zu verschwenden (wir wollen Arbeit leisten, an welche die Menschen sich in Zukunft erinnern und worüber sie reden werden).

In den Gewässern der politischen Korrektheit navigieren

Ist es im beruflichen Umfeld okay, wenn ein Mann mir die Tür öffnet?

Ja, ja, ja. Sie geben Ihre Machtposition nicht auf, indem Sie einem Mann erlauben, ein Gentleman zu sein. Mit dem Hereinströmen des Feminismus in den letzten paar Jahrzehnten befinden wir Männer uns in einem Klima, in dem wir unsicher sind, ob wir all die Umgangsformen ausüben sollten, die unsere Mütter uns anerzogen haben. Wenn ein Mann Ihnen die Tür öffnen will, Ihnen den Stuhl zurechtrücken oder neben Ihnen auf der Bordsteinseite gehen möchte, wenn Sie die Straße entlanggehen, lassen Sie ihn das tun. Es wird seine Mutter stolz machen und ihn darin bestärken, dass Sie ein bestimmtes Maß an Respekt verdienen.

Sollte ich meine Stellung in der Firma erklären, wenn ein männlicher Kunde annimmt, dass ich eine Sekretärin sei?

Tun Sie dies, ohne ihn direkt zu korrigieren. Wenn wir solche falschen Annahmen machen, ist das peinlich, und wir werden Ihnen dankbar sein, wenn Sie uns gnädig davonkommen lassen. Wenn meine weiblichen Kunden einen Raum mit einem Haufen Männer betreten, werden die Männer häufig annehmen, sie sei eine Sekretärin oder eine Rechtsanwaltsgehilfin.

Eine Möglichkeit, dies zu vermeiden, besteht darin, sich gleich vorzustellen und dabei die berufliche Stellung zu erwähnen. »Hallo, willkommen bei Flett, Wilkie und Finnie. Mein Name ist Lisa MacKay, und ich bin Senior-Prozessanwältin für Handelskonzerne.« Damit ist die Stellung als Anwältin schnell geklärt.

Wenn die Fehlannahme schon passiert ist, sollten Sie schnell korrigieren.

Mann: »Entschuldigung, könnten Sie mir bitte eine Tasse Kaffee bringen?«
Sie: »Kein Problem, lassen Sie mich einer von meinen Assistentinnen Bescheid sagen, und Sie wird Ihnen sofort eine Tasse Kaffee bringen.«

Eine Korrektur in dieser Weise ermöglicht es ihm, sein Gesicht zu wahren. Sie reiten nicht darauf herum, dass er einen Fehler gemacht hat. Das ist elegant und wird ihn sehr beeindrucken.

Was sollte ich tun, wenn ein männlicher Kollege mich wie eine Sekretärin behandelt?

Rufen Sie eine Assistentin oder einen Assistenten und delegieren Sie die Sache, die er Ihnen übertragen wollte. Sagen Sie: »Jon braucht Unterstützung. Würden Sie sich bitte für ihn darum kümmern?« Das Schlimmste, was Sie tun könnten, wäre, wirklich in die Rolle zu schlüpfen und die Sache selbst für ihn zu erledigen. Dies ist eine gute Übung, Ihre Grenzen zu ziehen und ihn wissen zu lassen, dass Sie ihm gleichgestellt und nicht etwa ein Lastesel sind. Beim nächsten

Mal wird er sich gleich an einen Untergebenen wenden. Manche Männer machen so etwas, nur um zu sehen, wie Sie darauf reagieren. Spielen Sie das Spielchen nicht mit.

Wer sollte die Restaurantrechnung in gemischter Gesellschaft bezahlen?

Es kommt ganz auf die Situation an. Dies ist meine Entscheidungsgrundlage, wenn es darum geht, wer bezahlen sollte: die Person, die eingeladen hat, die Person, die am meisten von dem Treffen profitiert, die Person mit der höchsten beruflichen Stellung am Tisch.

Wenn Sie eine Planungssitzung haben und zwischendurch einfach mit den Kollegen zum Mittagessen gehen, bezahlt jeder selbst. Wenn es geschäftlich ist und Sie davon profitieren, dass die anderen mit Ihnen Essen gehen (wenn Sie die anderen zum Beispiel für ein Brainstorming brauchen, Informationen sammeln, Chancen abschätzen oder Arbeit delegieren wollen), übernehmen Sie die Rechnung. Im Zweifel nehmen Sie sich der Rechnung an. Niemand mag einen Geizhals!

Wenn Sie mit einem Kunden ausgehen, der sich immer die Rechnung schnappt, oder mit Ihrem Chef, der dasselbe tut, entschuldigen Sie sich beizeiten, gehen zur Toilette und geben dem Kellner bei dieser Gelegenheit Ihre Kreditkarte. Wenn Sie von der Toilette zurückkommen, können Sie die Rechnung unterschreiben und zum Tisch zurückkehren. Wenn dann die Zeit des Aufbruchs kommt und Ihr Chef/Kunde nach der Rechnung fragt, sagen Sie ihm, dass Sie sich schon darum gekümmert haben und dass es Ihnen eine Freude war, mit ihm zu essen. Er wird beeindruckt sein, dass Sie sich ohne sein Wissen darum gekümmert haben.

Umgang mit Männern: Haiangriffe vermeiden

Was sollte ich tun, wenn ein Mann bei einer Besprechung anfängt, lauter zu werden?

Die beste Strategie ist hier, selbst leiser zu werden, wenn Sie zu ihm sprechen. Wenn Männer aus dem Konzept gebracht werden und auf einen verbalen Schlagabtausch aus sind, müssen sie hören, was Sie sagen, um darauf reagieren zu können. Wenn Sie die Lautstärke Ihrer Stimme senken, ist der andere gezwungen, ebenfalls nicht so laut zu sprechen, damit er Sie hören kann.

Außerdem: Wenn er – gerade durch den Unterschied zu ihrer gedämpften Lautstärke – merkt, dass er selbst schreit oder recht laut spricht, wird er besorgt sein, dass die anderen Anwesenden denken, er sei übermäßig emotional geworden, und das ist nichts, wofür ein Mann bekannt sein will. Ich meine damit nicht, dass Sie so reden sollen, als wären Sie verängstigt oder eingeschüchtert. Reden Sie einfach in der gleichen Lautstärke wie in einer Bibliothek. Wenn er beginnt, seine Stimme zu senken, können Sie Ihre Stimme wieder auf die normale Lautstärke anheben. Dies ist ein großartiger Trick, und ich habe ihn in Aktion gesehen. Er funktioniert unglaublich gut.

Wie sollte ich mit einem Mann umgehen, der etwas Anstößiges zu mir sagt?

Zuerst einmal sollten Sie nicht lachen oder es herunterspielen. Geben Sie ihm einen Blick, der sagt: »Bitte sagen Sie mir, dass Sie das, was ich gerade gehört habe, nicht gesagt haben.«

Danach teilen Sie ihm mit, dass Sie gern nach der Besprechung oder (wenn außerhalb einer Besprechung) so schnell wie möglich ein persönliches Gespräch mit ihm hätten.

Wenn Sie dies zu ihm sagen, wird er wieder zu dem Vierjährigen, dessen Mutter ihm, nachdem er im Einkaufscenter ein Riesentheater gemacht hatte, eine Unterhaltung auf dem Weg zum Auto in Aussicht stellte. Wenn Sie das Thema in gemischter Gesellschaft anschneiden, blamieren Sie ihn, und er wird danach trachten, Sie zu torpedieren.

Stattdessen teilen Sie ihm im persönlichen Gespräch mit, dass seine Bemerkung als anstößig angesehen werden könnte und dass Sie ihn in Kenntnis davon setzen wollen, dass bestimmte Bemerkungen in gemischter Gesellschaft anders aufgefasst werden könnten. Setzen Sie ihn nicht ins Unrecht! Stattdessen präsentieren Sie ihm die Information, als ob Sie versuchten, ihm die weibliche Sicht auf die Situation zu vermitteln. Männer sagen oft Dinge, ohne an die Wirkung auf das andere Geschlecht zu denken. Weil es für Männer keine große Sache ist, nehmen wir an, dass es für niemanden eine große Sache ist.

Ich erinnere mich, dass ich bei einem Vortrag vor einer Gruppe von Frauen sagte: »Als Daumenregel lässt sich sagen, dass Sie ...« Ich fuhr mit meiner Rede fort, und am Ende nahm eine ältere Frau mich beiseite und sagte: »Ich wollte Ihnen etwas mitteilen, über etwas, das Sie bei Ihrer Darbietung gesagt haben. Sie haben von einer ‚Daumenregel' gesprochen. Die Daumenregel bezieht sich auf ein altes Gesetz, das besagte, Männer können ihre Frauen mit einem Holzstock schlagen, der nicht dicker ist als ihr Daumen. Ich weiß, dass Sie es nicht so meinten, und die meisten Zuhörer sind wahrscheinlich nicht vertraut mit dieser Redewendung, aber ich wollte Ihnen mit dem Wissen über den Hintergrund dieser Redewendung ein kleines Geschenk machen.«

Ich kann Ihnen sagen, dass ich schockiert und zugleich dankbar war. Ich hatte nicht darüber nachgedacht, woher die Redewendung kam, und ich verwende sie jetzt, da ich über ihren Ursprung Bescheid weiß und über die Wirkung, die sie auf einige Zuhörerinnen haben könnte, inzwischen ganz bewusst nicht mehr.

Auf jeden Fall sollten Sie nicht einfach über solche Bemerkungen hinweggehen. Sie haben eine Verantwortung Ihren männlichen Kollegen und, noch wichtiger, Ihren weiblichen Kollegen gegenüber, um sicherzustellen, dass die Sprache im geschäftlichen Umfeld immer positiv und unterstützend und nicht anstößig oder beleidigend ist. Wenn Sie diese Bemerkungen durchgehen lassen, richten Sie ebenso großen Schaden an wie die Person, die sie gemacht hat.

Was sollte ich sagen, wenn ein Mann eine beleidigende Äußerung direkt an mich richtet?

Lassen sie ihn gleich nach der Situation wissen, dass Sie sich persönlich mit ihm unterhalten müssen. Wenn Sie ihm von Angesicht zu Angesicht gegenüberstehen, sagen Sie ihm, dass er niemals wieder mit Ihnen auf diese Weise reden wird. Dann gehen Sie. Erklären Sie nichts; reden Sie nicht darüber, warum es beleidigend war. Lassen Sie ihn einfach wissen, dass er bei Ihnen eine Grenze überschritten hat und dass dies inakzeptabel ist.

Sie sagen nicht, dass das, was er sagte, falsch ist: Sie sagen, dass das, was er gesagt hat, inakzeptabel für Sie ist. Wenn Sie andeuten, warum es beleidigend war, machen Sie sich angreifbar für eine Diskussion darüber, ob Sie zu sensibel sind, die Bemerkung in den falschen Hals bekommen oder missverstanden haben und so weiter.

Lassen Sie ein Gespräch darüber nicht zu. Lassen Sie ihn wissen, dass er die Grenze überschritten hat und dass Sie dies nicht akzeptieren.

Ich hatte eine Kundin in San Francisco, die in einer von Männern dominierten Branche arbeitete. Sie war in einer höheren Führungsposition, und ihr Chef, der ein Hitzkopf war, sagte nach einer Tirade zu ihr: »Ich wollte nicht so wütend werden, es ist einfach, manchmal erinnern Sie mich an meine Frau, wenn Sie nicht zuhören.« Sie war schockiert, dass er so etwas zu ihr gesagt hatte, und nach ein paar Minuten, als sie sich wieder im Griff hatte, rief sie ihn an und sagte, dass sie ein privates Wort reden müssten. Das Erste, was er sagte, war: »Warum, was ist denn los?« Sie ging zu ihm ins Büro und sagte: »Sie werden so nie wieder mit mir reden. Das hat eine Grenze überschritten, und das ist für mich nicht in Ordnung.« Dann ging sie hinaus und zurück an ihren Schreibtisch. Seitdem hat es kein Problem mehr mit ihm gegeben. Sie müssen jemanden nicht ins Unrecht setzen, um sicherzustellen, dass Ihre Grenzen respektiert werden.

Was sollte ich tun, wenn ein Mann beginnt, sich aggressiv zu verhalten?

Sie sollten Ihre Sachen einsammeln, ihm mitteilen, dass die Situation nicht zielführend sei und Sie ihm gern etwas Raum zur Überprüfung seines Standpunktes geben würden, und dann gehen.

Eine Sache, vor der sich der dominante Alpha-Mann höllisch fürchtet, ist, als Tyrann Frauen gegenüber angesehen zu werden und sich einen Ruf der Unsachlichkeit einzuhandeln. Der gute Ruf bedeutet uns alles, und die meisten von uns wollen als starke Haie gesehen werden, die unerbittlich dem Ziel entgegensteuern. Keiner von uns will als Mann gesehen werden, der Einschüchterung benutzt, um zu bekommen, was er will. Solange Sie dableiben, sind Sie das Ziel seiner Attacken und sein Publikum, vor dem er sich aufspielen kann.

Indem Sie ihn wissen lassen, dass Sie bei dieser Art von Situation nicht mitmachen, teilen Sie ihm mit, dass er Ihre Grenzen überschritten hat und sich in einer für Sie inakzeptablen Weise verhalten hat. Sie müssen nicht aussprechen, dass seine Aggression der Grund dafür ist, dass Sie gehen, Sie können zurückkehren zur zielorientierten Sprache, indem Sie andeuten, dass das Ziel in dieser Besprechung nicht erreicht werden wird. Er kann nicht kämpfen, wenn Sie nicht da sind.

Das Schlimmste, was Sie tun können, ist, sich mit ihm auf eine Ebene zu begeben und sich auf einen Kampf einzulassen. Wenn Sie verlieren, wird er denken, dass Sie schwach sind. Wenn Sie gewinnen, wird er danach trachten, Sie zu torpedieren. Wenn Sie gehen, kontrollieren Sie das Umfeld, nicht die Situation, die er versucht zu dominieren.

Wie kann man einen Kerl am besten an die beruflichen Versprechen erinnern, die er gemacht hat?

Männer sagen im Moment zu, eine Menge Dinge zu tun, aber wir sind wahre Aufschiebe-Könige. Wir sind so eifrig damit beschäftigt, Ziele in Angriff zu nehmen, dass wir oft darüber die Versprechen vergessen, die wir anderen gegeben haben. Dies passiert beinahe ausschließlich bei Frauen, denn Männer bitten sich gegenseitig nicht so oft um einen Gefallen. Wenn wir einander um Gefallen bitten, handelt es sich normalerweise um einen großen. Am einfachsten bringen Sie einen Mann dazu, sein Versprechen einzuhalten, indem Sie Folgendes tun: Erinnern Sie ihn an das, was er zugesagt hat, und bereiten Sie, wenn Sie können, alles vor, was er dazu braucht. Dazu ein Beispiel:

Ein männlicher Kollege hat zugesagt, eine Beförderungsempfehlung für Sie zu schreiben. Der Abgabetermin rückt näher, und Sie haben noch immer nichts von ihm bekommen. Statt wütend auf ihn zu werden, weil er seine Zusage nicht ernst nimmt, schicken Sie ihm eine E-Mail mit etwa folgendem Inhalt:

Hallo Chris,

ich hoffe, es läuft gut bei Ihnen. Ich weiß es wirklich sehr zu schätzen, dass Sie die Empfehlung wegen der Beförderung zur Produktmanagerin für mich schreiben werden. Ich weiß, dass Ihr Terminplan sehr ausgefüllt und Ihre Zeit sehr wertvoll ist. Da die Frist zur Abgabe meiner Bewerbung am Freitag abläuft und ich Ihre Empfehlung gern darin enthalten sehen würde, folgender Vorschlag: Würde es Ihnen etwas ausmachen, wenn ich für Sie einen Brief als Entwurf vorbereite, damit Sie ihn nicht von Grund auf verfassen müssen? Auf diese Weise erhalte ich genau das, was darin gesagt werden muss, Sie können sicherstellen, dass es das ist, was Sie sagen wollen, und es wird Sie nur einen Bruchteil der Zeit kosten. Lassen Sie mich einfach kurz wissen, ob es Ihnen Recht ist, und ich werde Ihnen gleich heute Nachmittag etwas zusenden.

Bis dann
Anne

Sie haben ihn daran erinnert, dass sein Versprechen für Sie wichtig ist, Sie haben das Ziel angesprochen (es bis Freitag zu haben), und Sie haben angeboten, ihn dabei zu unterstützen (so dass er sich nicht mit den Details der Arbeit befassen muss). Dies ist der beste Weg, ihn zur Einlösung seines Versprechens zu bewegen.

Wenn Sie sich dafür entscheiden, ihm mitzuteilen, dass er seinen Verpflichtungen nicht nachgekommen ist und dass Sie wollen, dass er sein Wort hält, sollten Sie sich darauf vorbereiten, torpediert zu werden. Wir sind an unser Wort gebunden, und wir alle werden dazu erzogen, unser Wort zu halten. Wenngleich Sie die Sache als Wortbruch ansehen, wird er sich gesagt haben, dass es sich nur um ein kleines Übersehen einer unwichtigen Sache handele. Mit diesen kleinen Wahrheitsverdrehungen schützen wir unsere Ehre. Wenn Sie sein Wort in Frage stellen, wird er Sie angreifen.

Wenn ich einem männlichen Kollegen einen Vorschlag machen will, wie wir etwas besser machen könnten, wie sollte ich vorgehen?

Meine erste Empfehlung lautet ... Tun Sie's nicht. Wenn Sie einen Vorschlag machen, wird er das als Kritik auffassen und höchstwahrscheinlich anfangen, Sie insgeheim aufs Korn zu nehmen. Wenn das Ergebnis seines Handelns jedoch Sie betrifft (z. B. ein Teamziel, Bonuszahlung etc.), haben Sie zwei Möglichkeiten: (1) Sie entwickeln eine alternative Strategie, die zur Anwendung kommt, wenn das Projekt zu einem entscheidenden Punkt gekommen ist. (2) Sie machen Vorschläge, wie das Team den Teamleiter unterstützen kann, um seinen Job zu erleichtern (was ihn mit seinem Einverständnis von Verantwortlichkeiten entbindet, statt sie ihm wegzunehmen).

Hier ist ein Beispiel, wie Sie die erste Alternative umsetzen können: Überlegen Sie, was Ihr Ziel ist, und arbeiten Sie sich von dort zurück, um Ihre Strategie zu entwickeln. Sehen Sie sich an, wie das Projekt läuft, und überlegen Sie, was Ihr männlicher Kollege Ihrer Meinung nach falsch macht. Was würden Sie anders machen? Aus welchen Gründen, denken Sie, ist das Projekt aus dem Ruder gelaufen? Ist es eine schlechte Präsentation? Ist die falsche Person mit der Kundenansprache betraut? Bieten Sie das falsche Produkt oder die falsche Dienstleistung an? Welche Probleme werden auftauchen, wenn der geplante Weg weiter beschritten wird? Was würden Sie anders machen? Wenn Sie eine stimmige Alternativlösung gefunden haben, beginnen Sie, sie weiterzuentwickeln.

Erarbeiten Sie zusätzlich einen Sicherheitsplan, einen Strategieplan und einen Ausführungsplan. Dann halten Sie nach einer Gelegenheit Ausschau, diese dem Team nahezubringen. Sagen Sie nicht: »Ich fühle mich nicht besonders wohl damit, wie es läuft, also habe ich eine neue Strategie entwickelt.« Weil dies den Kerl, der die Projektleitung hat, bloßstellt, wird das allen anwesenden Männern gehörig stinken, und sie werden sich auf Sie einschießen. Stattdessen würde ich vorschlagen, dass Sie sagen: »Ich habe eine Menge recherchiert, um mit diesem Projekt richtig vertraut zu werden, und ich habe mit einigen Ideen herumgespielt, die darum kreisen, wie wir sicherstellen, diesen Abschluss zu machen (Zielangabe). Ich denke, wir haben gegenwärtig eine großartige Basis, und wenn Sie alle möchten, würde ich Sie gern an meinen Überlegungen zu zusätzlichen Strategien teilhaben lassen.«

Jetzt kommt der Augenblick der Wahrheit. Wenn der Rest der Gruppe ebenfalls der Meinung ist, dass der Zug neben den Schienen fährt, wird man lebhaftes Interesse an Ihren Ideen haben. Wenn jedoch alle denken, dass es prima läuft, bieten Sie Ihre Strategien dem Kerl an, der für das Projekt verantwortlich ist, sowie Ihrem unmittelbaren Vorgesetzten. Dann haben Sie den von Ihnen vorgeschlagenen Richtungswechsel dokumentiert, und wenn das Projekt misslingt, werden Sie als der Kanarienvogel in der Kohlengrube angesehen, der die Gefahr vor allen anderen wahrgenommen hat.

Falls der zweite Vorschlag Ihnen mehr zusagt, könnten Sie ihn folgendermaßen umsetzen:

Sagen Sie, sobald das Team wieder zusammengekommen ist: »Ich freue mich über den Verlauf unseres Projektes. Ich denke, Bob macht einen tollen Job, diesen Etat zu managen. Ich hätte großes Interesse daran, für dieses Projekt mehr Verantwortung zu übernehmen, um etwas von der Last von seinen Schultern zu nehmen, so dass er sich auf die größeren Dinge fokussieren kann. Lassen Sie uns Möglichkeiten eruieren, wie sich jeder von uns mehr einbringen und das Projekt unterstützen könnte, um sicherzustellen, dass wir einen Volltreffer landen. Bob, wo könnte das Team Ihnen behilflich sein?« Wenn Sie zuvor die besonderen Problembereiche abgeschätzt haben, schlagen Sie besondere Hilfe in diesen Bereichen vor.

Aber passen Sie auf, jetzt kommt der Knaller: Reden Sie mit niemandem über diese Strategie. Lassen Sie es mich wiederholen: Teilen Sie diese Strategie niemandem mit! Wenn es eine Verschwörung ist, wird es früher oder später herauskommen, und wenn dieser Kerl dann immer noch da ist, wird er sich wie ein Idiot vorkommen und nach beruflicher Rache trachten. Das Schlimmste dabei ist, dass Sie es nicht werden kommen sehen. Sie werden torpediert und jahrelang vielleicht keine Ahnung davon haben. Wenn Sie dies mit anderen Kollegen diskutieren, ist das gleichbedeutend mit Meuterei, und Männer werden es als unehrlich und unloyal einstufen. Sogar Kerle, die auf Ihrer Seite stehen, werden Ihnen nicht mehr vertrauen, aus Angst, dass sie dasselbe mit ihnen machen.

Feindliche Übernahmen und allgemeine Feindseligkeiten: Kriegsschiffe

Warum streichen männliche Kollegen die Lorbeeren für meine Arbeit ein?

Wenn männliche Kollegen das Verdienst für Ihre Arbeit in Anspruch nehmen, ist das ein sicheres Zeichen dafür, dass sie sich völlig unsicher über ihre eigenen beruflichen Fähigkeiten sind. Starke Männer lieben es, über die Leute zu reden, mit denen sie Geschäfte machen; schwache Männer schauen sich um, wo sie die Lorbeeren für die Arbeit anderer einstreichen können, weil sie wissen, dass sie nicht den Beitrag leisten, den sie leisten sollten oder der von ihnen erwartet wird.

Was sollte ich tun, wenn ein männlicher Kollege die Lorbeeren für meine Arbeit einstreicht?

Erst einmal sollten Sie cool bleiben. Sie wurden gerade in eine sehr starke Position gebracht. Er weiß, dass Sie wissen, dass er nur Müll im Kopf hat. Jetzt hat er auch noch die Lorbeeren für etwas eingeheimst, von dem er nicht weiß, wie man es macht. Wenn Sie Ihre Karten richtig ausspielen, ist er Ihnen ausgeliefert. Wenn Sie ihn jedoch vor anderen bloßstellen und das Verdienst für sich beanspruchen, werden Sie als gefährlich eingestuft und werden auf der Torpedierungs-Liste jedes Mannes zum Angriffsziel Nr. 1.

Ich empfehle für alle Situationen eine Vorgehensweise, die strategischer und nutzbringender ist. Sie haben zwei Optionen. Die erste Möglichkeit besteht darin, ihn zu torpedieren, indem sie ihm in neugierigem (nicht wertendem) Ton Fragen darüber stellen, wie er die Strategie entwickelt hat. »Bob, könnten sie mir ein bisschen mehr Hintergrundinformationen geben, wie Sie diesen Kunden an Land gezogen haben und die Schritte, die zu Ihrem Erfolg geführt haben?«

Da er die Information nicht hat, wird er nach Worten suchen, und die Anwesenden werden sehen, dass er keine Ahnung hat, und seine Glaubwürdigkeit in Frage stellen. Indem Sie dies tun, ziehen Sie eine Linie in den Sand, und er wird wissen, dass Sie zum Schuss auf ihn bereit sind, weil Sie beide die Einzigen sind, die alle Details haben. Tun Sie dies nur, wenn Sie darauf vorbereitet sind, den Kampf bis zum Ende durchzuziehen.

Die zweite Möglichkeit, und die von mir empfohlene, besteht darin, sich zurückzulehnen und eine Möglichkeit zu suchen, um sich mit ihm zu verbinden. Wenn er die Lorbeeren für einen Teil eines größeren Projektes eingeheimst hat, sind Sie gerade sehr wertvoll für ihn geworden, und er braucht Sie jetzt, um das nächste Teilstück zu erreichen. Treffen Sie sich mit ihm und sagen Sie: »Ich freue mich wirklich über den Verlauf des Projektes bis jetzt, aber ich bin nicht sicher, ob meine Einbindung meine Karriere voranbringt. Ich frage mich, ob ich beginnen sollte, mich auf andere Projekte zu konzentrieren, bei denen meine Führungsqualitäten wirklich durchscheinen können. Ich würde gern Ihre Meinung dazu hören.« So lassen Sie ihn wissen, dass Sie sich gegebenenfalls, völlig unberechenbar für ihn, aus dem Projekt zurückziehen werden, um ihm die Leitung zu überlassen. Das wäre für ihn eine Katastrophe, denn anscheinend hat er es genossen, jedem von »seinen« Fähigkeiten zu erzählen.

Jetzt hat er zwei Optionen: Entweder er stimmt Ihnen zu und überlässt es Ihnen, zu etwas anderem überzugehen, während er versucht, jemand anderen zu finden, in dessen Revier er wildern kann, oder er wird Sie vor den Augen der anderen mehr in den Vordergrund rücken, um sicherzustellen, dass Sie genug Anerkennung erhalten, um bei der Stange zu bleiben. Wenn Sie weggehen und das Projekt misslingt, werden die Leute wissen, dass Sie die wahre Projektleiterin waren. Wenn er beginnt, Ihre Fähigkeiten den Kollegen gegenüber herauszustellen, bekommen Sie die Anerkennung, die Sie verdienen. In jedem Fall gewinnen Sie.

Was mache ich, wenn ein männlicher Kollege mir einen Kunden wegschnappt?

Antwort des Alpha-Mannes: Kümmern Sie sich gut um Ihre Kunden, und Sie werden Ihnen nicht weggenommen. Wenn Ihre Kunden Ihnen von einem männlichen Kollegen weggenommen werden, haben Sie Ihre Kunden wahrscheinlich nicht wissen lassen, dass Sie die Ansprechperson sind, oder Sie haben einem Kollegen gestattet, Arbeit zu tun, die Sie hätten tun sollen, oder Sie haben zu Ihren Kunden kein Vertrauensverhältnis aufgebaut. Es kann auch sein, dass Ihr Kollege einfach ein Ekeltyp ist. Alpha-Männer nehmen sich gern das, was sie haben wollen, weil es ein besonderer Kick für uns ist, wenn wir beschließen, uns etwas zu nehmen und es dann bekommen.

Aus beruflicher Sicht ist es wichtig, dass der Kunde nie von dem Konflikt erfährt. Ich würde mich mit dem Kollegen treffen und ihn fragen, was passiert ist. Wenn er sich dumm stellt (was er unzweifelhaft tun wird), würde ich sagen: »Hören Sie zu, Sie und ich spielen im selben Team. Lassen Sie uns übereinkommen, die Kunden des jeweils anderen zu respektieren, so dass wir uns darauf konzentrieren können, neue Kunden zu gewinnen, statt uns gegenseitig die Kunden wegzuschnappen. Ich weiß, dass dies nicht Ihre Absicht war, also lassen Sie uns einige Grundregeln festsetzen. Wir sollten übereinstimmen, dass, wenn wir einen Kunden haben, er unser Kunde bleibt. Wie denken Sie darüber?«

Sie geben ihm nicht die Schuld, aber Sie lassen ihn wissen, dass Sie wissen, dass er diese Kunden weggeschnappt hat, und wenn er nicht all seine Zeit darauf verwenden will, seine Kunden vor Ihnen zu bewachen, sollte er gewarnt sein. Dieses Verhalten zeigt Stärke und Respekt und lässt ihn wissen, dass Sie kein Schwächling sind.

Aber lassen Sie mich noch einen Punkt erwähnen, der eigentlich selbstverständlich sein sollte: Wenn ein Kunde hereinkommt, sagen Sie ihm, dass Sie sein Ansprechpartner sein werden und dass, ungeachtet wer die Akte bearbeitet, Sie derjenige sind, bei dem letztlich die Verantwortung liegt. Vermitteln Sie Ihren Kunden, dass Sie in ihrem besten Interesse handeln, und bauen Sie eine auf Vertrauen gründende Beziehung zu ihnen auf.

Was mache ich, wenn ein Kollege mir den Krieg erklärt?

Nehmen Sie ihn so bald wie möglich unter vier Augen beiseite und sagen Sie: »Ich weiß, dass es eine Unstimmigkeit zwischen uns gibt. Ich will ihr auf den Grund gehen, so dass die Streitpunkte, die es vielleicht gibt, unserem Erfolg nicht im Wege stehen. Lassen Sie uns über die Probleme reden und nach Wegen suchen, wie wir damit diskret und ohne uns zum Narren zu machen umgehen können.«

Wenn Sie es auf diese Art ausdrücken, werden Sie die andere Person daran erinnern, dass es unprofessionell ist, sich gegenseitig zu beharken und dass beide Parteien, sollte es weitergehen, sich in den Augen aller anderen lächerlich machen. Wenn die andere Partei Ihnen mitteilt, welches Problem sie mit Ihnen hat, versuchen Sie, zuerst zu verstehen und dann erst, verstanden zu werden. Beenden Sie das Treffen nicht, bevor nicht alles geklärt ist. Wenn der andere nichts zu sagen hat, betrachten Sie die Angelegenheit als erledigt. Wenn irgendetwas anderes dazu aufkommt, bereiten Sie sich auf den Kampf vor und torpedieren Sie. Wenn Sie den anderen gewarnt haben und er trotzdem beschließt, Sie anzugreifen, setzen Sie ihn außer Gefecht.

Vor ein paar Jahren hatte ich einen Kollegen, Bill. Ich beschloss, ihn nicht mit in einen Geschäftsabschluss einzubeziehen, an dem ich arbeitete. Er wurde stinksauer und erzählte den Leuten, ich würde meinen Verpflichtungen ihm gegenüber nicht nachkommen (sprich: nicht mein Wort halten).

Ich traf mich mit ihm und fragte ihn, was das Problem sei. Er sagte: »Wir hatten abgemacht, dass wir zusammen in diesen Markt gehen würden, und jetzt haben Sie einen Deal ohne mich auf den Weg gebracht. Sie haben Ihren Teil der Abmachung nicht gehalten!« Ich sagte ihm, dass der Kunde das Unternehmen, mit dem Bill früher zusammenarbeitete, kannte und dass er damit eine schlechte Erfahrung gemacht habe. Als ich ihn ins Gespräch gebracht hatte, mit seiner Geschichte, hatte der Kunde mich explizit angewiesen, Bill aus dem Deal herauszulassen. Ich erinnerte meinen Kollegen auch daran, dass unsere Abmachung lautete, ihn in Deals einzubeziehen, bei denen es passte und gut für den Kunden war. Wenn es nicht passte, würde es keinen Deal geben.

Er sagte mir, dass ich mich stärker für ihn hätte einsetzen sollen, um ihn in diesen Deal mit einzubeziehen. An diesem Punkt wurde ich stinksauer, weil er mir erzählen wollte, wie man Geschäftsabschlüsse macht, und statt mir ein Kopf-an-Kopf-Rennen mit ihm zu liefern sagte ich ihm, dass ich tun würde, was am besten für den Kunden sei und dass die Angelegenheit erledigt sei. Ich sagte ihm auch, dass nichts Gutes dabei herauskommen würde, wenn er mir noch weiter auf die Nerven gehen würde, also sollten wir die Sache abhaken und hinter uns lassen.

Eine Woche später traf ich jemanden, den wir beide kannten. Er erzählte mir, Bill habe gesagt, ich würde mein eigenes Süppchen kochen und hätte ihm einen Deal vorenthalten. Ich begann, wütend zu werden, dachte aber, dass diese Unterredung vielleicht vor unserem Gespräch stattgefunden haben könnte. Wie sich herausstellte, hatte er diese Bemerkung aber nur einen Tag zuvor gemacht, also nach unserer Unterredung, woran deutlich wurde, dass er immer noch Gift verspritzte. Ich beschloss, ihn zu torpedieren, und mailte Folgendes an meine Champions-Liste:

> Hallo zusammen,
>
> ich möchte ausdrücklich klarstellen, dass Think Tank und das Unternehmen ACME[21]) in keinem offiziellen Verhältnis zueinander stehen und auch keinerlei Bündnis besteht. Beide Unternehmen operieren autonom voneinander. Bill Smith ist ein großartiger Finanzberater, aber infolge von Umständen, auf die ich keinen Einfluss habe, kann ich seine Dienste nicht länger empfehlen. Ich wünsche ihm jedoch für die Zukunft viel Erfolg.
>
> Mit freundlichen Grüßen,
> Chris

Welche Handlungsoptionen habe ich, wenn ich torpediert werde?

1. Option: Finden Sie eine neue berufliche Chance. Wenn Sie innerhalb Ihrer eigenen Firma torpediert wurden, werden die Folgen des Torpedierens im Laufe der Zeit auf Sie niederprasseln. Wenn ich torpediert worden wäre, hätte ich mich nach einer neuen Chance umgesehen, wenn ich nicht glauben würde, genug Macht sammeln zu können. Frauen, denen dies in ihrer Firma passiert, sollten beginnen, einen Plan B zu gestalten und zusehen, dass Sie zu einer anderen Firma überwechseln.

2. Option: Macht sammeln. Der einzig bombensichere Weg, sich selbst vor Torpedo-Angriffen durch andere abzuschirmen oder mit einem gewissen Maß an Torpedierung umzugehen, besteht darin, Macht anzuhäufen. Sie können dies tun, indem Sie Leute in Ihr Netzwerk bekommen, die mächtiger sind als die Leute, die Sie torpedieren.

Nun wird dies schwierig sein, weil vielleicht nicht klar ist, wer Sie torpediert hat, also müssen Sie für Ihr Netzwerk nach bedeutenden

21) Anm. d. Übers.: ACME steht hier für keinen konkreten Firmennamen, sondern ist im Englischen die Entsprechung zu »Firma Soundso«; wörtliche Abkürzung: **A C**ompany that **M**anufactures **E**verything – eine Firma, die alles herstellt.

Führungspersönlichkeiten fischen. Denken Sie daran, dass für Männer der Zugang zu Menschen ein machtvolles Instrument ist. Der zweite Weg, Macht zu gewinnen, besteht darin, Ihre Profitabilität zu steigern. Das Einzige, das mächtiger ist als der Ruf, ist jemandes Fähigkeit, Einnahmen zu erzielen. Es gibt so wenige Leute in der Berufswelt, die Verdiener sind. Wenn Sie einer werden, springen Sie in der Wahrnehmung der Menschen zehn Stufen nach oben. (Wenn Sie ein Verdiener sind, schreiben Sie im Unternehmen Ihre eigenen Tickets.)

Denken Sie daran, im Berufsleben sind Sie entweder Fahrer oder Fußgänger. Keine Entscheidung darüber zu treffen, wie Sie Ihre Karriere auf die nächste Stufe bringen, ist auch eine Entscheidung, und zwar eine, die kostspieliger ist als Sie denken. Torpedo-Angriffe sind nur dann schlimm, wenn Sie unter den Folgen zu leiden haben. Unternehmen Sie also Schritte, die das Torpedieren irrelevant machen.

Respekt gewinnen: Sich die Segelstreifen verdienen

Welche Dinge respektieren Männer bei weiblichen Kollegen?

- Die Fähigkeit, Geschäfte anzubahnen und abzuschließen – dies ist das allerwichtigste Kriterium. Letzten Endes gebührt den Jägern die Ehre – sie werden am Tisch willkommen geheißen. Seien Sie ein Verdiener.
- Wort halten – es ist für Männer wirklich wichtig, dass eine Person Wort hält. Wenn Sie Ihre Versprechen halten, ist das eine starke Währung, die wir sehr hoch schätzen.
- Professionell handeln, auch unter großem Druck – jeder kann unter perfekten Bedingungen Leistung zeigen, aber das Ausmaß der Professionalität zeigt sich dann, wenn die Kacke am Dampfen ist. Beherrscht sie die Situation oder knickt sie ein? Wenn Sie in einer Krise den Kopf oben behalten und sich stark und selbstsicher geben, werden Sie sich großen Respekt unter den männlichen Kollegen erwerben.
- Das Setzen und Erreichen von Zielen achten und schätzen – weil für Männer das Ziel der Antrieb ist, ist dies etwas, das wir bei anderen Berufstätigen respektieren. Ich selbst begrüße ausgespro-

chen die Gelegenheit, mit Frauen zu arbeiten, die Freude daran haben, sich Ziele zu setzen und sie dann zu verfolgen. Dies ist etwas, das ich mit allen Männern, die ich kenne, teile.

- Einen starken Charakter haben/kein Schwächling sein – wenn Sie ein Lastesel sind, werden Sie keinen Respekt von irgendeinem Ihrer männlichen Kollegen bekommen. Wenn Sie es anderen Leuten erlauben, Sie respektlos zu behandeln, wenn Sie schlechte Behandlung respektieren und es Leuten erlauben, Arbeit auf Sie abzuladen, werden wir Sie nicht respektieren. Stattdessen suchen wir selbst nach Wegen, wie wir Arbeit auf Sie abladen können.

- Offen für das Eingehen von Risiken sein – Frauen stehen in dem Ruf, risikofeindlich zu sein. Viele Frauen würden dies als Verantwortungsbewusstsein bezeichnen. Das Eingehen von Risiken gehört notwendigerweise zum unternehmerischen Handeln, und wenn es Ihnen zuwider ist, werden Sie ans Ende der Schlange zurückgeschickt. Das Großartige bei Frauen, die sich auf den Prozess konzentrieren, ist, dass sie die Risiken minimieren, sich aber trotzdem exponieren können. Eine Kundin von mir ruft völlig furchtlos jeden beliebigen Unternehmenschef an, mit dem sie arbeiten will. Ich habe immensen Respekt vor ihr.

- Loyal sein – ich denke, dass Männer dies aus der militärischen Denkweise übernommen haben (gleichgültig, ob sie gedient haben oder nicht): »Loyalität steht über allem anderen. Lasse niemals einen Mann zurück.« Wir haben den starken Wunsch, als loyal zu gelten und von loyalen Menschen umgeben zu sein. Der schnellste Weg für jemanden, von mir torpediert zu werden, besteht darin, mein Vertrauen zu missbrauchen. Wenn Sie schlecht von anderen reden, kritisieren oder Informationen weitergeben, die Sie nicht weitergeben sollten, sind Sie nicht loyal, und Sie werden torpediert. Wenn Sie bei all Ihren Handlungen zur Loyalität fähig sind, werden Sie das Vertrauen Ihrer Kollegen gewinnen und in hohem Ansehen stehen.

- Ehrlichkeit – obwohl Ehrlichkeit manchmal schwer zu schlucken ist, wird jeder Mensch mit Charakter die Fähigkeit eines Individuums zur Ehrlichkeit respektieren, selbst wenn diese Ehrlichkeit für ihn persönlich eine schädliche Auswirkung haben sollte.

- Integrität und Ethik – im neuen Modell des Geschäftslebens, das aufkommt, suchen alle Berufstätigen nach einer höheren Ebene von Integrität und Ethik. Integrität wird Sie in beruflichen Kreisen weit bringen, weil die Menschen wissen werden, dass Sie nicht darauf aus sind, sie übers Ohr zu hauen.

- Ein mächtiges Netzwerk zur Verfügung haben – denken Sie daran, Sie brauchen nicht alles zu wissen; Sie müssen nur Zugang zu Leuten haben, die wissen, wie alles gemacht wird. Ihr Netzwerk ist Ihr am meisten geschätzter und wertvollster Aktivposten im Beruf. Wenn Sie ein mächtiges Netzwerk haben, zeigt das Ihren männlichen Kollegen, dass Sie ein Spielmacher sind und fähig, auf Leute zurückzugreifen, die Sie für die Geschäfte brauchen, die Sie abschließen wollen.

Diese zehn Dinge sind allesamt Bereiche, die völlig in Ihrer Kontrolle sind. Beachten Sie diese Liste und konzentrieren Sie sich darauf, jeden Bereich in Ihrem Berufsleben zu entwickeln. Unabhängig vom Geschlecht sind dies wichtige Merkmale für alle Berufstätigen.

Epilog

Dies ist einfach der Beginn einer Diskussion, die lange überfällig ist. Ich habe dieses Buch im Jahr 2002 begonnen. Am Anfang sollte es ein Handbuch werden, das ich Kunden vor einer Zusammenarbeit mit mir überreichen konnte. Bei den Sitzungen mit meinen Kunden kamen immer wieder dieselben Fragen auf, und ich dachte, wenn ich ihnen etwas zum Lesen geben könnte, würden wir schneller zu konkreteren Themen übergehen können. Ich erinnere mich, dass einige männliche Freunde die Nase rümpften und mit den Augen rollten, als ich ihnen zuerst davon erzählte, ein Buch für meine Kunden schreiben zu wollen. Unter anderem bekam ich Folgendes zu hören: »Du warst echt beschissen an der Uni, was zum Teufel willst du denn schreiben?« – »All das Zeugs, das alle schon wissen.« – »Das ist genau das, was uns fehlte, dass du herumläufst und dich als Autor bezeichnest.« – »Der Knackpunkt dürfte wohl eher sein, dass niemand das je veröffentlichen wird.« Beachten Sie, dies waren allesamt Kommentare meiner Freunde. Aber sie konnten mich nicht abhalten. Wenn ich mir einmal etwas vorgenommen habe, ziehe ich es durch, besonders nachdem ich anderen davon erzählt habe. Ich ging zu La Mascotte, einem meiner Lieblingsrestaurants in Kitsilano (in meiner Nachbarschaft). Ich setzte mich mit Notizbuch und Stift an einen Tisch und begann, am Cover zu arbeiten. Was zum Teufel würde ich schreiben? Was würde die Menschen interessieren? Dann ging mir ein Licht auf. Dieses Buch würde nicht von ihnen, von mir oder irgendetwas anderem handeln. Es ging darum, ein Licht anzuschalten und etwas, das bislang im Dunkeln gewesen war, für alle sichtbar zu machen.

Nachdem ich diese Inspiration hatte, traf ich eine Entscheidung. Wenn ich ein Buch für eine Frau schreiben würde, die ich liebte, sei es meine Frau, meine Schwester, eine gute Freundin, in dem Wissen, dass sie ins Berufsleben eintreten würde und mein einziger Rat in die-

Business Report: Was Männer Frauen nicht erzählen. Christopher V. Flett
Copyright © 2009 WILEY-VCH Verlag GmbH & Co. KGaA, Weinheim
ISBN 978-3-527-50449-7

sem einen Buch bestehen würde, was würde ich darin schreiben? Wie würde ich ihr all die Dinge vermitteln können, die ich im Laufe meiner Jahre im Geschäftsleben erlebt, analysiert und interpretiert hatte? Welche Informationen könnte die Zusammenarbeit mit Alphas erleichtern und sie befähigen, authentisch, geradeheraus und stark im Geschäftsleben zu agieren? In diesem Buch habe ich alle Gedanken niedergeschrieben, die, wie ich glaube, praktisch anwendbar sind. Ich bin kein Psychologe, Experte für Geschlechterfragen oder Soziologe. Ich bin ein Alpha, der sich Frauen gegenüber früher wie ein Mistkerl benommen hat und jetzt mit jeder Faser versucht, ihr leidenschaftlichster Anwalt zu sein. Ich hoffe, dass Sie beim Lesen dieses Buches das Gefühl hatten, als würde ich direkt zu Ihnen sprechen, denn das war meine Absicht. Ich will, dass Sie Bescheid wissen, so dass Sie Ihr Handeln und das Handeln Ihrer weiblichen Kollegen betrachten können und Ihre Stärke und Ihre Authentizität wieder zurückerobern und damit aufhören, den Preis zu zahlen, den Sie dafür zahlen zu müssen glauben, eine Frau zu sein. Sie sind ebenbürtig, aber wir können Ihnen die Gleichberechtigung nicht geben, Sie müssen den Anspruch darauf erheben.

Ich möchte, dass dies der Beginn eines Gesprächs ist, nicht *das* Gespräch. Ich will nicht, dass Sie dies lesen und das Buch dann zu den anderen Büchern ins Regal stellen. Ich will, dass das, was ich sage, Sie ermächtigt, bildet, inspiriert und zuweilen auch anpisst. Ich will, dass Sie wissen, was vor sich geht, ob Sie es mögen oder nicht. Wenn Sie im Berufsleben unsicher sind und einmal nicht weiterwissen, möchte ich, dass die Informationsschätze in diesem Buch Ihnen dabei helfen, den für Sie passenden Weg zu finden. Sobald man von diesen Dingen weiß, lässt sich dieses Wissen weder verlernen noch verleugnen. Sobald Ihnen diese Informationen vertraut sind, werden Sie fähig sein, sie täglich anzuwenden. Wer auch immer von Ihnen all die von Frauen für Frauen geschriebenen Bücher gelesen hat, in denen es darum geht, wie Sie mit Leuten wie mir umgehen sollten: Ich will, dass Sie hier das Original sehen. Ich sitze mit Ihnen im Vorstandszimmer, ich bin Ihr Geschäftspartner und Ihr Publikum. Ich habe kritisch beobachtet, und ich will, dass Sie wissen, was funktioniert und wo Sie Ihre Machtposition an Alpha-Männer abtreten, die es nicht nur nicht verdienen, sondern es auch noch gegen Sie verwenden. Sie werden bemerken, dass dies nicht wie ein herkömmliches Buch geschrieben ist. Es ist ein verlängerter Brief, den ich Ihnen schreibe. Ich habe eine Menge Bücher gelesen und habe viele Vorträge gehört, und immer hatte ich dabei eine Sache im Kopf: Wo sind die Gold-Nuggets? Für mich sind das die Teile, die ich gleich anwenden kann. Wenn ich diese Information habe, kann ich Dinge für mich besser machen. Ich möchte, dass Sie nach den Gold-Nuggets in diesem Buch suchen. Halten Sie Ausschau nach denen für sich selbst und nach denen für andere. Als außerordentlich gute Kommunikatoren haben Frauen eine Verantwortung dafür, Informationen mit denjenigen zu teilen, die sie brauchen. Führen Sie Gespräche mit den Frauen in Ihrem Leben, mit denen sie arbeiten, mit den Frauen, die Sie lieben, und mit den Männern, die Sie lieben. Männer (Alphas) werden denken, dass Sie vieles davon eigentlich schon wissen sollten. Sie denken, dieses Wissen sei selbstverständlich, weil sie ihm ihr ganzes Leben lang ausgesetzt waren. Das neue Modell ist längst da, doch noch immer fliegt das Flugzeug mit Autopilot. Frauen müssen endlich das Ruder, müssen echte Führungsrollen übernehmen. Sie und ich teilen die Verantwortung dafür, dass dies geschieht, und ich verspreche, weiterhin meinen Teil dazu beizutragen. Sobald Sie dieses Buch gelesen haben, teilen Sie die Verantwortung. Wichtige Menschen, denen Sie Ihr Wissen weitervermitteln können, sind Ihre Töchter.

Im vergangenen Herbst war ich Hauptvortragsredner bei einer Veranstaltung von Junior Achievement in Vancouver.[22] Diese Veranstaltung war eine Leadership-Konferenz für junge Frauen (17- und 18-Jährige) mit etwa 200 Teilnehmerinnen. Es war das zweite Jahr, dass ich diese Art von Vorträgen hielt, und bevor ich auf die Bühne ging, war ich mit einem Haufen anderer Redner und Organisatoren im Green Room.[23] Eine Mutter, die meine Rede im Jahr zuvor gehört hatte, kam auf mich zu und sagte: »Ich wünschte, Sie würden Ihren Vortrag vor diesen Mädchen nicht halten.« Ich war ein bisschen schockiert und fragte sie warum. Sie antwortete: »Sie sind zu jung. Ich will nicht,

---

22) Anm. d. Übers.: Junior Achievement ist vergleichbar mit dem deutschen Juniorprojekt, das vom Institut der deutschen Wirtschaft ins Leben gerufen wurde, um Schülern der 9. bis 13. Klasse in Kooperation mit den Schulen das Thema Wirtschaft näher zu bringen.

23) Anm. d. Übers.: Der Green Room ist eine Räumlichkeit in einem Fernsehstudio, Theater oder an einem anderen Veranstaltungsort, an dem sich die Künstler/Redner aufhalten können, während sie nicht auf der Bühne stehen.

dass sie dieses Zeug jetzt schon wissen. Das Berufsleben kann grausam sein, und ich schätze, ich will sie ein bisschen länger vor der Realität bewahren.« Ich sah sie an und sagte: »Das Einzige, was schlimmer ist, als es sie wissen zu lassen, ist, sie unwissend zu lassen und sie allein versuchen zu lassen herauszufinden, was los ist. Wir sollten sie so gut wir können vorbereiten, um sicherzustellen, dass sie weiterhin stolze und starke Frauen sind.« Als ich den Gang zur Bühne hinunterging und mir das Herz ein bisschen schwer wurde, begann ich mich zu fragen, warum Frauen nicht wollen, dass über diese Dinge geredet wird. Dann wurde es mir schlagartig klar … Diese Mutter glaubte nicht, dass sich die Dinge ändern würden. Und sie hatte Recht. Wenn die Diskussion mit diesem Buch aufhört, wird sich nichts ändern. Wenn ich die Fackel weiterreiche, und sie erlischt, wird die Dunkelheit bleiben. Wenn jedoch Sie die Diskussion rund um dieses Thema mit anderen Frauen fortführen, wird sich die Botschaft verbreiten, und es wird mehr und mehr Licht in das Thema gebracht. Eine Menge Frauen haben bislang viel härter gearbeitet als nötig, aber das kann und muss nun ein Ende haben. Es wird alle von uns brauchen, um die Botschaft zu verkünden, dass eine starke Frau der wichtigste Bestandteil des neuen Modells im Geschäftsleben ist.

Nachdem ich bei der Junior-Achievement-Veranstaltung mit dieser Mutter geredet und erkannt hatte, dass nicht alle Frauen an eine Veränderung glauben, traf ich genau an diesem Punkt die Entscheidung zu beweisen, dass sie und andere Kritiker irren. Dieses Wissen wird durch Gespräche weitergegeben, und wir alle haben eine Verantwortung dafür, es mit anderen zu teilen. Ich ging also hoch auf die Rednertribüne, schaute in 200 junge, lächelnde Gesichter mit glänzenden Augen und sagte: »Ladies, kann ich Ihnen verraten, was Männer Frauen nicht erzählen?«

Index